笔者在拉扎罗斯·拉梅拉斯（Lazaros Lameras）雕塑工作室
照片中包括的建筑师有：卡蒂娅·詹努利（Katia Giannouli）、尼科斯·纳索普洛斯（Nikos Nasso'poulos）、曼祖拉尼斯·阿里斯托代莫斯（Matzouranis Aristodemos）、蒂萨·锡罗斯（Tistsa Syrou）
我们的"少年雕像"（kouros）与我们的天然模特……！
国立雅典理工学院，1962年
[照片由拉斯卡琳娜·菲利皮杜（Laskarina Philippidou）用笔者的相机拍摄]

艺术空间：
Art Space
艺术和艺术家对建筑学的贡献
The Contribution of Art and Artists to Architecture Vol. II
（下卷）

[希腊]安东尼·C. 安东尼亚德斯　著
Anthony C. Antoniades

安　宁　李冰心　译

张成龙　校

中国建筑工业出版社

著作权合同登记图字：01-2016-0721 号

图书在版编目（CIP）数据

艺术空间：艺术和艺术家对建筑学的贡献.下卷 /
（希）安东尼·C.安东尼亚德斯著；安宁，李冰心译
.—北京：中国建筑工业出版社，2023.1
（希腊建筑师思想集）
书名原文：ART SPACE: The Contribution of Art
and Artists to Architecture Vol.II
ISBN 978–7–112–27902–9

Ⅰ.①艺…　Ⅱ.①安…②安…③李…　Ⅲ.①建筑艺
术—文集　Ⅳ.① TU-8

中国版本图书馆 CIP 数据核字（2022）第 166409 号

责任编辑：戚琳琳　董苏华　吴　尘
责任校对：王　烨

希腊建筑师思想集
艺术空间：
Art Space
艺术和艺术家对建筑学的贡献
The Contribution of Art and Artists to Architecture Vol. Ⅱ
（下卷）

[希]安东尼·C.安东尼亚德斯　著
Anthony C. Antoniades
安　宁　李冰心　译
张成龙　校

*

中国建筑工业出版社出版、发行（北京海淀三里河路9号）
各地新华书店、建筑书店经销
北京点击世代文化传媒有限公司制版
北京中科印刷有限公司印刷

*

开本：880毫米×1230毫米　1/32　印张：8¼　字数：330千字
2023年1月第一版　2023年1月第一次印刷
定价：**58.00**元
ISBN 978-7-112-27902-9
（39776）

本书献给:

索菲娅（SOPHIA）
简·艾布拉姆斯（JANE ABRAMS）
罗伯特·沃尔特斯（ROBERT WALLTERS）
巴特·普林斯（BART PRINCE）
帕夫林娜（PAVLINA）
克里斯托（CRYSTAL）
米凯拉（MICHAELA）
以及，
娜塔莎（NATASSA）和共同研究"艺术与建筑学"课
题的同事们。

目　录

下卷 第 10-18 章

10 艺术空间：
艺术和艺术家对建筑学的贡献

雕塑家、艺术空间与建筑学

卡尔·迈尔斯，斯德哥尔摩
（照片由笔者拍摄，1963 年）

亨利·穆尔的雕塑，维维安·博蒙特剧院（ViVian Beaumont
Theater）（照片由笔者拍摄，1966 年）

第 10 章　雕塑家、艺术空间与建筑学：发展进程与工作室

从罗丹到亚历山大·考尔德的发展进程和工作室，及"潜运动"元素在雕塑和建筑中的应用

拉胡石居墙内的雕塑，一直默默提醒着世人雕塑家的存在。当我参观这些地方时，覆盖着黑色混合物的大理石地面是 20 世纪 90 年代雕塑家在这里工作和生活的痕迹。最初，雕塑家生活在综合楼专门为他们设计的地下室中。这些房间没有夹层，因此适合存放高大的作品，且也可轻松承托沉重的黏土和材料。然而随着雕塑作品越来越大，艺术家遇见的问题也越来越多。因而，能"飞出"拉胡石居的楔形小室成为每一位雕塑家的最终目标，为此，他们可以抛弃其他的一切而只保留生活的必需。如同这些小空间像炮弹壳不断累积能量一样，他们的"飞行"也伴随着巨大的空间爆炸。雕塑家的工作室越来越大，而将居住地和工作室转变为他们永久展示地目标的实现，也使他们成为最幸福的艺术人。这些住所会在后来成为博物馆，及学生和艺术爱好者的朝圣地。这是现实中所发生过的，如罗丹和布德尔将其作品捐献给国家，他们的作品特征便也因此成为法国艺术作品的主要特点。其他法国雕塑家如布兰库西（Brancusi）则因将自己的作品捐献给国家，而使他的工作室得到国家重视，并继而得以被保护。曾围绕着龙桑巷（Impasse Rosin）中庭院的布兰库西棚屋的四个房间（这当中也包括了他的工作室），都已被艺术家的家具和工具所充斥。曾"塞满了大苫布覆盖的雕塑作品"的室内环境[1]，以及布兰库西曾居住吃饭及休息的场所，永久地被保留在巴黎蓬皮杜中心展览馆。所有这一切都以不断运动的方式提醒着人们，自由和独立作为创造力的前提，使

左：托瓦尔德森博物馆和罗丹住宅，及右：现位于巴黎的罗丹博物馆
（照片由笔者拍摄）

许多艺术家不得不选择贫穷而非优渥的生活方式。[2] 布兰库西拒绝在罗丹手下工作以谋取财富认为"大树荫蔽下无物生长。"[3] 许多其他国家都开始接收本国雕塑家的作品，同时一些国家还通过倡议和资助建造了著名的博物馆以感谢本国艺术家。最辉煌的案例之一是一座建于 1844 年——在一位艺术家去世后的四年建造的博物馆——哥本哈根托瓦尔德森（Thorwaldsen）博物馆。[4]

21 世纪，几乎每个国家的雕塑家，无论出名与否，其住所都在后来被改造为博物馆。在伦敦有雷顿勋爵（Lord Leighton）住宅，在慕尼黑有新古典主义的威拉，而斯德哥尔摩著名的宫殿式住宅卡尔·麦尔斯（Karl Klilles）别墅的雕塑建筑和风景，可能是当中最令人印象深刻的（上图左、中边），而在蒂诺思岛（Tinos）和希腊爱琴岛（Aegina），我们也可以找到与他们相对应的建筑，如扬努利斯·查勒帕斯博物馆（Yannoulis Chalepas）以及卡普洛斯（Kaprallos）博物馆 [上图右]，二者所带来的精神层面的回馈都值得朝圣。在没有艺术家／国家明确安排的情况下，雕塑家的大片土地通常由其直系亲属继承。诸如此类家族庄园中最辉煌的案例，要数位于伦敦附近亨利·穆尔（Henry Moore's）的霍格兰兹庄园（Hoglands），和康涅狄格罗克斯伯里（Roxbury Connecticut）的亚历山大·考尔德庄园。

对此有人解释为：雕塑，尤其是在已支付佣金条件下塑造的不朽作品，其发展包括许多阶段，同时也为艺术家浇筑复制品提供了可能。艺术家的作品总是会存在一些复制品，无论是用以研究的石膏，或是艺术家私人作品的收藏复制，尽管他们不得不被存放于存储室或谷仓中落上层层尘土，甚至因此遗失多年且毫无记录。雕塑家死后的荣誉素材如此之多，而除非他们和莫罗或毕加索一样富有并可以随心所欲地收藏作品，那么他们将不得不卖掉这些不可复制的珍品。

正是基于这样的原因，画家和雕塑家的住所或工作室往往后者的是最大的，也在很大程度上是最令人难忘的。虽然雕塑家为建筑学留下"潜运动"（Latent movement）的重要一课，但还有一些即使是在小的雕塑中还可以观察并证明值得我们学习的特定的建筑知识，那便是美学中担任视觉冲击效果的重要角色，以雕

塑的形式给众人以难忘经历的"大小"和"规模"元素。用于室外展示的雕塑，无论如何都要有大的规模，而这样的雕塑如果放在室内或住宅庭院，便会给观众带来强烈的视觉震撼。的确，一些成功的雕塑家通过巨大的佣金致富，这使他们很容易搬到更合适工作的好环境。19世纪雕塑家的住宅/工作室中最令人难忘的，要数罗丹和他朋友兼助手的安托万·布德尔（Antoine Bourdelle）的工作室。同样名声显赫的还有当时流行的亨利·穆尔和亚历山大·考尔德。这些艺术家都有着密切的联系，且无论从其直接还是间接影响来看，他们都代表着19世纪到20世纪雕塑发展的整体线程。布德尔直接受到罗丹的影响，而穆尔和考尔德的风格发展则完全不同，考尔德以严厉的批判话语站到了与罗丹风格截然不同的对立面。[5]这与20世纪初的其他画家并无大异，他们将罗丹视为"印象派画家"，而他们自己则沿袭了"立体派"（Cubism）的风格。雅克·里普希茨（Jacques Lipchitz）对罗丹的反感堪称极致，甚至造成了他的"忧郁"，就像这件雕塑家在年长时雕刻的意大利女人头像一样。他曾宣称："如果罗丹喜欢我的雕塑，那我的雕塑一定出现了问题。"[6]后来年轻和"头脑发热"的雕塑家以及随后对"前卫"批判的人士，一直以来都和官方的艺术机构一样残酷地对待罗丹；尽管他的作品对普通民众来说有很大吸引力，无论简单和复杂，一些艺术评论家却依旧指控他的作品为"哥特式英雄主义和戏剧性的雕塑。"[7]

　　19世纪到20世纪的一个共识，是在雕塑的整个发展过程中，罗丹都是毫无争议的元老级大师，且他对后辈也十分慷慨。他一生的雕塑和绘画作品，以及他在拉古莱特（La Goulette）的财产最终都安全地交到国家手中，这也是罗丹博物馆得以在巴黎创建比龙酒店（Hotel Biron）的原因。这是个非常复杂的过程，最开始它只是艺术家的意愿，而后却引发了一系列"演员"，包括政府官员、参议员和小官僚的参与和推进，他们当中有人甚至想创建秘密的罗丹博物馆。比龙酒店，现在的罗丹博物馆，最初是在1730年由让·奥贝尔（Jean Aubert）和雅克·安吉·加布里埃尔（Jacques Anges Gabriel）为富有的假发商（Wigmaker）设计建造的宫殿式住宅，后来成为路易十四私生子的家。这位私生子将它卖给了马雷夏尔·比龙（Marechal-Duc de Biron），这位最终死在断头台上的公爵。革命之后，它有一段时间被作为修道院学校使用，最终被划分为艺术家工作室的一小部分。[8]国家以比龙酒店换得辉煌庄园（Villa Brilliant），这座罗丹在默东（Meudon）的画室，以及他的作品和对它们的所有权，而这些则都由博物馆负责展出。[9]比龙酒店和罗丹位于默东的住宅/画室，最终都于1916年9月13日列为国家财产并对公众开放。于是纵然居住了"宫殿"，手持画笔的罗丹在捐赠了自己的所有后，一夜之间变得一贫如洗。他这样做是为了艺术的发展和子孙后代，为一个在生前使他历经艰难的国家倾献了所有，结束了那些始于否定他巴尔扎克雕塑作品的磨难。[10]所有相关证据以及其所有诱因经过都出自工作在罗丹身边多年的秘书，玛塞勒·蒂雷尔

（Marcelle Tirel）名为《罗丹的黄昏之年》（*The Last Years of Rodin*）的作品。玛塞勒在整个过程中一直扮演着很重要的角色，她也一直和罗丹站在同一战线上。[11]

　　罗丹的事例成为后来许多伟大艺术家（包括画家和雕塑家），与其所喜爱生活环境之间产生巨大矛盾的先例。他们的工作是创新的、有争议的，也是未来主义的，而他们中的大多数，至少是一些雕塑家，也都曾与历代知名建筑师合作[12]，而他们首选的住所和建筑风格，便也是反映了过去的时代与价值观 [例如，位于慕尼黑新古典主义风格的施图克别墅（Villa Stuck）]。罗丹的两处住所，即位于默东的辉煌别墅和巴黎的比龙酒店，尽管它们作为纪念杯建筑有非凡的意义（尤其是著名的比龙酒店），但都是为他人所建，并没有展示出雕塑家本人的艺术特色。后来的雕塑家的情况也大至如此。亨利·穆尔与亚历山大·考尔德很难被视为传统艺术家。他们利用那个时代的技术，钢铁和精巧的铸造技艺，与 20 世纪一些伟大的建筑师一起合作，为雕塑带来了新的表现形式，而他们也能在脱离现代主义的环境中感受到创造的舒适。出生于清贫的钢铁小镇的穆尔，他人生最后的 46 年，都生活在霍格兰兹古老的乡下农舍庄园里。在这里他只为不断扩大的家庭需求增加了一间起居室，却为了工作扩建了九间画室。[13] 伴随着时间的流逝和艺术家名声的积累，这一扩建庄园使这里成为可能是最大的单体艺术家庄园。精美的花园、客房和终级研究设施，使穆尔庄园成为挑剔游客和艺术学生争相参观的景点之一。随着网络的兴起，穆尔"贫苦"的房子最终成为艺术中心，亨利和艾琳·穆尔（Irene Moore）的家还用以举办了多次支持艺术事业的盛大艺术活动和庆典。毫无疑问，亨利·穆尔对 20 世纪著名建筑师的影响最大，因为其中最重要的建筑师在他们的项目中融入了他一些最好的纪念性作品，例如纽约维维安·博蒙特剧院（Vivian Beaumont Theatre）外埃罗·沙里宁（Eero Saarinen）的作品。亚历山大

霍格兰兹：庄园主门和亨利·穆尔位于赫特福德郡（Hertfordshire）佩里格林（Perry Green）的住宅。新增建部分位于右侧。庄园中共有九间转用为画室的马厩。
（图片来自网络：回复：赫里福德郡亨利·穆尔）

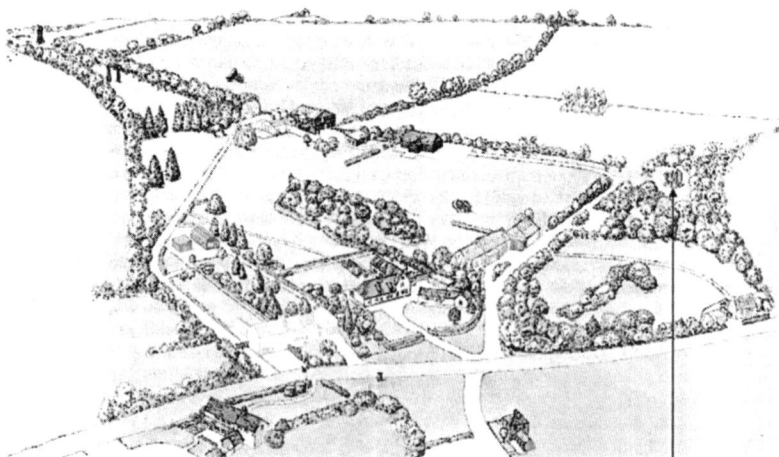

霍格兰兹：2012 年的工作室

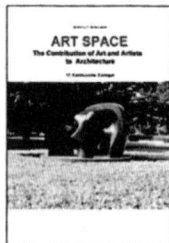

左：金贝尔艺术博物馆中展出的《艺术空间》照片（1992 年）；上：穆尔个人绘制的霍格兰兹庄园（2007 年）

资料整理 ©HMF
右下：笔者提供

亨利·穆尔的霍格兰兹庄园——亨利·穆尔基金会，成立于 2012 年

暮年"住宅 / 工作室"的归置也和穆尔十分相似。他晚年的建筑屋舍，是一座位于康涅狄格州罗克斯伯里的谷仓工作室，一栋萨谢（Saché）小溪边老旧的地方别墅，一栋在法国的周边氛围中建起的不成比例的美国式"谷仓"。尽管穆尔和考尔德都非常优秀且与我们现今所理解的现代主义都有着密切关联，但他们都喜欢将"老式"住宅、村庄类的农业建筑作为个人的栖居场所和满足艺术需求之地。这种对于对老式建筑的喜爱，可能始于雷诺阿（Renoir）。雷诺阿非常厌恶新潮建筑，却异常偏爱老式传统建筑。在他看来，新潮建筑都只是零散的组合，由不同的工匠拼凑完成，而这一主张无疑是剥夺了工匠和艺术家创造"完整个体"的乐趣。他曾谈及有一位木匠向他抱怨道，制作椅子已不再能像以往一样给他带来欢乐，在新的家具制造环境下，他只能制作椅子腿，而椅子靠背和底座则由其他工

匠完成，最后再组合在一起。[14] 对这些艺术家而言，"老式"意味着他们的性格与特点，而现代主义的事物则带走了这样的特色。不过在此，笔者想大胆猜测，与他们日常生活"村舍式传统栖居地"完全相反的，至少穆尔和考德尔是如此，是他们的生活都为我们提供了一种"现代主义"和"新事物"的"解药"，一种由环境和时间辩证影响的、创新性辩证行为的矫正方法。只是，穆尔和考德尔，以及雷诺阿，他们都是在"乡村"的环境基础上进行对话，他们只喜欢居住在乡村环境中。因此，我想举一个我认为最有意义的、以城市为对话背景的事例。

接下来的讨论，我们将以安托万·布德尔住宅 / 博物馆为例进行探讨，这是一个与时代相关且具教育意义的建筑命题，且并未受到围绕其他城市巨人，如奥古斯特·罗丹（August Rodin）的住宅 / 博物馆的"阴谋"的"负面"细节的阻碍。此外我深信，布德尔博物馆是历史上艺术家住宅在其去世后作为博物馆的最杰出的案例之一。在这之后，我还将以亚历山大·考尔德的案例为结尾，他在笔者看来，无论是作为一个人，还是那个时代的一位雕塑家，都极具代表性。

巴黎的安托万·布德尔博物馆

这或许是每位艺术家都梦寐以求的：一座死后的住宅 / 工作室博物馆！这不仅是布德尔的梦想成真，还是创新与人性和完善相结合的杰出案例。此外同样值得注意的，是这位艺术家的人性化特征，这与他独特且偶尔难以相处的老师与朋友罗丹截然不同。[15] 与之相反，他性情随和谦逊，和蔼宽容。他的房产也彰显了他的人性特点。当他有能力购买房产时，他便第一时间为他的父母建造了公寓，现在仍是博物馆的一部分。如今位于巴黎人口密集城市区，坐落于安托万·布德尔大街，《法国世界报》（Le Mord）报社办公室旁的布德尔博物馆，是最令人难忘的典型案例。整个综合体将其建筑发展的各个阶段连贯地融合为一体，将砖、木材和玻璃与当代混凝土廊和博物馆空间和谐地组合起来。这是对布德尔精神，以及与他共享一间工作室的友人与同事卡列雷（Carriere）的尊敬之情。同时，其他曾居住于此的雕塑家也值得纪念，包括看上去一副"干瘪狡猾模样"的儒勒·达卢（Jules Dalous），这位 19 世纪非常重要且多产的行为主义雕刻家。[16]

布德尔在这间工作室工作并生活了四十五年，是这间工作室居住时间最长的住户，而他本人应当也觉得早已与工作室融为一体。1929 年布德尔去世之后不久，这座复合体建筑便开始了一段复杂且具有组织的发展。20 世纪 90 年代中期，它便扩建出以布德尔和卡列雷工作室最初的砖瓦 / 木架 / 玻璃建造的、用心展览他们二人纪念性作品的空间，同时还包含了辅助的研究功能。

该扩建部分由法国著名建筑师克里斯蒂安·德·波赞巴克（Christian de Portzamparc）设计。博物馆的每个发展阶段都体现了当时的建筑材料和技术，整体也

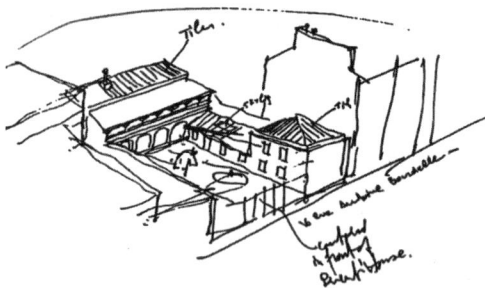

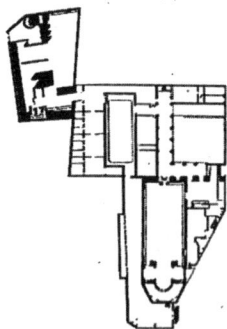

住宅／工作室：现今安托万·布德尔博物馆的外观与内部庭院。左：内外庭院，周围环绕着布德尔的工作室；右：博物馆内部主要大厅及其主要扩建部分中，布置着这位雕塑家的不朽之作
[手绘与照片由笔者绘制、拍摄；博物馆平面图由迪菲耶·布德尔（Duffiet Bourdelle）女士提供]

通过连续的外部空间与良好的比例，和谐地构建在一起。艺术家的作品和精神也在每一处细节都体现得淋漓尽致。

　　这一和谐且复合体的中心，包含了艺术家工作室和内部庭院的分支。布德尔的工作室夹层得以完好地保留。这里也是他遗体的保存之地。[17] 他心爱的金丝雀和鹦鹉也见证着他灵魂的逝去。布德尔对于动物，尤其是对金丝雀和鹦鹉的喜爱饱含了诗意。嘤嘤鸟鸣的氛围也使他对音乐与建筑更为敏感，进而也成为他雕塑的基础。而他对于贝多芬的热爱，则可以体现在博物馆展出的贝多芬的半身像上，这也帮助他实现了类似于现存音乐与建筑之融合的音乐与雕塑的融合。他曾时常对他的学生说："我最近听了一首贝多芬了不起的三重奏，忽然间我好像听见了雕塑本身，而不是看见……就好像贝多芬三重奏的三种声音在其天赋的庇护下静静诉说，三种声音必然需要融合为一，就像我们同时利用平面、轮廓和质量的统一形成一个整体一样。"[18] 布德尔题为《贝多芬与我的建筑》（*Beethoven a l'architecture*）

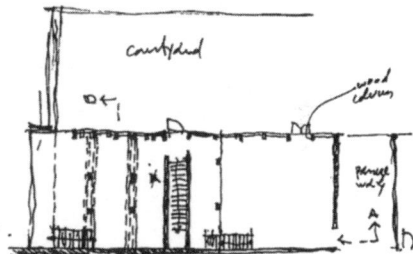

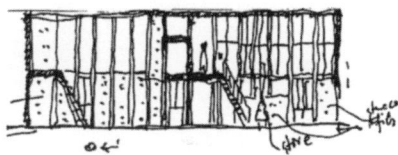

安托万·布德尔的工作室

左：布满雕塑家不朽作品的庭院
右：工作室内部剖面速写（右上照片由布德尔博物馆提供）

的研究，阐明了他有关音乐、雕塑和建筑之三位一体的理念。

　　安德烈·苏亚雷斯（André Suares）或许是完全正确的，他曾评价道："布德尔终究是一位建筑师"，他赞美这位雕塑家为一位建造者，赞美他的"比例感"，以及出色的几何学造诣。[19] 而布德尔对于音乐的热爱及其对韵律的偏爱，可能也是使他选中这一特定房产的原因。

安托万·布德尔在他的工作室
（照片由迪菲耶·布德尔女士提供）

安托万·布德尔及其工作室的整体视觉氛围
（照片由迪菲耶·布德尔女士提供）

工作室幕墙结构的韵律无与伦比，就像这位艺术家对每个作品都几近完美的刻画一般。整个复合体展现出这位艺术家极其"包容"的人性特点，整个建筑作品的体量也简洁且壮观无比。虽然布德尔并没有古斯塔夫博物馆所展示的大量令人印象深刻的作品，但他作为一名艺术家却格外幸运，得到了艺术史学家和后人应有的对待，不像莫罗（Moreau）那样，一直饱受争议，不时还会得到一些难听的绰号。[20] 布德尔博物馆的内庭院，通过当中所展示雕塑的规模和大小，给观众带来了崇高的氛围感。那是一种室外雕塑才有的壮丽氛围，在力量上与位于维罗纳（Verona）卡洛·斯卡帕（Carlo Scarpa）的古堡博物馆（Castlevecchio Museum）的画廊有异曲同工之妙。布德尔博物馆的空间体验是笔者最喜爱的之一，在此将其推荐给所有追求空间灵动性的读者。

亚历山大·考尔德"工作室"

亚历山大·考尔德的一生绝对是其艺术作品的映射与暗喻。他幼年在外漂泊，这也是他逐渐发展出他"动态雕塑"（mobiles）的时期，一直到他晚年，又逐渐浪漫地沉淀为他宏伟的"静态雕塑"（stabiles）。他居住过的许多地方，从住宅到地下室，旅店房间、船舱，再到各种不同形状的房间，就好像他树叶的动态雕塑所呈现的。而他在萨谢的临时性住房，和他位于罗克斯伯里的谷仓，则承载了他红与黑庞大静态雕塑令人心生敬畏的坚定光环。

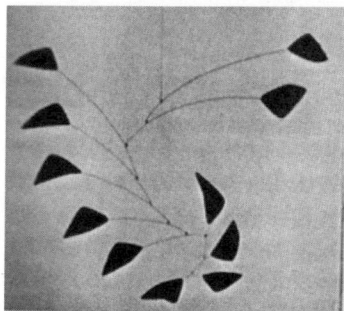

亚历山大·考尔德的动态雕塑与静态雕塑
（照片来自：考尔德附图自传）

这样看来，考尔德的艺术与生活是和谐共存的。他是美式生活的典型艺术家代表，移动性（mobility）则是当中不可分割的一部分，充满年轻与活力。而相对的，稳定（stability）在各种方式下，都总是显得更加宏伟壮丽，无论在哪里。

考尔德完全依靠其对居住空间的记忆，来构建自己的生活。他在艾伦·莱恩（Allen Lane）为其撰写的自传的采访中，曾谈及他从小长大的房子："我们居住在一座石砌房屋的一端。我认为那非常酷。"²¹ 从那时开始，所有的一切都围绕空间展开；关于邻里的视觉记忆，日常活动与工具，父母的角色，尤其是为他的工作提供恰当场地的父亲，以及在他离开家后与他聚集在同一空间群居的人。考尔德的事例无论是对环境心理学的学生还是对处于人生早期阅世不深的学生而言，都是丰富的证据来源……

考尔德以其"动态雕塑"对自然的欣赏和可视化，即便连续不停地搬家奔走，生活在极具挑战的环境中，他的生活也充满了欢乐、活力与生机，从未预料到土地投机者和纵火犯对自然环境的愤怒之情会在未来几年闯入他的生活……
左：笔者的藏书封面。中：艺术家安蒂戈妮·卡瓦塔（Antigoni Kavvatha）《花园的痛苦》（*The Agony of the Garden*）。右：2007 年海德拉岛的"纵火犯"（照片由笔者提供）

他流离的生活就像一挺机枪：他有关自己位于费城一个贫穷街区的第二处住所———一间公寓的最初印象，是那里能看见火车站和大量卡车的后院。在这里，他发现"客运火车和运货车厢十分令人着迷。"²² 他一定会承认，自童年起，他就对运动（movement）与活动（activity）格外痴迷。他喜爱父亲在费城的工作室，"因为那里的门要用很长的锁链开启。"

每一个空间记忆的火花，都装点着幸福。他的父母都给予了他很多支持，母亲曾尝试为他制作肖像，使他感到无趣，父亲，作为学术训练和树立成功榜样的雕塑家，为自己的后代提供了惊人的创造力。考尔德的童年和德·基里科（De Chirico）的童年截然不同。他儿时生活的地方无论富足与否，都充满欢乐。他 6 岁时，第一次在父母朋友的家中感受到了环境富足，这位好友在出国旅行期间还曾将房屋借给他们居住。"那是当地的一所大房子，那里有两只优秀的马匹，保存尚好的马车，以及一间大冰库。"这间冰库所笼罩的神秘色彩与清凉，即使在炎炎夏日也给儿时的他留下了第一次环境的感观记忆。"这种前所未有舒适、开阔、自在的感觉"，使他激动万分。

考尔德的第四处居所，是一处联排住宅，是费城中"许多相似排屋的一栋。"这是他的父母去亚利桑那州（Arizona）旅行，将他留下和朋友一起居住的地方。

这之后，便是生活在亚利桑那州奥拉克尔（Oracle）区一片大平房中的一间小舍的经历。这里的其他租户都居住在 8 平方英尺铺有木质地板的帐篷下。考尔德总是会留心观察空间，不仅仅是他自己所居住的小小空间，他还总是会仔细观察邻里们居住的空间。

他清楚记得那时的亚利桑那州"非常热"。从费城穿过亚利桑那州杜桑市（Tuscon）到尼德尔斯（Needles）的行程好像使人变成了摇动的钟摆，来回划过乡村洁净的空气与广阔的平原。这些壮阔的空间记忆，多年后在他的动态雕塑中得以展现。这些年他见过的不同种族不同类型的其他美国人，还有奥拉克尔（oracle）疗养院的病人与护工，都印刻在他童年的记忆中。一些人教会他如何做事，例如如何用麻袋、松树和铁钉制作棚屋。有一次，他遇到一位名叫拉德（Ladd）的人，全名已无从得知，那是他生命中遇见的第一位建筑师。这个人激发了他"利用电线和厕纸"创作自己的品牌灵感。从那以后，考尔德又与一些伟大建筑师相遇并同他们合作，以童年的空间记忆为他们的室内空间赋予生机，创造宇宙般多彩的幻境。

据载他的第六处居所，是位于洛杉矶的一家名为"伊斯特莱克"（Eastlake）或者"韦斯特莱克"（Westlake）的宾馆。那是一家常见的宾馆，或是公路汽车旅馆，十分适合隐姓埋名抛弃记忆。而在这些情况下也只有个人记忆才最有影响力。

第七次搬家考尔德来到了帕萨迪纳市（Pasadena）。那里的地窖成了他的第一间工作室；在父母的赞许与支持下，完全由他自己建造而成。这间工作室随即成为他朋友们的聚集地。后来，又成了他姐姐的"秘密城堡"。

第八次搬家他来到了一家旧金山的旅店，这次只是为了短暂居住，在这里他也第一次乘坐了升降电梯。借此，他见识了城市的全貌，也仔细参观了整栋建筑，并被那些晦涩的机械构建深深打动。他还清楚记得一家餐厅的标志性装饰，由胃、香槟和机械组成。

随着他逐渐成长，他便像父亲一样，也成了一名雕塑家[23]，开始变得越来越健壮、专业、富有经济头脑，考尔德过去常常在工作室里观察他的父亲，他为了建造自己的工作室而搜集并记录了父亲所做的一切。父亲在帕萨迪纳的工作室有个天窗，如今他依旧清晰记得。[24] 玛格丽特·海斯·考尔德（Margaret Hayes Calder）的《三位考尔德》（*The Three Calders*）一书可以证实，儿子的画室与父亲的截然不同并非意外。[25]

接下来考尔德的住所也在帕萨迪纳市，那里也有一间工作室。

虽然塞尚（Cézanne）也是个时常奔走的人，但他对行李打包却毫不在意，时常轻装而行。而对考尔德而言，打包行李却总是个大问题。这或许也是欧洲和美洲关于流动性（mobility）和稳定性（stability）特征的根本区别之一。在欧洲，流动性的概念更多是暂时的，是探索世界时休息的时间，但最终还要回归到父系庄园和祖根的稳定中去。而在美洲，流动性则是从一个生命周期到另一个生命周期，涵盖了个人的所有财富。美国的退休人员以之漫步全国的空气动力学形态的移动胶囊房，是工程与室内设计相结合的奇迹，也是通往永恒稳定之路的流动性与设计经济的终极象征性成就。

考尔德十岁多时，他和家人搬到了他人生中的第十个住处。这是史蒂文森（Stevenson）夫妇位于哈得孙河畔克罗顿（Croton-on-Hudson）的一栋"老门楼"。它有明亮的色彩，一间正方形的房间，还有许多依附于房子威望的特征，即所有者不停在他们令人难忘的庄园周围建造石头的房子，这也是他们"建筑狂人"（architetural mania）称号的由来。也就是在这，考尔德的父亲拥有了他的第二间车库工作室，且也在这间工作室设置了天窗。这是考尔德记忆中最好的一栋住宅，而可以直接俯瞰哈得孙河的塔楼则是主要原因。[26]

他的第十一处住宅位于斯波顿多维尔（Spuyten Duyvil），靠近纽约扬克斯（Yonkers），那时他的父亲在纽约市西第十大街 51 号担保过一间画室。考尔德认为这间画室非常糟糕，原因是正中央非常不协调总会在墙上投下垂直影子的方形天窗。考尔德的青少年时光是典型的郊外生活；那时的他总是要在房子里为他的朋友设置一间工作室，这位朋友总是因考尔德能够利用他的工具和双手"灵活地摆弄木头和皮革而对他倍感敬佩。"[27]

第十二次搬家，他又回到了旧金山，还是那时"……父亲的天窗"，以及考尔德自己的地窖工作室。

在同一座城市，考尔德经历了第十三次搬家，第二年他们又搬到伯克利，并居住在一栋由建筑师自己建造的房子里。[28]

第十五次搬家他又回到纽约市，他的父亲在那将一间旧影院用作工作室，在那里也是"他第一次用竖拉窗替代了天窗。"[29]考尔德对父亲天窗的实验十分痴迷。天窗还是竖拉窗的问题一直伴随他，直到后来他有能力在萨谢和罗克斯伯里建造了属于自己的巨大竖拉窗。

后来的第十六次搬家，考尔德来到了霍博肯（Hoboken）的一间难忘的宿舍房间，那里可以观赏到沿河上下的景色。只是他不得不和大学的两位室友共同分享。而第十七次搬家也只是搬到另一间宿舍。

考尔德曾学习工程学，多年后他才发现这并不适合他。然而在他工程学的学习期间以及他第一份工作的工作期间，他发现了自己对机械和运动的热爱，以及对建筑的热爱。关于他在俄亥俄州空间体验的记述有很大空缺，那段时间他一直以工程师的身份工作，也是在相同的年份，他又在纽约市中心的商业学院学习，同期还担任了几年显然让他厌恶不已的保险公司调查员。九年多的时间很长，或足够一个人想清楚自己的真实"使命"。年轻的动态雕塑发明者，精通各种工具、实验与技巧，且显然书本对他来说没有太多用处，但他却不得不学习工程学，不过终于，他有机会参加了由父亲的朋友克林顿·巴尔默（Clinton Balmer）所教授的绘画课程。[30] 他十分喜爱这门课，而从巴尔默那里学到的阴影技巧也让他受益终生。

然而，这终极的"使命召唤"也没有能将他带往彼岸。于是他再次泛舟，踏上征程。

他的下一次空间体验，是轮船与木帆船。他利用自己不值班的时间在船上的锅炉房敲敲打打，用各种"破玩意儿"创造发明。清晨，"太阳总久久不能散去的印象"[31] 使危地马拉的海面格外平静，船的一侧是"冉冉升起的旭日"，而另一侧的天空中，"月亮如银币般悬悬而望。"[32] 也许这就是日后成为他动态雕塑的首个"有形的印象"（tangible impression）。这趟旅程带他到了加勒比海和太平洋，并最终抵达旧金山，在那他偶然经历了圣地兄弟会（Shriners）的游行。"他们行进到这边，相遇，然后再行进到另一边，分离，随后又反复。我总是后悔错过了这场人类的动态景观（mobile）。"[33]

在工作期间他唯一曾提及的居所"是他自己在滑道上建筑，后来又用平车托到伐木场合适位置的一间小屋，"在那里，他作为雇员在圆木装上平车时对它们进行测量。[34]

之后他又几次和父母在纽约居住，每次的地点也都不同，一次在第 111 大街，另一次在东第十大街与他们共同居住了约一年，而当他的父母在欧洲时，他则居住在父亲位于东第十一大街的画室里。随后他又从家里搬到了麦迪逊大街 259 号的一栋五层建筑中的一间太阳能从房顶照进来的"阳光房"。这个地方的光线总是格外刺眼，以至于他很难投入工作，那时的他正接受了 A.G. 斯波尔丁（A.G. Spalding）的正式委托，为他们在第五大街的商店做装修，并不时为不同的运动员画些画像等。此后他又反反复复地搬回父母家又搬出来。他创作出他第一件电线雕塑的住所，是一间非常狭窄且不舒服的二层楼"厅房（hall bedroom）……位于走廊的尽头，没有任何宽敞的地方，就位于西十四大街与第七大道之间。"在这里，他不得不在起床时把所有东西放在床上，当他想要睡觉时再搬回地上。由于他没有钟表，房间又面朝南，他便自己用电线做了一只公鸡立在底端有射线的垂直杆上记录时间。[35]

一份由艺术商委托的为运动员画像的奇特工作，将他带到了马戏团，自行车赛和拳赛面前。这些运动相关的体验激发了他对绘画和铁丝雕塑的创作灵感，而这些也远比会围绕着他静止不动的日晷公鸡转动的太阳要有价值得多。所有的这些，就是亚历山大·考尔德的开始，在接下来的三年里，从第一次搬到巴黎到三跨大西洋往返巴黎和美国（1926–1929 年），他终于逐渐被历练成形。刚到巴黎时，他不知道自己想成为一名画家还是其他什么人物。他只是如风暴般席卷了整座城市，他以工作室中活跃的铁丝人物形象：总统、富豪、运动员、轻佻的女子、爵士歌唱家和马戏演员进行的表演，给所有人都留下了深刻印象。在巴黎的所有美国艺术家中，如伊丽莎白·赫顿·特纳（Elizabeth Hutton Turner）所说，他就"像十年末年轻的琳格尔夫（Lindgergh），以新美国的形象发掘着年轻的法国精神。"[36]

在巴黎，他居住过各种各样的住所。旅馆房间、朋友的公寓，自己的房间，然而无论在哪，他都有存储问题，也总是自己制作工作台和家具。不久，他发现自己并不像罗丹，与当时其他头脑发热的许多前卫艺术家不同，通过一次对动物园的拜访，他重新主张起对运动事物的热爱。他早期参观罗丹博物馆时曾说："我没有想过向剃须膏似的大理石慕斯送去我的爱情之吻。"[37]而在他参观过动物园后，却尤为喜爱猴子体操的灵动性和动物的独特色彩。通过一系列有意义的活动，并受益于这个流动性大的社会化国家的最大好处，他遇到了来自奥十科十（Oshkosh）古德尔制造公司的古尔德（Gould），并开始为他制作幼儿动作玩具，和可移动的木质动物。

他在巴黎的第一间工作室位于达盖尔街 22 号，"是一间带天窗的 4 平方米的房间，后方还有一栋高楼。"[38]

考尔德个人的移动特质，终于获得了全球性的尺度。他的钟摆带着他往复于巴黎和纽约之间。后来，这种移动性又生出枝杈，延伸至欧洲、中东和南美洲。

早期他有一次回到美国时，落脚在了一个如金叶般三角形的房间，并将那里作为他的木雕工作室。尽管那里有壁炉，可还是有供暖问题。然而他还是继续工作，甚至制作了"手握绿色鲜花 7 英尺高的淑女形象"以及"与罗慕路斯（Romulus）和雷穆斯（Remus）共同完成的 11 英尺的母狼形象"。只要创意的火焰在燃烧，工作室的形状就无关紧要。这两件作品就是在这间窄迫的工作室完成的，最终都在纽约第 34 大街，老沃尔多夫宾馆（Old Waldorf Hotel）的独立艺术沙龙（Salon des Indépendants）中展出。[39]

随后考尔德搬回到巴黎。又不停地从一个工作室搬到另一个工作室。1928 年是考尔德一个"狂乱期"的开始。他不停往返于巴黎和美国，从一个小工作室到另一个，参观其他艺术家一样精巧的临时工作地点，并在各种空间压力下工作：租来的工作室、旅馆房间，作为客人在父亲的纽约工作室、在妻子的小屋、巴黎的单间公寓，任何一个他可以落脚的地方皆是如此。这期间，他深受霍安·米罗（Juan Miro）、帕森（Pascin）、野口（Noguchi）、蒙德里安（Piet Mondrian），以及马塞尔·杜尚（Marcel Duchamp）的影响。他还能想起和他们在一起的一些情景，还有一些同样有影响力的艺术家和建筑师，例如，弗雷德里克·基斯勒（Fredrick Kiesler）、勒·柯布西耶（Le Corbusier）、费尔南·莱热（Fernand Leger）和范·杜斯堡（Van Doesburg）。他曾多次提到他们的工作室。这些工作室也都是窄小且临时的，与他所经历的、生活拮据无钱付房租的处境如出一辙。米罗在蒙马特尔（Montmartre）"居住在好似钢铁管道的地方。"帕森的工作室则是一间小阁楼，位于转角楼梯的末端，且仅有一扇窗户。而给他带去最深刻影响的，是蒙德里安的工作室。他不仅崇拜这间工作室，甚至直接表示，那次参观不仅使他十分震撼，而且还给他带来了新的灵感。"所以如今 32 岁的我想要在这样抽象的概念中进行绘画工作。"[40] 也正是此时，马塞尔·杜尚给他的抽象作品进行了命名。他说，要称他的这些抽象作品为"动态雕塑"。[41]

考尔德对于自己的居住空间总是十分留心，他们之间也总有一种彼此交融的变化关系。有时，他会保护墙面上的涂鸦，不让业主粉刷墙壁，因为"工作室的墙上总要有一些东西……"[42] 进而，这里成为他艺术的延伸，是另一种"动态雕塑"。他将自己位于巴黎布鲁内斯第 7 别墅（7 Villa Brunes）的工作室所有的门都用铁丝连接起来，这样即使他在浴室也可以开门。在他讲述给艾伦·莱恩（Allen Lane），并由其撰写的考尔德的自传中，载有这一装置的草图。[43]

社交对于考尔德而言也是必要的需求，他会向所有人、志同道合的艺术家或朋友用他的铁丝人物表演马戏，或是展示他的动态雕塑。

考尔德对于空间和物体的许多偏好都来自他在旅店房间的经历。他对室内白色背景的喜爱，来自巴塞罗那的雷吉娜酒店，而他后来对南侧照明的偏爱，则来自马略卡岛（Majorca）的地中海酒店（Hotel Mediterraneo）。[44] 也是在旅店房间的经历，让他有机会讲述自己有关"糟糕品位"之事物的经历。你不应该接受或散播你所不赞同的事物，因为如果你一旦接受，人们就会认为你喜欢它，然后给你带来更多同样的事物。而如果你将它散播掉，人们也会认为你是出于喜欢，而给你更多类似的事物。"糟糕的品位终将自食恶果。"[45]

这个从童年到成年一直在生活和艺术中寻找自己位置的人，在邮局更改地址的次数一定超过任何人的想象。在这个过程中，他或许经历了比任何一位艺术家都多的空间体验，对自己得到的一切都感到满足，也在不断地改进他所居住的空间。这种时空辩证法，通过表达了他人生所经历的移动性之缥缈的动态雕塑，最终帮他找到了属于自己的艺术家道路。然而令人惊讶的是，在他艺术的顶峰时期，随着岁月流逝与年纪增长，他的空间偏好突然转变，他个人独有的住宅工作室，也展现出与他的艺术完全不同的模样。美国是他的根，而他也在进入婚姻之后，搬到了康涅狄格州以求得永久居所。他在康涅狄格州的罗克斯伯里，找到了一间足够大的旧谷仓。他人生的后半段时光，便一直待在这里，他用二手窗户将谷仓改造为他人生中属于自己的第一间工作室，还增加了很多不同房间来养育他的家庭。

在这里，他迎来最繁忙也是高产的时期。他将这一巨大工作室视为专有，并对它施行完全的控制，而这也让拜访他的人都感到尤为不自在。[46]

考尔德在康涅狄格州罗克斯伯里的个人工作室

[照片选自莱恩（Lane），1967 年]

　　姐姐玛格丽特·海斯·考尔德对于工作中的考尔德以及他的这间工作室，曾有过这样贴切的描述："工作室的大门又大又宽，高高敞开，面向牧场。门的右侧从腰的高度到天花板，用小格玻璃填满。曾有一只在没人的时候通过开着的门飞进来的小雀，拼命地想冲破小窗格玻璃逃出去。于是我只得轻轻地将它赶往门口。角落里高高地堆放着画夹、杂草和一些铝制品。长凳和桌子上则摆满了切割成不同形状的构件、纸卷，以及各种平面图和碎片。"[47]

　　工作时的考尔德非常冷静且自律，细心且整洁。他总是精心呵护他的工具，将它们维持在绝佳的状态，使用时也总是小心翼翼满怀敬意。[48]

　　就像尤利西斯（Ulysses，罗马神话人物，即希腊神话中的奥德修斯——编者注）回到故土伊塔卡（Ithaca）一样，只是对于考尔德而言，他的珀涅罗珀（Penelope，尤利西斯在外争战时，一直在家等候他的妻子——编者注）是美国。警笛声一直都在。法国像是另一个锚，而他也一直在此寻找一个"永居之地"。在短暂地停留在一处并不是很令人满意的住所之后，即使它位于普罗旺斯艾克斯（Aix-en-Provence）最美的米拉波大道（Course Mirabeau），考尔德最终还是用自己的几件动态雕塑作品，从让·戴维森（Jean Davidson）手中换来了一栋位于萨谢的看似十分"中规中矩"的老房子。动态雕塑的创始人，用自己的动态雕塑（双关"移动"）换取了稳定。[49]生活还在继续，就像年龄不会停下脚步，考尔德的艺术也发生了变化。

静态雕塑，庞大的静态雕塑承接了动态雕塑，而二者，则都标志着当代世界移动性的节点，从贝鲁特（Beirut）到加拉加斯（Caracas），从墨西哥到柏林。人们找到他并要求与之合作，他的作品，也被选来补足一些建筑师如卡洛斯·劳尔·比利亚努埃瓦（Carlos Raúl Villanueva）、奥斯卡·尼迈耶（Oscar Niemeyer）、密斯·凡·德·罗（Mies Van der Rohe）、弗兰克·劳埃德·赖特（Frank Lloyd Wright）、埃罗·沙里宁（Eero Saarinen）、埃内斯托·罗杰斯（Ernesto Rogers）里卡多·莱戈雷塔（Ricardo Legorreta）和其他建筑师的作品。在他的晚年，全世界都成了考尔德的"调色板"，

考尔德在法国萨谢的住所
（照片引自莱恩，1976 年）

而他也借此开始周游世界。他发现各地的工作室都在等着他，贝鲁特、加拉加斯、里约。年轻的精力还在，但艺术却跟随年龄的喜好，扎实地落回地面。

考尔德住宅旁的工作室
（照片引自莱恩，1967 年）

考尔德的最后一间个人工作室位于萨谢，是现代版巨大无鳞的康涅狄格谷仓，只是这里的建筑部门的使情况变得更糟，因为他们不允许天花板达到最终高度。[50] 这位担任建筑师角色的伟大雕塑家所展现的品位，与他在雕塑上所展现的先进性截然相反，他既不能满足自己的需求，也不能达到建筑部门的要求。他不朽的构想，巨大无比的静态雕塑，曾终得展出于巴黎户外，以及其他许多博物馆和全球一些指定地点的静态雕塑，却不得不在图尔（Tours）的比耶蒙（Biémort）工厂被销毁。这种动态的内部空间最适宜创作不朽的静态雕塑，而最贴近艺术家灵魂的空间，是充斥着家人、子女后代的时代客厅空间。

考尔德与他的艺术反映了美国现代生活的流动性，他个人晚年生活的空间也

再次证明了以下命题的有效性：建筑的变化总是与人生的不同阶段相同步的。此外，当创造于他"谷仓工厂"的"人群"游行其中时，则象征着被环境保护着的人类，这点与贾科梅蒂孤立的雕塑截然不同。考尔德人体静态雕塑拥有无忧无虑的隐喻，且经常丰腴地跨过大西洋，这与极度崇尚精神的贾科梅蒂的穿过浓雾弥漫至室外、精瘦甚至看似挨饿的孤立人形雕塑形成了鲜明对比。由此而言，考尔德空间、人和环境三者的关系属于"美式卓越"（American Par-excellence），与二战时期欧洲人对贾科梅蒂的反对也截然不同。考尔德是由巨大环境掌控之环境中的未来人，20 世纪末，许多建筑师，都是在他这位雕塑家也是艺术家的帮助下，才得以完成他们的创作。

考尔德创作的位于墨西哥奥林匹克体育场外，表现人类充沛精力的庞大静态雕塑
（照片由笔者拍摄，1966 年）

　　20 世纪末，雕塑家与画家相比逐渐变得与艺术家 – 建筑师的交互滋养与影响的关系更为密切；艺术家中的雕塑家，如史密森（Smithson）、克里斯托（Christo）、塔基斯（Takis）、卡迪希曼（Kadishman）等，都第一次在威尼斯双年展上展出了他们的作品，便自此刻下了生动的印记。而不能与建筑师一同合作的贾科梅蒂，以及他与纽约大通银行广场独特的不快经历，都随着大收藏家不断向雕塑家寻求帮助和置于公共领域的作品而逐渐消失。托尼·史密斯（Tony Smith）、安东尼·卡罗（Anthony Carro）、汤姆·塞拉（Tom Serra），以及罗伯特·欧文（Robert

Irwin），随着他们的贡献在大型项目的结束时，以及在建筑师的最终决定中起到
决定性作用，他们也逐渐成为收藏家的宠儿。这当中最为令人最深印象的，是 20
世纪 90 年代初期，罗伯特·欧文与理查德·迈耶（Richard Meier）合作的盖蒂中
心广场的完成。雕塑家的这种对 1∶1 等比关系的直接使用，显然对最终作品的
创作产生了影响，并也对建筑教学论作出了巨大贡献。

盖蒂中心花园细节
（照片由笔者拍摄）

　　若是说那些人们广为传颂的 20 世纪 90 年代先锋派建筑师的作品都好似大型
雕塑，也并不意外。这并不是说建筑应该成为雕塑，但它却表明，雕塑作为一种
建筑物，为公共建筑提供了额外的可融资性元素，就比如，好奇心会产生利润。
埃里克·欧文·莫斯（Eric Owen Moss）和弗兰克·盖里（Frank Gehry）的作品都
属于这一类，同时，他们的作品也是在这种情况下对规模的不同处理手法可能导
致的利弊的例子。然而雕塑家的教学法并不取决于建筑物与抽象艺术的相似程度。
抽象艺术，这一"标志性"事物，甚至在某些情况下是浅显或是因人而异的；但
就实质性的审美品质而言，这也是雕塑家可以教给建筑师如何设计"建筑物"的
方面。

20 世纪 90 年代中期如"雕塑"般的建筑。左、中：建筑师埃里克·欧文·莫斯。右：建筑师弗兰克·盖里
（照片由笔者拍摄）

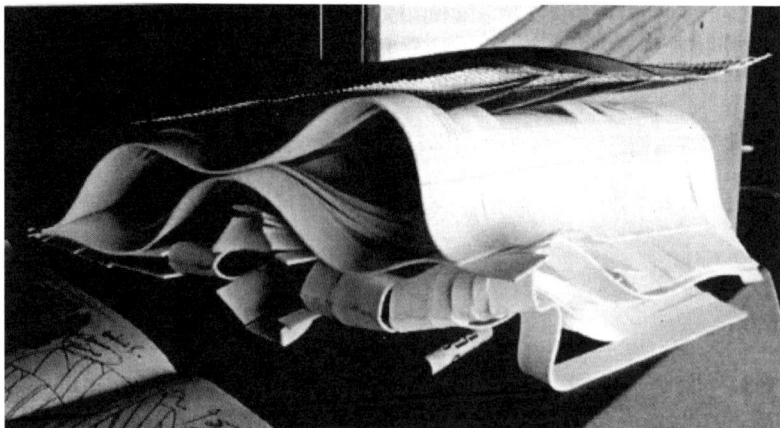

计算机和新材料为雕塑形式的呈现和分解提供了便利。照片拍摄于南加利福尼亚建筑学院
（Southern California Institute of Arditecture），埃里克·欧文·莫斯的管理，将建筑作为漂浮形式
雕塑的探索推向极致（照片由笔者拍摄于 2005 年 9 月）

雕塑对建筑的直接影响

雕塑与建筑的四大共有主要美学特征：作品的尺寸（Size）、比例（Scale）、
潜运动（Latent movement）与潜阻力（Latent resistance）。这当中最容易理解的，
是"尺寸"，而最难理解的，是"潜运动"。建筑师可以很好地理解并使用其中的
一些元素，但他们对后两种元素的使用却鲜少成功。通常，一件作品越大、越高、
体量越大，则它的尺寸也就越大。显然，作品的尺寸会影响观者，并给他们留下
深刻的印象，而这些感到惊讶的大多是小孩子，至于更为老练的参观者，则很难
感到印象深刻。

　　震撼于尺寸的人，大多是通过与自己的尺寸相比。由此，当作品的尺寸等同或近似于人的尺寸时，我们就说这件作品具有"人的尺度"。如果作品的尺寸明显比人大很多，即使它具有人的比例特征，我们也会说这件作品超出了人的尺度；一件巨大尺度的作品，即便看起来好像是远处的一个人类或动物，如果它的尺寸和比例与人不同，就不具备人的尺度。这种情况下，我们不能判断一件作品的尺寸，尤其是旁边没有熟悉的元素，例如"一个人"的情况下，而只有在有相对物时，我们才能进行比较，进而确定其尺寸大小。通过控制作品的尺寸与比例，我们可以给观者带来不同感受。而通过对"潜运动"中美学元素的适当控制，我们可以制作出具有"动感"（dynamic）或者无动感的作品。这取决于雕塑家决定以什么程度的运动展现人物形象。正在跑步的跑者形象，与正在起跑的跑者形象相比，动感显然是不同的。同理，描绘设法抓住过往鲑鱼的熊的雕塑，要比吃鱼的熊的雕塑更有动感。正确地选择时间中的位置并进行恰当的描绘，可以将观众带

尺寸和比例的元素：左：日本大阪世界博览会日本展馆中，毕加索的一件巨大尺寸拥有人体比例的
抽象雕塑，因为我们可以将他与周边展馆的结构单元进行比较
右：建筑物旁的一个巨大小女孩形象，旁边不具备熟悉的元素，建筑与小女孩雕塑都会因旁边停车
场汽车的大小而显得不具有人的尺度。由矶崎新设计的场馆中的毕加索雕塑，因其抽象、粗糙的
材料，以及潦草的形象质量而表现出一种潜在的运动性，而小女孩的形象却直接展示了她的一切，
没有任何秘密或运动（照片由笔者拍摄）

雕塑的潜运动因整修与维护工作时的保护帷帐而得到进一步增强。雅典宪法广场的小型雕塑
（照片由笔者拍摄）

入完成运动的整个过程中。当一座雕塑能够将人们的大脑带入运动中，并参与到完成运动的过程，我们就可以说，这件作品中蕴含着"潜运动"的元素。好的摄影师都对此熟知，并会根据潜运动来选择最终拍摄的画面。

以"一位拿着西瓜的男子"在航空公司售票处的售票机的两张图片为例。即使右侧图片中只出现了一个被遗弃在电脑上的西瓜，我们也能看出这张图片比左边的图片更具有冲击力。这张图片可能在表达，一个拿着沉重西瓜的人将它遗忘在电脑上，且可能很快会返回来取。由此可见，右侧的图片中包含了更多的运动，摄影师也作出了将这张照片选为最佳的正确选择。

上述的一切与潜运动有关的叙述，都是绝对正确的，也是建筑学为将优秀与精致从平庸与琐碎中区分的追求的关键。也正是这种品质，使帕提农神庙跻身历史顶级建筑之列。"作品中隐含能量"，在视觉上与其形式与细节的线条相互抵消，例如其轻微上升的基底曲线（一种减轻上方廊柱额外"视觉负载"的方式，从而使其在视觉上呈现水平），或略有弧度的立柱，使大脑的潜意识开始运作，最终

人与西瓜

[照片由娜塔莎·特里维扎（Natassa Triviza）提供]

使观众感受到和谐整体的审美愉悦感。

　　菲狄亚斯（Phedias），这件建筑作品的基础美学大师也是一位雕塑家并不奇怪，而这当中的"建筑师"则更像是当今的"承包商"，类似于我们理解的"工程师"。在某种程度上，这种由这位受委托建造帕提农神庙的雕塑家印刻于其中的潜运动，来自艺术界的立体主义先驱（precussor cubism）……

　　从潜运动的角度来看，一个"过分表达"的建筑物，或是一个绝对的"完成品"建筑，即使用的大多数都是既定材料，没有使任何一个部分或动作是"未完成的"这样的作品，会比其他作品看起来更缺乏潜运动。从这一点来看，一座制

左：塔基斯绘制的泰晤士广场正在矗立的钢结构摩天大楼，要比左二已经完成位于的斯德哥尔摩的建筑，以及左三间位于墨西哥城谦虚表达的白绿色建筑更具动感，而右侧雅典的过分表达的建筑，在动态和美学方面则都比其他建筑逊色（照片由笔者拍摄）

31

作精美的宫殿，要比一间未完成的小屋或烂尾工程楼的动感弱得多。

从这个角度而言，一栋处于搭建阶段的高层建筑（钢筋混凝土骨架）要比其最终定义并覆盖幕墙后更具动感。此外，如果幕墙在比例、颜色和能源消耗方面的表现都并无特殊，那么这样的建筑则可以称为"次等建筑"。而如果这些建筑的幕墙，像一些低等建筑师所作的那样，用"图形状幕墙"（Curtain wall graphics）取代早期的常春藤类植物来覆盖建筑物，那效果则会更差。雕塑和建筑相遇于潜运动，最终作品能够最大化地保持"运动"质量的程度，也决定了作品的表现效果是否强烈。

潜阻力

和"潜运动"的概念一样，也有"潜阻力"的概念，那就是保持作品特定形态所隐藏的结构阻力。关于"潜运动"元素，雕塑要比建筑幸运得多。尺寸、比例、重量和材料在这当中都起到本质作用，而这些元素在雕刻中更容易操作也更经济适用。你总是可以做一个好像盘旋在头顶的雕塑，展现飞出大海冲进云端的海豚或天马形象。然而，随着尺寸与重量的增长，若想用建筑表现出"在天空飞翔"或停在某一点，则将是非常昂贵，甚至几乎不可能的；此外，即使在规模和比例可行，经济也适用的情况下，从心理学上讲这样的建筑也是不建议存在的。把一个航站楼或一个体育场里所有人的都安置在一个能让人在心理上产生潜在屋顶倒塌，或超出人们所能接受的建筑结构中，绝不是一件令人愉悦的事。E. 沙里宁（Eero Saarinen）环球航空公司候机楼（TWA Terminal）的比例就触碰了人们的心里承受极限，而香港山顶酒店若根据扎哈·哈迪德（Zaha Hadid）的悬臂部分建议进行建造，那在心理上也一定是无法接受的。因此，当建筑利用雕塑的维度时，应尽量减少由潜阻力带来的心理上的不适，而更多地使用大众更喜欢的"体量"（mass）的语言，能稳固地安扎在地面上，而不是使用紧张轻飘的解决办法。当然这并不意味着学生不应该在工作室尝试表现轻盈的或是潜阻力的形态。但是他们应该制做实际模型并进行实验，这样他们才能掌握潜在问题的知识，并因而在实践中更加谨慎。这样可以检测作品形态、尺寸、规模、材质和重量的练习，会逐渐形成制度并帮助建筑师在实践中作出更好的决定，而最终避免采纳潜阻力过高的建议，进而节省大量的金钱。

在此基础上，"潜阻力"的元素事实上是根据所属雕塑的形式，以及建筑可以从雕塑中借鉴的程度，将雕塑从建筑中区分出来的一种批判性的临界点；它存在一个上限……最终由成本和心理因素决定，一个"有形"（tangible），另一个"无形"（intangible），而当无形被忽略时，就会造成不可弥补的过失。

A-B : POINT OF "TOUCH"
MUST BE
AT LEAST THE
SIZE OF THE
THICKNESS OF
THE SHELL

LATENT RESISTANCE

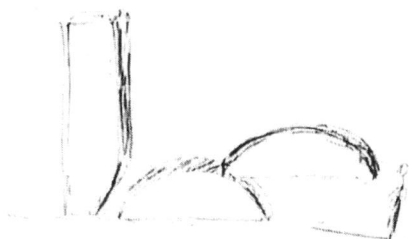

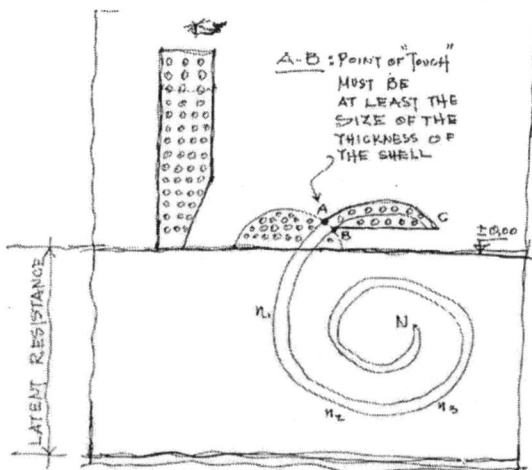

左上：伟大的"触碰"——雕塑中"潜阻力"的样本
卡尔·米尔斯在他别墅 / 庄园的作品，现今的卡尔·米尔斯博物馆，于斯德哥尔摩
（由笔者拍摄的幻灯片照片片段，1962 年）

右上：梅纳什·卡迪什曼的雕塑提案
（卡迪什曼的素描，环球航空公司飞往纽约航班；出自笔者的收藏）

右下：笔者试图解释将卡迪什曼雕塑设计中的潜阻力转化为建筑的尺寸与规模所需的地基与可能会面临困难的草图；挖掘、建筑技术、尺寸、规模、土废料的处理、时间周期、成本等，都将成为问题。而对巨大悬臂建筑（悬挂在"基础螺旋的架子"）的心理影响，可能更不受欢迎

参考文献及注释：

1. 见蒙塔莱（Montale），1982 年，第 260 页。

2. 上述的臭名昭著的证据是塞尚对他的朋友埃米尔·佐拉（Emile Zola）的态度。当作家变得富有时，这位艺术家开始与左拉疏远，站在贫穷而不是富有的一边。见保罗·穆尼（Paul Muni），《埃米尔·佐拉的生平》（*The Life of Emile Zola*）。

3. 见 C. 吉迪恩 – 韦尔克（C. Giedion-Welcker），1949 年，第 292 页。

4. 拉坎布雷（Lacambre），1987 年，第 7 页。更多见哈伯德（Hubbard）于托瓦尔森（Thorwaldsen），1928 年，第 95–126 页。

5. 即，莱恩（Lane），1967 年，第 79 页。

6. 帕泰，1961 年，第 94 页。

7. 见斯蒂芬尼季斯（Stefanidis），1994 年，第 45 页。

8. 沃尔曼（Wurman），1990 年，第 184 页。

9. 拉坎布雷，1987 年，第 7 页。

10. 关于巴尔扎克（Balzac）的争议，见戈德施奈德（Goldscheider），1962 年，第 38、40、41 页。

11. 见蒂雷尔（Tirel），无日期，第 155–166 页。

12. 罗丹早年应建筑师苏斯（Suys）的邀请，在比利时为布鲁塞尔的金库雕塑装饰进行工作。见戈德施奈德，1962 年，第 19 页。

13. 见伯绍德（Berthoud），1987 年，第 161、417 页。

14. 见沃拉尔（Vollard），1960 年，第 169 页。

15. 全部相关内容，见蒂雷尔，无日期。

16. 更多关于达卢（Dalou）的刻画和意义，见米尔纳（Milner），1988 年，第 226 页。

17. 同上，第 28 页。

18. 同上，第 32 页。

19. 勒·诺尔芒（Le Normand），第 13 页。

20. 即：见里瓦尔德（Rewald），1987 年，来自左拉对莫罗象征性作品的反对，第 419 页；莫罗的世界将其形容为"怪异的"等，第 501 页；评论家于斯曼（Huysman）对莫罗的背弃，第 452 页，等。

21. 莱恩，引文同前，第 11 页。

22. 考尔德工作室随后引用的传记信息和一般信息，来自莱恩，1967 年，第 12、13、14、16、19、20、21、22 页。

23. 见海斯（Hayes），《三个考尔德》（*The Three Calder*），1987 年。

24. 莱恩，引文同前，第 28、29、30 页。

25. 见海斯，1987 年，第 285 页。

26. 莱恩，引文同前，第 28–30 页。

27. 同上，第 34–35 页。

28. 同上，第 37 页。

29. 同上，第 39 页。

30. 同上，第 51 页。

31. 同上，第 55 页。

32. 同上，第 54 页。

33. 同上，第 55 页。

34. 同上，第 56 页。

35. 同上，第 71 页。

36. 特纳（Turner），1988 年，第 145 页。

37. 莱恩，引文同前，第 79 页。

38. 同上。

39. 同上，第 87 页。

40. 同上，第 113 页。

41. 同上，第 127 页。

42. 同上，第 116 页。
43. 同上，第 87 页。
44. 同上，第 117 页。
45. 同上，第 124 页，以及海斯，第 187、280 页。
46. 即见海斯的作品中他姐姐的证言，1987 年，第 284 页。
47. 海斯，同上，第 284 页。
48. 同上，第 281 页。
49. 莱恩，引文同前，第 220–221 页。
50. 同上，第 260 页。

11

艺术空间：
艺术和艺术家对建筑学的贡献

阿尔勒东部地区

马蒂斯的墓碑（照片由笔者拍摄）

第11章 阿尔勒东部地区

阿尔勒（Arles）东部地区紧临枫丹白露森林（Forest of Fontainebleau）中的巴尔比宗（Barbizon）与位于巴黎西北边几英里以外的瓦兹河畔奥维尔小镇，这里无疑是艺术家最集中地留下他们家国印记的土地。阿尔勒的文森特·威廉·梵·高（Vincent Willem van Gogh）和保罗·高更（Paul Gauguin）、普罗旺斯艾克斯的保罗·塞尚（Paul Cézanne）、卡涅（Cagnes）和滨海卡涅（Cagnes-Sur-Mer）的雷诺阿、尼斯（Nice）和旺斯（Vence）的马蒂斯（Matisse）、附近昂蒂布（Antibes）的毕加索（Picasso）、瓦洛里（Vallauris）和沃韦纳格格堡（Château de Vauvenargues）、莫迪利亚尼（Modigliani）、马克斯·恩斯特（Max Ernst）、费尔南·莱热、皮埃尔·勃纳尔（Pierre Bonnard）、马克·夏加尔（Marc Chagall）以及让·科克托（Jean Cocteau），他们都是曾在此居住或在此拥有房产的一些最著名的艺术家。在这附近，还有艺术圈名人和收藏家的别墅，以及他们推广艺术活动的基地，这些人包括：特里亚德、艾蒙·马特和玛丽亚·古利克森（Mairea Gullichsen）；此外勒·柯布西耶和何塞·路易斯·塞特（Jose Luis Sert）这两位20世纪艺术舞台上不可或缺的大师也居住于此：前者居住在马丁角（Cap Martin）的一个临时小屋，后者住在位于火车隧道背后的私人别墅。

"阿尔勒以东地区"是一片相对较大的区域，这里有两个主要的艺术聚集区：位于内陆的阿尔勒 – 普罗旺斯艾克斯，以及法国东南沿海的蔚蓝海岸（Cote Dàzur），也作里维埃拉海岸（French Riviera）。毫无疑问，这片土地是人类活动所及范围之内最有吸引力的地方之一。地中海海面上是阿尔卑斯山，散发着漂亮的光。海洋和天空的蓝，田野里鲜花的红与黄，以及橄榄色和淡紫色，都是极美自然画卷上不断变幻着的灵感。在这里，一年四季的景致在眉睫之间同时呈现，

左: 拆毁的梵·高的黄房子，"朋友们的房子（法语）"; 中: 位于阿尔勒的拉马丁广场（**Place Lamartine**）; 右: 黄房子里艺术家的房间

[资料来源：左: 巴黎罗歇·维奥莱（Roger Viollet）档案馆，中: 笔者提供]

有时掺杂些额外的元素，比如阿尔勒马赛谷（Arles–Marseille）吹来的干冷北风，这样蔚为壮观的自然景致，是人们灵感的缪斯，同时也在鞭挞着灵魂，激发着人们的表达欲。

别再在拉马丁广场上寻找梵·高的黄房子了。它曾位于阿尔勒城区主入口外火车站的那块街区，罗马城军防阵地外，但现已不复存在。它在二战期间遭到了摧毁，位置成了繁忙环形交叉口的一块平平无奇的绿毯，指引着车辆开往城内或绕城方向。唯一还能使人们想起梵·高的，是梵·高酒店，它就坐落在曾经黄房子背后的街道上，在这个绿色交叉口的街对面。这是个沉闷的酒店，那位曾经留宿于此伟大艺术家的回忆在此已留存甚少。除了那些印着梵·高精美画作的明信片和我在这里复刻的那些那个时期的黑白照片，便再也找不到其他和那个房子有关的东西了。没有平面图的情况下，没有任何东西是现成可取的。古罗马广场（Roman Forum）旁的梵·高基金会（Foundation Van Gogh），在这方面也没多大帮助。那里售卖着一些明信片和书籍，侧重于宣扬推广艺术家，就像梵·高曾经设想的那样，让艺术家之间建立起更广阔的兄弟社群，而不是研究梵·高本人或者维护那些关于他的档案资料。梵·高曾描绘过一个更好的阿尔勒的蓝图；他赋予了这个城镇脾性、张力和色彩。他的心离那些绕城的田野更近。而在城里时，他则大多是向着苦艾酒或是医院前行。前者现在被译为梵·高中心 [Van Gogh Center，或梵高疗养院（Espace Van Gogh）]，是一座多功能混合大楼，带有画廊、咖啡厅、文化设施，还有一个图书馆，设在重建的楼里的一个很华丽的连接处。这是一次非常小心又很创新的转变。露台和木质的部分依然保留了梵·高时期的样子，分别用灰泥刷成黄色和蓝色。然而，似乎并没有人知道这位艺术家当时是在哪个房间里把耳朵割下来的。

我见过阿尔勒多云的天、干冷的北风、成片的黄色和绿色、田边呈防风阵列的杨树林，还有天空中飞过的大片的鸟群、乌鸦和燕子。高更不必再担心梵·高房子的整洁，那所黄房子留存于画中似乎能比在现实中保留得更好些。

普罗旺斯地区的艾克斯是塞尚的故乡。米拉博林荫大道（boulevard Mirabeau）两旁的树列和镇上随处可见修剪精美的树群，比塞尚时期的要多不少，这很好地证明了大自然对这位著名艺术家"抽象"的塑造。塞尚在镇中心长大，并在他父亲的住宅西边两里地之外的布方农舍（Jas de Bouffan）工作。随后，并终于在靠近艾克斯镇中心的位置建起了他最后的工作室。在前面的章节里，我们谈到了塞尚和他的定制工作室。眼下，我们应该抽象地描述一下这些树木，然后往南边和东边去。

卡涅和滨海卡涅是雷诺阿的故乡。他的"科莱特庄园"（Le Collettes）给所有人上了"建筑结合自然"（building with nature）的一课，同时，也凸显了艺术家的建筑美学和建筑师的美学之间的一些分歧。正如我们所见，根据他儿子的叙述，雷诺阿对建筑师和城市规划者而言是一个直言不讳的对手。他讨厌他们。在他的厌恶名单上，维奥莱-勒-迪克和奥斯曼男爵则"名列前茅"。雷诺阿是城里人，喜爱群居。他喜欢社交，对对城市的细节和氛围感触颇深。事实表明，他可以生活在人口密集的条件下，当他搬到位于法国南部、离海岸线几英里远的卡涅古镇时，他住进了一间老邮局里可以俯视小镇的公寓。[1] 房子位于滨海卡涅利莱特庄园所在的山坡上，和卡涅小镇隔着一座山谷，只有几英里的距离，他在那里的生活显然是高兴的，只有在这处房产因可能会对树木造成毁坏而即将被卖出时，他才搬走。后来他买下了这块地产，在那里建了自己的别墅，并从老办公楼里搬了出来。[2] 因此，"科莱特庄园"出现了。这是一个充满传奇色彩的地方，矛盾、启示和问题共存，雷诺阿博物馆则是这里的特色。显而易见，雷诺阿虔诚地尊重着自然。从他庄园所在的山坡上看出去，可以欣赏到卡涅古城壮丽的美景。山顶靠近房子顶部的位置，有橄榄树和几棵棕榈树相连，还有许多灌木丛和鲜花，其中许多都以雷诺阿和他夫人的名字命名，并由此创造了一个嗅觉的天堂、鸟类的天堂，同时也是人类冥想的绝佳之地。此处冥想的氛围和精神唤起了人们对多纳克（Dornach）鲁道夫·施泰纳（Rudolf Steiner）歌德堂遗址（Goetheanum Site）的记忆。只用浅色调让人产生一种相似的陶醉感，那是属于蔚蓝海岸和地中海的颜色。

雷诺阿庄园里独立的辅助建筑物，邻近的房屋享有独特的景色
（照片由笔者提供）

雷诺阿深谙这一切，并想全然拥有。

这块地上已经有了一栋房子，是一栋带阳台和绿色百叶窗的传统农舍。但这房子对于他的大家庭来说太小了，所以他决定在这块土地的边缘新修建另一栋，并最高程度地保持花园的绝对完整，尽量减少树木的砍伐，遇到棕榈树和橄榄树挡道时，就把房子再往边缘上推进一点。这个选址规划策略是艺术家给建筑师上的一课，教他们如何在尊重自然的前提下建造房子，让其与大自然和谐共存。雷诺阿的傲骨应该会让现今那些做出破坏环境恶劣行径的人感到无地自容，如今这

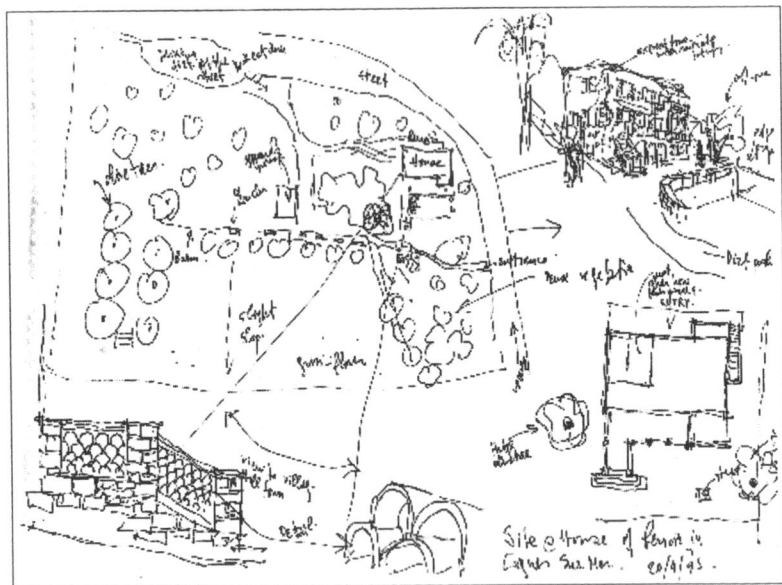

上：雷诺阿住宅中所看到的卡涅风光
中："科莱特庄园"场地平面与细部速写
下：地面上看到的住宅建筑细部（照片和速写均由笔者提供）

"科莱特庄园"：雷诺阿在滨海长涅的房产与住宅／工作室

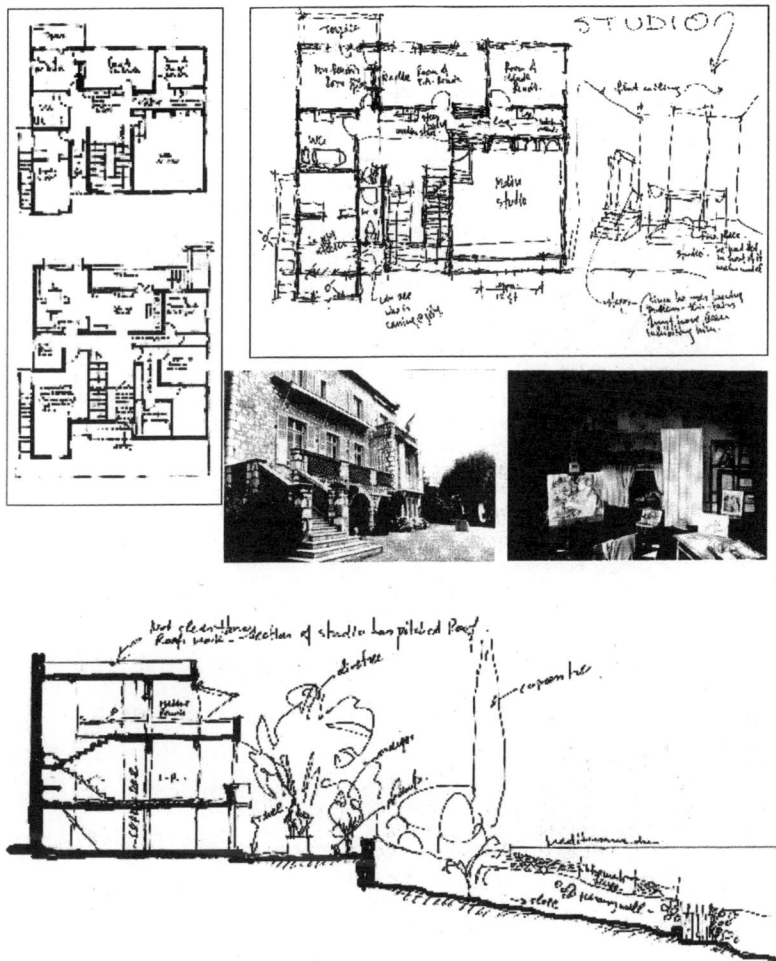

左上：工作室一层和二层

右上：笔者关于工作室平面的素描与记录，工作室内部的小插图有效地展示了艺术家不得不用他的轮椅上下台阶的内在步骤。下面是工作室内部由笔者拍摄的照片

下：整栋建筑的截面素描，展示了旋转场地、大海的景色，以及山丘对面万斯（Vance）的景色

（素描和照片由笔者提供，1995 年 4 月 20 日）

样的破坏行为在全世界都很常见，无论是对已有的还是新的环境。我们必须肯定地说，雷诺阿的科莱特庄园，是麦克哈格（Ian MeHarg）"设计结合自然"思想的前身，并且在很多方面也是查尔斯·穆尔（Charles Moore）加利福尼亚州的海洋牧场（Sea Ranch）的先例；这是景观建筑师和城市规划师的一课，教会他们如何在思想上保留自然、让建筑结合自然的一课。对雷诺阿而言，这栋未来建筑的重要性并不能和更为广阔的环境决策相提并论。最终建成的别墅在我看来确实是个非常中性、甚至有些"丑陋"的建筑，其"缺陷"已在一些人对其评论中指出。[3]此外，这也显现出一些对雷诺阿，以及其他艺术家"建筑审美"本身的疑问。维特鲁威建筑"愉悦感"的观念貌似几乎不能影响艺术家。这可能不是雷诺阿的错，因为那时他年纪大了，身体也不好，一直是坐在轮椅上；是雷诺阿的太太直接和承包商打交道，并作出所有建筑决策。他们的儿子，让·雷诺阿（Jean Renoir）也曾告诉我们，这房子是由他的妈妈建造的。[4]而结果，便是这座房子平平无奇，走廊漆黑一片，各种有问题的建筑细节，正面和背面之间显而易见的对立，没有一致的建筑语言，让人无法接受的室内设计决定，完全不适合一个被限制在轮椅上、不得不由他人协助的人的生活。两层的房子，高高的天花板，甚至是从二楼走到工作室的几层台阶，都是像雷诺阿这样的残疾人完全无法接受的。这些当然是基于20世纪后期"残疾人环境敏感性"关键框架的论断。雷诺阿非常热爱自然和树木，显然忘记了房子里有残疾人；也可以说是这种享乐主义的追求让他没有抱怨的资格。

我们敬重雷诺阿，敬重他的艺术、才智和学识，我们不想因为他缺乏品位和建筑的无知而改变他。我们也不想因为上面所述的原因去指责雷诺阿夫人，从她儿子让·雷诺阿的说法里可以得知，艺术家父亲明显在妻子对别墅建筑的品位和决策上妥协了。尽管如此，雷诺阿的别墅已是既成事实。无论是谁对此负责，考虑到这里的遗址保护和这栋建筑的布局，在我们看来这都是一份难以接受的建筑声明，也是一个劣质的人造物体，尤其是对比了这个地点的神圣性和艺术家本人的地位后。而也是因为这个原因，科莱特庄园将会一直是建筑师的指明灯，是一个保留自然的艺术衍生先例，也是体现自然优势的建筑风格。

为了证明这不是决然对立，合理的环境规划与合适的建筑二者是可能兼得且和谐共生的，我们有玛格基金会（the Maeght Foundation）博物馆的例子，离卡涅几英里远，靠近圣保罗村庄，是这个地区另一座精致的山城。玛格基金会博物馆是艺术的神殿，是所有建筑学和景观学学生的必访之地，只可惜他们暂时还没意识到这点，现在这里挤满了普通人、艺术爱好者和来这个地区游玩的游客。这是现代知之甚少的几座伟大建筑之一，艺术、自然和建筑在这里相遇形成一个令人陶醉的环境氛围。也正是在这里，毕加索遇见了布拉克（George Braque）、贾科梅蒂（Alberto Giacometti）、米罗以及亚历山大·考尔德，还有其他许多人，

玛格基金会由何塞·路易斯·塞特建立。

左一：玛格基金会模型照片，左二：基金会内部画廊，左三：圣贝尔纳礼拜堂（Chapel of St.Bernard）内乔治·布拉克设计的十字架上方的彩色玻璃窗

右：十字架特写

（模型照片由塞特提供，室内照片由笔者提供）

他们都在何塞·路易斯·塞特建筑的调色板下苏醒，体会到了人与自然的和谐统一。贾科梅蒂提出的疏离感（alienation）、匿名城市（Urban anonymity），以及城市肌理和思维的复杂性，和布拉克发现的飞鸟在天空中的动态活力（Celestial dynamisn），都能在玛格基金会博物馆的内部和外部找到玄妙的替代混合体。庭院和砖墙、具象的云和流水的喷泉，都和精美的事物和谐交融：轻盈的图案、巨大的松树、雕塑群、还有此处视觉和感官的体验。贾科梅蒂细长的人形雕塑与参观的人群在馆内和馆外交织在一起，在中庭交错相会，摩肩接踵，变得活灵活现。些许冥顽不化的贾科梅蒂也许不会离开他那位于伊波利特－曼德龙（Hippolyte–Maindron）的工作室，但他的雕像却在玛格基金会博物馆安了家。

我认为这个基金会是何塞·路易斯·塞特的杰作，也是艺术空间的杰作，为艺术的振兴、艺术家和人民大众提供了相会之地。在这里，优势和矛盾相互联结，平凡和荣贵也能在此和平共存。圣贝尔纳礼拜堂或许是 20 世纪被轻视的宗教建筑杰作之一。教堂中十字架正上方的彩色玻璃窗上绘制着布拉克的飞鸟。在我看来，这一切都是塞特对朗香教堂的致敬。因此，这座小教堂是近代艺术史上最重要的精神圣地之一，它比几英里之外马蒂斯在旺斯建造的灯火通明的圣玛丽·德·罗萨里（St. Marie de Rosarie）教堂要更有声望。[5]

玛格基金会博物馆是一个极佳的文艺场所，将艺术推广和益利的概念，带入到艺术和神圣的层面，从而将世俗升华至精神。

在玛格基金会博物馆时，我们不禁会想起那个世纪其他的艺术主人公，特别是住在尼斯东部，法国南部费拉角（Cap Ferrat）的特里亚德（Tériade）。他的娜塔莎（Villa Natassa）住宅是个例外，奥德修斯·埃利蒂斯（Odysseus Elytis）的诗歌使其不朽，饰以马蒂斯、贾科梅蒂和霍安·米罗的作品，这一切交织成一个非凡的美学整体。这座住宅复合体是特里亚德值得铭记的范例之一，它将伟大的诗歌和艺术合而为一。撇去住宅所有者的言论和法国人对他的尊敬不谈，这座住宅从来没有被那些只把特里亚德看作是艺术刊物出版家[6]的西方研究学者编入记载，他们忘记了他千里马"伯乐"的身份，以及对艺术各方面收藏者和推动者的巨大意义。或许他的奥德赛综合征（Odyssean Syndrone）使他很难在这片土地上寻求永恒的融合，但我看来毋庸置疑的，是他努力尝试在他的故乡米蒂利尼（Mytilini）做点什么，像玛格在圣保罗（St. Paul）的做的那样，只是到目前为止，玛格和塞特在这方面比特里亚德略胜一筹。玛格基金会博物馆是当时能创造出来的最好的建筑范例，而特里亚德，既维持了建筑层面的浪漫，又满足了保守的建筑偏好。在这方面，特里亚德和雷诺阿在景观和建筑上的偏好更为接近，而玛格远胜二人，更接近未来。我站在玛格基金会一边，绝对会推荐它，作为一个可以教授艺术、自然和建筑的地方，这里非常宝贵，远不止片刻的欢乐、氛围和赞叹。该城堡的构造非常壮丽，使昂蒂布镇熠熠生辉。这栋建筑的主体包含了各

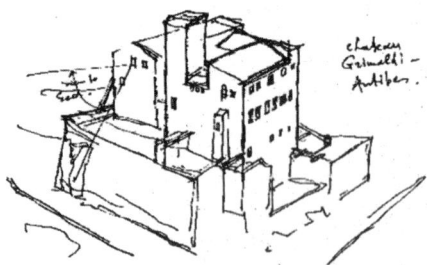

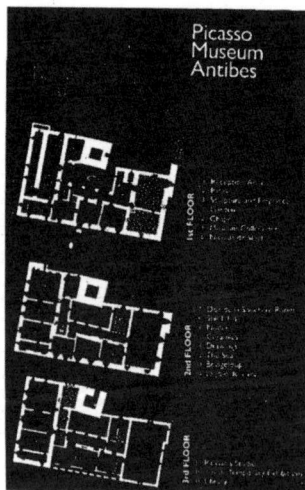

位于昂蒂布（Antibes）的格里马尔迪城堡（Grimaldi Castle），毕加索的工作室，即现在的毕加索博物馆所在地
（博物馆平面，引自博物馆目录，草图由笔者绘制）

种附加部分，整体被庭院和露天平台上方的塔楼所支配。当毕加索离开博物馆时，留下了他在那创作的所有作品。这些作品后来成为毕加索博物馆的核心，这里也是有史以来第一个为在世艺术家建立的博物馆。在随后的几年里，他带来了更多的作品，不断增加的捐献作品包括陶瓷品和工艺草图。他对这些作品的要求是它们永远不能离开这座博物馆，而人们显然也一直在遵守着这个要求。

　　毕加索当年的工作室比今天大得多。房间被隔墙分为两部分。工作室面向海的那一侧现已不能进入。斯塔埃尔（Staël）的大幅画与另外三幅毕加索的绘画一起被挂在隔断墙上［斯塔尔曾在昂蒂布镇上格里马尔迪城堡（Chateau de Grimaldi）附近一个相当"丑陋"的房子里居住多年］。这番融合削弱了毕加索工作室曾经的光环。艺术家穿着短裤，愉悦且充满创造力地站在他同时创作的几幅画作中间——如今这样的工作室氛围只能在照片中才能感受到了。可惜，这个空间对于普通游客来说意义不大，他们只是把它当作另一个展览馆。而从工作室里消失的狂热创作氛围已经转移到了其他地方：古堡保留区是毕加索和孩子们的纽带，显然，孩子们很喜欢这座城堡，他们喜欢偷偷溜进去，寻找藏身的地方玩耍。毕加索曾有一次跟着一群孩子从他们发现的一个洞里偷偷溜进了城堡。作为一座博物馆，它多次展出了孩子们的画作，毕加索就曾是其中一次展览的组织者。馆长也一直奉行积极的学前儿童艺术教育政策。看着一群孩子坐在地上，努力地想要用彩笔描摹毕加索的画作然后把它交给博物馆是一件令人感觉非常开心的事。一个咯咯笑的小女孩儿正试着将她的朋友弗朗索瓦丝·吉洛（Francoise Gillot）的发型在画布上重现出来。城堡是为了孩子的想象力而存在的，而毕加索，也正因为他始终活得如孩童一般，所以才能有机会将这个奇妙的世界活成童年梦想中的样子。这段经历无疑推动了他对绘画的喜爱。因为想要要访问毕加索的安息之

沃韦纳格堡（Chateau de Vauvenagre），毕加索最后的遗产和安息之地
（照片由巴黎罗歇·维奥莱档案馆提供）

地——普罗旺斯艾克斯附近的沃韦纳格（Vauvenargues）堡这座像城堡一般的庄园是件很困难的事情，于是过了一年，在毕加索发现他真正想要的是一座属于自己的城堡之后，格里马尔迪城堡动工了。没有什么浪漫主义和多愁善感，毕加索的城堡有的只是对过去的保护和循环往复。从这个意义上讲，毕加索就成了一个尊重过去的道德模范，而那些过去，就是他力量和创造力的源泉。城堡存放着过去的记忆，而这些记忆，给予了未来生命和希望。

如果我们用禁欲主义（Stoic）的态度去接受梵·高黄房子的消失，那么我们也是无法接受尼斯西米埃兹（Ciniez）雷吉娜酒店（Regina Hotel）的马蒂斯公寓从地图上消失的。[7]作为20世纪艺术和文明的摇篮，他竟要借别人的记忆被描述出来，这是件多么不幸的事啊。许多雷吉娜公寓的房客可能并不知道他们所居住的地方曾经给予了当代一位最伟大艺术家创作的灵感，而在我的参观过程中还发现，有一些住户他们坚信自己就住在马蒂斯住过的公寓里。有些人会告诉你马蒂斯公寓在三楼，有些人会说在四楼。公寓的服务员会告诉你它在酒店中间的B部分。没有人会允许你进去，除非你通过运营这栋大型建筑的尼斯官方政府机构获得许可。

雷吉娜酒店的前身是由建筑师M. 比亚西尼（M. Biasini）[8]先生于1897年修建的雷吉娜高级酒店（Grand Hotel Excelsior Regina），它位于尼斯的郊区西米埃兹，如今经由频繁的船只运输，西米埃兹已经和尼斯连成一个整体。雷吉娜的名字来自经常在冬季到访尼斯并居住于此的维多利亚女王，它有一个非常漂亮的花园，还有一些引人瞩目的棕榈树。这座花园距离海滩几英里，透过附近建筑与棕榈树的轮廓，可以欣赏到大海美丽的景色。我们不知道维多利亚女王是否是一个才华横溢的水彩画家，是否非常喜爱绘画，又是否曾经为那些挺拔的棕榈树作过一幅素描。[9]但我们知道的是，马蒂斯曾经为它们绘制过伟大的画作。他反反复复地画着这些棕榈树，有时甚至会用他的画布填满整个窗户。通过这些画作中我们可以确定，就像那个女服务员告诉我们的，马蒂斯住在酒店中间B座的三楼或

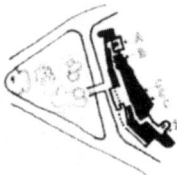

雷吉娜酒店位于尼斯的西米耶，于1897年由建筑师M. 比亚西尼设计完成，前名为雷吉娜高级酒店，很受贵族青睐。维多利亚女王曾经在它的前花园中作画，马蒂斯在酒店三楼的一个公寓中度过了他的余生
（照片和地图由笔者提供）

者四楼，在两个分叉（tourets）和花房湾之间。

即使我们不知道马蒂斯是一个保守的资产阶级，这一属性最终也会通过他对于艺术的陶醉和灵感所表现出来，正如雷吉娜所阐述的。它是一座有着宏伟布局的宫殿式建筑，是 19 世纪罕见的酒店之一。它不同于寻常下客处的设计，拥有一个外表由铁和玻璃构成的隐蔽式客厅，另外还有怀旧风格的铁路和花园式建筑，两行对称的石柱廊和精美的楼梯将人们带入内部休息空间，所有的一切都由它外部有棕榈树和雕塑的高级花园连接。所有这一切表明，这是为贵族而非普通农民所设计的。很明显，是马蒂斯保守的资本主义者身份使得他被允许进入雷吉娜内部。最终，也是雷吉娜使他的灵魂深处发生了变化，在那里，他发现了作为艺术家的另一个自己，向往着自由和批判的另一个人生。

马蒂斯的公寓非常大，位于酒店 B 座，它的五个窗户位于两个花房之间，看起来似乎是有两间或三间大房间，我们可以假定它有一个长廊和一个功能区，其中可能包括厨房和其他功能区域。马蒂斯从 1928 年开始在此居住，直到他去世。在此期间，他也在他旺斯的别墅里住过一段时间。别墅的名字叫作"梦"（Villa Le Reve），它坐落在距离马蒂斯授勋的圣玛丽教堂很近的一个山脚下。[10] 所有的这些名字混杂在一起，聚集在西米埃兹的这间公寓。由于西米埃兹的噪音和它已经悄然变化的氛围，马蒂斯搬去了旺斯。但后来由于疾病需要，他又搬回了西米埃兹。最后，他在西米埃兹的工作室创作了所有关于旺斯的作品。

雷吉娜酒店和位于尼斯西米埃兹马蒂斯博物馆的窗户和马蒂斯喜欢的主题
（照片由笔者拍摄）

我们有马蒂斯在他雷吉娜工作室墙上作画的照片，他用一支长棍作画，窗户半开着，以防来自南方的阳光阻碍他的视线（当地主要坐北朝南），地上铺满了报纸，报纸用透明胶带粘在一起，防止泄漏的颜料沾到地板上。在另一张照片上，马蒂斯整个人被困在床，他直接在墙上创作，他周身的墙面上满是他的草图和画作。根据罗莎蒙德·贝尼耶（Rosamond Bernier）的猜测，马蒂斯曾将公寓的两个房间连通在一起（据推测应该是拆掉了一堵墙）以使他的画作与旺斯的小教堂接近一比一的比例。和毕加索不同，马蒂斯的画作大多都在他的计划之中而非一时兴起。他将用他的画作将墙面铺满，这样他就可以被他所喜欢的、他所想象想出来的，尤其是在他困于病榻的那段痛苦的日子中所想象出的事物紧紧包围。同样也是经过贝尼耶的证词，马蒂斯曾说过："现在我不需要经常起床了，我给我自己建造了一座花园，在那里，我可以散步。那里什么都有，水果，鲜花，树叶，还有一两只鸟儿。"[11]

他还会画一些他亲近人的素描，比如他的孙辈们的头像。马蒂斯在这几年里拍的一些照片总有一种佛家形而上学的氛围，在这种氛围里，对宗教的虔诚、今生，以及即将到来的来生，通过一些象征和艺术品相遇了。马蒂斯的床上方有一个特别的十字架，十字架上面放着一盏画板灯。灯下，是一些多米尼加神父绘制的素描，以及其他马蒂斯喜欢的画作。被病痛折磨的马蒂斯困于病榻，只有不断地借助长长的棍棒在墙壁上进行创作，才能支撑着他活下去。然而病痛最终还是打败了马蒂斯这位伟大的艺术家，他走得很平静，被葬在距离雷吉娜 500 米外的西米埃兹公墓。他的纪念碑是一块巨大而表面粗糙的大理石，且比例很好，碑顶略有弧度。它可能是史上最庄严的纪念碑之一。它被安置在草坪中间一个独立的三角形区域，沿陵园外墙附近的斜坡往下走几步就到。这座墓碑不是很容易找到，尤其是对于那些看不懂法语碑文的人来说，再加上和墓园里其他的墓碑混在一起就更难以辨认了。马蒂斯的夫人在他去世四年后的 1958 年也随他而去，他们一同被葬在此地。正如我在访问当天的简述中所写的那样："马蒂斯和他的妻子相濡以沫，他们二人就好像世界的局外人。他们的墓地好似会呼吸，是我所见过的最精巧最美妙的之一。"高大的柏树在墓地北边静静围绕，小小的墓地就这样安详地欣赏着尼斯东北部的美景。

马蒂斯的旺斯玫瑰经教堂
（Chapel of the Rosary，笔者绘）

西米埃兹公墓，马蒂斯墓碑（照片由笔者拍摄）

　　马蒂斯和皮埃尔·勃纳尔（Pierre Bonnard）志趣相投，他们一起分享对绘画的热爱也一起细心经营这段友谊。保守党和维多利亚女王是这两位艺术家共同的统治者。勃纳尔住在勒卡内（Le Cannet）维多利亚大街的丛林别墅（Villa du Bosauet），这间别墅如今还保留着这位艺术家的工作坊。勃纳尔和马蒂斯彼此通信了多年，这对于人在暮年且处在战争期间的他们而言，都有很大的帮助。在彼此分享艺术和美学理论的同时，他们还向对方倾吐遇到的健康和年龄问题，尤其是他们对自己渐渐衰退视力的担忧。随着年纪的增加，他们都需要戴上厚厚的眼镜才能工作。他们曾经彼此到勒卡内和西米埃兹相互拜访。他们的通信被保存了下来[12]，且很幸运的是，勃纳尔勒卡内的公寓也得以留存。而人们并没有能将马蒂斯在雷吉娜或其他地方的公寓保存下来（比如旺斯的"梦"公寓或者其他早期在巴黎住的住所）。

　　非常不幸的是，游客会被他们的向导告知：马蒂斯曾住在一个17世纪意大利风格的别墅，那里被橄榄树包围，有非常优美的景色，是西米埃兹马蒂斯博物馆的一部分。我曾经亲耳听到过这些歪曲事实的话并为之怒火中烧。马蒂斯博物馆确实是必要的，博物馆的建筑物本身，也在建筑师让-弗朗索瓦·博丹（Jean-Francois Bodin）的设计下，实现了新旧建筑物的完美结合。博物馆建筑新的部分很巧妙地与修复的别墅结合在一起。但很可惜的是，尽管他采用了实用主义的方式，也很好地满足了博物馆需要的宏伟神圣的要求，却也有意地略过了雷吉娜公寓这样需要被人们记住的地方。在我看来，这些地方应该被崇敬，并作为一个参观圣地被保留下来。1995年4月我参观雷吉娜时，那里正在进行维护和复原。当下这几年或许正是参观那里的好时候，马蒂斯的公寓因被修复回他曾居住时的状态而重获生气，从而它内部曾作为艺术家住所和工作室的氛围也被唤醒。

　　蔚蓝海岸（Cote D'azur）一带，还有非常多其他艺术家的住所，如此之多以至于无法一一述名，这充满诗意的滨海阿尔卑斯。[13]这其中的很多，现已是艺术家后代的财产，因而很难能够拜访。比如这众多住所中，夏加尔（Chagall）曾买下的几栋，包括他最后定居的，位于圣保罗的美丽别墅，现已经被严密地保护起来，几乎没有人可以进入。夏加尔在这一代买过几处住宅，他从科尔德（Cordes）搬到了阿维尼翁附近的蔚蓝海岸地区，并从 1940 年开始就住在一栋曾经是天主教女子学校的房子里。[14] 1950 年初，他去到旺斯，在那边购买了一栋房子和附近的一间工作室，它们都是白色的，被叫作"山丘"（Les Collines）。据说马塞尔·普鲁斯特（Marcel Proust）曾在那里居住，而那间工作室，则曾属于保罗·瓦雷里（Paul Valéry）。后来，在 1967 年，80 岁的夏加尔已经很难往返于他白色房子和工作室之间的坡路，于是他搬到了圣保罗村落附近的一座新房子里，那个地方离玛格基金会不远。[15] 在蔚蓝海岸他生命的最后一段日子里，夏加尔的工作变得很开心，作品的色彩都明朗了许多。法国与他的年迈给予了夏加尔活动自由和可以说出他在俄国成长过程中所被剥夺一切的言论自由，那段充满抗争，不安和贫穷（他曾经住在老板楼梯下的阁楼[16]）的日子。法国和尼斯非常的崇敬夏加尔。尽管夏加尔从未在尼斯居住，他们仍在夏加尔的有生之年，为其修建了一座国家博物馆。马克·夏加尔博物馆坐落在尼斯北部的山丘之上，在西米埃兹城内，与马蒂斯博物馆相邻。

这一切为这个地区带来了晚年艺术家、艺术，以及建筑。这也打通了阿尔勒东部地区到地中海地区东部的道路，这一路沿途的风景和气候都是世界上极好的，步入晚年的艺术家也是被这些因素所吸引。他们大多选择翻新那些旧的别墅或当地不错的住宅。严格的《历史分区条例》和《传统施工方法》以及当地大多数未经培训的劳动力，都使得设计师不得不经常去监工，因而几乎没有随意设计的建筑。在这当中比较杰出的建筑师是保罗·纳尔逊（Paul Nelson）。他在哥伦比亚展览过的建筑草图和 20 世纪 90 年代早期里佐利（Rizzoli）为他整理的小的专著，对 20 世纪 80 年代早期到 90 年代一些有天赋的学生挖掘自身潜力起到了非常重要的影响，并促使他们在美元世界国家和中国创造了许多超现实主义的机场候机楼、火车站、地铁站和娱乐场所的建筑作品。在我看来，弗兰克·劳埃德·赖特

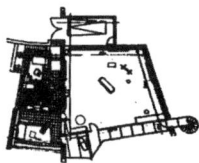

纳迪亚·莱热（Nadia Léger）在基夫索维亚特（Gif-sur-Yvette，法国巴黎西南郊小镇）的住所，保罗·纳尔逊摄于 1956 年

（照片由保罗·纳尔逊提供）

和保罗·纳尔逊是在世界范围内都有所建树的顶级建筑师。而跻身于那些影响着世界的建筑师之列，承接他们的理念并使之与艺术家和艺术相结合的，在这个地方，只有保罗·纳尔逊一人。最能够证明并支持以上理论的，是纳尔逊关于费尔南·莱热博物馆和费尔南的遗孀娜迪亚·莱热的住宅的提案。这使我们认识到了艺术家遗孀与艺术收藏家作为艺术推广和商业活动的代理人，他们通过艺术收藏和房地产，使包容创新在各个领域得到了很好的实现。

阿尔瓦·阿尔托在芬兰建造了一栋和蔚蓝海岸玛丽亚·古利克森别墅同名的建筑，用以交换玛丽亚收藏的一件马蒂斯的作品，而这座别墅现在又很机缘巧合地回到了她的后代，克里斯蒂安及其妻子佩吉·古利克森，以及她的姐姐一家人手中。克里斯蒂安从小被妈妈教以艺术收藏的知识，并被送到绘画技术也十分卓越的建筑师，阿尔瓦·阿尔托手下成为一名学徒，最终克里斯蒂安也成了芬兰最出色的建筑师之一。在理解了这位独特的建筑师之后，我们可以明确地探讨艺术和蔚蓝海岸对这位建筑师的影响。克里斯蒂安·古利克森（Kristian Gullichsen）用纯粹的现代主义表达方式建造了第二栋别墅，这座建筑位于玛丽亚别墅的南部，在旺斯附近的格拉斯（Grasse），我们称之为普罗旺斯的玛丽亚别墅，它是线性举例中的第三个，其余两个分别是何塞·路易斯·塞特的玛格基金会博物馆和保罗·纳尔逊在这个地区的方案提议和作品。这些 20 世纪的艺术大师在蓝色海岸创造的艺术氛围使得艺术对建筑产生了直接影响。只是这份财富很难被普通公众所理解。

无论我们能否有机会靠近以上所提及的"艺术空间"形式的作品，也无论我们是否能亲眼看到那些艺术家的住宅和他们顾客的住所，艺术的气息都始终会漂浮在南法的空气当中。那些艺术品的风格中满溢着南法的天空、气候、颜色和氛围。如果你想要真正了解现代建筑的美和意义，想要了解我们这个时代艺术所要表达希望的真正含义，那么我们需要彼此交流，并团结所有人一起去探索这些问题。《战争与和平》和《艺术空间》都是人类创造性和奇思妙想真实的存放处。这些艺术都起源于阿尔勒然后慢慢向东扩散。当人们去佛罗伦萨（Florence）、威尼斯（Venice）、曼托瓦（Mantua）、维琴察（Vicenza），或者阿雷佐（Arezzo），以及其他文艺复兴时期的艺术发源地时，通过在蔚蓝海岸艺术家住所、花园、工作室，或者墓地当中的沉思而获得的情感，可以给人们以灵感，丰盈人们的灵魂，并产生教育意义。只有阿尔勒东部地区的艺术深渊兴起于 20 世纪。但对雷吉娜马蒂斯公寓，或圣保罗玛格基金会博物馆的回忆，依旧和迄今为止所有艺术的朝圣之旅中所获得的升华一样强烈。

玛格基金会博物馆的小法院和邻近画廊的内部
（照片由笔者拍摄）

参考文献及注释：

1. 有关他这个人生阶段以及邮局的细节，让·雷诺阿（Jean Renoir），1962 年，第 379-380 页。更多关于雷诺阿喜爱被人群环绕以及这座城市的内容，见福斯卡（Fosca），1962 年，第 186 页。

2. 有关这个故事的内容，同上，第 384-386 页。更过关于科莱特斯（Collettes）的内容，件福斯卡，1962 年，第 182–193 页。

3. 即见福斯卡引用的米歇尔·罗比达（Michel Robida）的评论，1962 年，第 186 页。

4. 同上，第 385 页。

5. 这一评论是基于笔者在亲自访问该礼拜堂后的个人评估。唯一已知公开发表的平面图，引自巴尔（Barr），1951 年，第 282 页，由从未亲身拜访过这里的爱德华·L. 米尔斯（Edward L. Mills）基于照片和早期 L. B. 雷西吉耶兄弟（Brother L. B. Rayssiguier）刊载于《神圣的艺术》（L'ArtScré）1951 年 7 月 -8 月刊的文章撰写，从这张平面图中可以看出墙面应当是多孔、有许多小开口的，而该文中却没有讨论自然光线的感受，显然有失得当。笔者附上了自己在现场绘制的素描，可以更好地表现墙上的"开窗"和淌入室内丰沛的自然光线。

6. 见拉比诺（Rabinow）的示例，1995 年。这是现有少数特里亚德（Tériade）曾提及，且是唯一被认可为"出版者"的人。更多关于特里亚德及他的探索发现和对西奥菲勒斯（Theophilos）的宣传，见章节"创造力和逆境空间"（"Creativity and Spaces of Adversity"）。

7. 有些人称它为雷吉娜酒店 [如伯纳德（Bonnard）或马蒂斯（Matisse）记述中的让·克莱尔（Jean Clair），1991 年，第 9 页]，也有些人称它为"雷吉娜宫殿"[Regina Palace），如《博物馆》（Museums）杂志刊载的尼斯（Nice）的作品"法国里维埃拉的首都"（"Capitale de la Cote d'Azur"），1995 年，第 1 期，第 26 页]。还有另外一些人，如罗莎蒙德·贝尼耶（Rosamond Bernier），就曾颇具贬义的描述过它，将它形容为"一栋如玻璃和灰浆砌成的结婚蛋糕似的公寓建筑"，见贝尼耶，1991 年，第 51 页。

8. 一个关于雷吉娜酒店和它的建筑师的罕见引用，见沃特金（Watkin），1984 年，第 74、91 页。

9. 关于维多利亚女王已发表的素描，见沃纳（Warner），1979 年。

10. 关于雷韦住宅（Villa Reve，即"梦"之住宅）的照片，见贝尼耶，1991 年，第 3 页。

11. 贝尼耶，同上，第 52 页。

12. 引自伯纳德 / 马蒂斯，1991 年。

13. 伯纳德给马蒂斯的信，1944 年 4 月，星期二，见伯纳德 / 马蒂斯，1991 年，第 122 页。

14. 自诺查丹玛斯（Nostradamus，法国籍犹太裔预言家）时代以来，阿维尼翁（Avignon）地区一直是法国犹太人所青睐的地区，偶尔皈依天主教并偏爱天主教事物的事情并不少见。改信天主教的诺查丹玛斯本人就住在该地区（圣雷米、阿维尼翁、阿尔勒、马赛等区）。关于中世纪以来这一地区的犹太人对该地区偏好以及与之关系的内容，见萨维尼奥（Savinio），1989 年，第 149 页。

15. 关于夏加尔这一系列住宅的事实信息，出自格林菲尔德（Greenfeld），1980 年，第 136、152、162 页。

16. 信息出自格林菲尔德，同上，第 37 页。

© 安东尼·C. 安东尼亚德斯

12

B. 严格的心理艺术空间
艺术和艺术家对建筑学的贡献

空间入侵：通过入侵与改造的创造：个人领地的建立

希腊雅典城市中被艺术家"入侵"的角落（照片由笔者拍摄）

第12章 空间入侵: 通过入侵与改造的创造: 个人领地的建立

工作室为创造舞台

空间入侵这一理论在环境心理学中带有贬义: 侵犯个体的私人空间或闯入个人的自身界限。[1]这样的入侵会让被入侵者感到不舒服, 但会让入侵者产生心理上的优势感。入侵者也许会索取他人的领地, 在过程中获得住所或体会到胜利感。无家可归的动物会经常"上演"空间入侵。它们自己不筑巢, 但会通过入侵和占领的方式将其他动物的领地据为己有。它们通过留下自己的体味, 把之前的居住者永久驱逐。空间入侵经常会伴随着空间改造的过程, 这种过程时而消极, 时而积极。

空间入侵和创造的过程紧密相关, 同时, 它对生产力和特定人群的心智有着显著影响。具有创造力的艺术家也许就是携带着最大量"便携式领地"(Portable territory)的人。这也许还会根据艺术家所占空间的实用性而增长。也许这种说法适用于每一个人, 但对于雕刻家来说, 尤为如此。如果给予一位创造力十足的艺术家大一点的工作室, 他的"便携式领地"就会增加。很快他就会需要一个面积更大的可供住居的地方。霍安·米罗和雅克·里普希茨就是那种假以时日, 他们新工作室的空间就会变得无法满足他们需求的人。

至于画家, 他们在空间"便携式领地"方面的显著特点和他们入侵任何被给予的空间的态度, 会让他们的家人和因他们的需求而被占领空间的人产生反感。

罗莎·博纳尔(Rosa Bonheur)是一位著名的动物画家, 也是一位 18 世纪, 在个人生活方式和女性独立方面的先驱者。她曾把饲养动物的地方改造成了她各式各样的工作室。[2]一幅最先在埃德蒙·特谢尔(Edmond Texier)的《巴黎画景》(Tableau de Paris)中发布的石版画(Lithograph)作品, 就展现了博纳尔在巴黎西街(Rue de l'Ouest)的工作室。

这开敞式直线布置的工作室里, 和马厩相互毗邻。[3]通过巨大窗口进入超大工作空间里的光线, 不足以消除另一部分稳定空间中排泄物和动物气味所带来的不适感。罗莎·博纳尔最终获得了巨大的经济成功, 使她能够在枫丹白露森林 [Forest of Fontainebleau, 即一片酒庄(Chateau de By)] 的托默里乡村买得起城堡, 在那里她得以被各种动物包围。它们占领了城堡的内部和外部空间。她的"收藏品"包括马、绵羊、山羊、小羚羊、鹿, 以及一只水獭。她对动

巴黎罗莎·博纳尔工作室的内部

位于托默里的罗莎·博纳尔庄园，现今是罗莎·博纳尔博物馆。右图：工作室在复杂建筑群的角落
（照片由笔者拍摄）

物，无论活着与否的热爱，促使她去侵占空间、墙壁和牧场，甚至造成了一种日常的"悲喜剧式家庭矛盾"。[4] 博纳尔有一个一直陪伴着她的朋友叫作米卡（Mica）。米卡对自己床单下发现的动物早已习以为常，但如果是一只水獭的话就另当别论了。这会让她感到头疼与绝望。[5] 但是与博纳尔年龄相仿的一些人，却对她这"人类领地与奇怪动物"的组合颇为认可，将她在西街的城市工作室／

马厩形容为在"风骚氛围中布置的空间"。[6] 这种同时被动物和人类占有实则是一种罕见的空间入侵方式。库尔贝（Gustave Courbet）在巴黎进行教学的工作室，也是此类空间入侵中颇具盛名的地方之一。这是一个可以享受自由与表达自我的地方。这个被这位多产艺术家所入侵的空间，为了使之更加惬意，他不顾及主人感受地将一切自己需要的东西带到了这里。库尔贝的工作室简直变成了一间"马厩"。无论何时，像一头体积庞大的牛、一匹马，或是一只鸭子这样的动物，只要需要，就都会被带到这里供艺术家描绘。[7] 这种特殊的"空间天堂"，明显会让多数想从自己喜爱的艺术大师那里汲取创造灵感的年轻艺术家感到惬意。

库尔贝的学校 / 工作室。艺术家们正在描绘活的动物

还有一间与库尔贝的巴黎工作室风格截然相反的工作室。它经过了细致的规划与精心的布局，就像是 19 世纪英国知识分子的工作室与 20 世纪蒙德里安的画室一样。

尽管库尔贝的巴黎工作室主张自由的风格，但一些人或许讨厌这样的风格。不过，即使是一间精心布局的"恰当"的工作室，也可能会给一些人带来问题，例如我们接下来会介绍的，这些"其他人"的不当行为，也可能会导致工作室的学术主人或蒙德里安的紧张与不安。结合这两个方面来说，无论何种风格的工作室，总是会有对其不感冒，甚至会感到厌恶、反感与身体不适的人。

在此，我们再介绍一间介于以上两种极端风格之间的工作室。这间工作室的成立源于一群无论在哪里，都对"恰到好处的空间"十分关注的艺术家们的入侵。这些地方会慢慢变成一个能满足艺术家特殊个性，例如积极的工作习惯与心理需求的空间。这是一个艺术家们用最积极向上的方式"入侵"并改造空间的例子，不久这里就会变成一个公认的多产的天堂，且几乎不会让人感到不适。在这样的空间入侵中，艺术家时常会情不自禁地占用主人的墙壁用作画布。这当中最有名的莫过于毕加索与马克斯·恩斯特。毕加索在晚年时常常在自家墙壁上作画。马克斯·恩斯特为了感谢诗人保罗·艾吕雅（Paul Eluard）的热情款待，便将自己的创造激情"倾泻"在了他位于巴黎北部奥博讷（Eaubanne）家中的墙壁上。尽管这两者的行为都可以被视为艺术"入侵"，但是后来的居住者却将两者的绘画视为讨厌的东西，甚至用层层油漆与墙纸盖住了墙壁。[8] 这再一次证明了，一个人的艺术可能是他人眼中讨厌的东西。

　　将建筑物作为侵占目标的艺术家的数量十分庞大。涂鸦（Graphiti）有时会成为无家可归或者非常穷苦的艺术家的空间艺术入侵的方式。这样的空间入侵方式经常伴随着艺术家身上的脏污与难闻的气味，而非不定期出版的作品。猫与狗作为动物经常是艺术家优秀的伴侣，它们也经常会成为涂鸦的主题，偶尔也会成为艺术家所创造怪物的原型，被用来表达他们对当权者的不满。

一条在雅典卫城山脚下的墙上有着新古典学派特点的龙形图画直接展现出了一些艺术家反社会反政府的利害倾向，同时也展现了当局对民主的过度容忍与仁慈。对于涂鸦"空间入侵的容忍度"则体现了一个国家在特定时期的民主度和所能容忍的自由度。当越过某一界限即越过了民主自由度的界限时，就会产生许多消极无序的民主混乱与美学脏污
（照片由笔者拍摄）

大多数的艺术家都经历过低谷期，尤其是在事业刚刚起步的时候。其他一

些艺术家，尽管在他们变得出名或者非常富有的时候，他们也都知道这样一个过程："侵占"已建成的房屋。其中最出名的是毕加索与乔治娅·奥基夫（Georgia O'keeffe）。

毕加索从不在乎建筑的整洁度，无论在室外还是室内（例如他在加利福尼亚别墅等）。用不了多长时间，在不经意的破坏与不注意保持原有样子的情况下，他的家和工作室就会变得混乱不堪。[9]

乔治娅·奥基夫在墨西哥阿比丘（Abiquiu）的房子／工作室，原样被称为是一间被人类占有的"猪圈"也不为过。经过悉心的打理，这里最终变成了创作的极乐世界。这样的变化不仅让房子的主人，而且让每一位在里面工作、生活与不定期来访的客人都身心愉悦。

入侵与混乱：毕加索的工作室

一张为数不多且保存至今的描绘了巴黎洗濯船最原始状态的图片。图中的地方正是毕加索第一间工作室的所在地，他与诗人马克斯·雅各布（Max Jacob）共同分享此间工作室。
（E. Maclet 绘）

毕加索的一生总是在不停地更换住处。尽管他在很小的时候就开始了旅行，比如偶尔会回到他的祖国西班牙，去过比利时，还有一次是和让·科克托多去了意大利，但是大多数的时候他都不会走出巴黎，只是辗转在巴黎的工作室之间。后来他变得富有时，他的行迹扩大到了整个法国，不断地寻找合适的住处。他离开家乡马拉加（Malaga）前往巴塞罗那（Barcelona），再从巴塞罗那到巴黎，从蒙马特尔（Montmartre）到大奥古斯丁大街（Rue de Grands–Augustins），到昂蒂布，到瓦洛里，再到卡利弗尼（La Californie）。1959 年 4 月，他突然离开了荒芜的郊区住宅，前往了更加朴素的普罗旺斯。[10] 这位未远行过的旅行者曾说过他喜欢"一间留给旅行推销员的房间"，并补充道"我喜欢丑陋却永恒的事物。对于我来说，这是一间多么特别的房间啊，我可以看到太多太多……"[11] 这句话说的是一间他在比利时居住的房间。这间房间的百叶窗在他每次打开时都"像快垮掉一样。"[12] 记住这些让你迷恋的东西很重要，因为就如我们所将看到的，结合一些其他的特质，使我相信这些都和毕加索的工作室紧密相关——一个保留着终极创造力秘密的地方。另一件对于理解毕加索很有帮助的事情就是他对"破坏"的态度。在阿里安娜·斯塔西诺普洛斯·赫芬顿（Arianna Stasinopoulos Huffington）所撰写的关于毕加索的生动的传记中，她提到了毕加索作为"毁灭者"的论点，作为他才华中的黑暗面。[13] 她的这一理论侧重于画家对人们的影响，尤其是那些与他共同生活、被他的传奇所蒙蔽的人，这些影响最终导致了个人的悲剧甚至是死亡。这里我们将要证明，毕加索"毁灭者"的一面，始终存在于他对所谓"恰到好处"或者带有"资本主义色彩"的建筑的态度中，这也是他对宇宙（Cosmos）整体态度的一部分。

我们有几条证言和一些拜访过毕加索工作室的艺术家和作家的描述，其中包括了 1916 年拜访的阿克塞尔·萨尔托（Axel Salto）和 1919 年拜访的霍安·米罗。[14] 他们却都只是描述了所看到墙上挂着的画，毕加索的穿着[15]，或者他招待他们的方式[16]，而没能感受到毕加索工作室空间的内涵与其体现的精神。但是我们可以从与毕加索共同生活过的多位女士那里了解到很多关于毕加索的事情。

费尔南德·奥利维耶（Fernande Olivier）和吉纳维芙·拉波特（Genevieve Laporte）是在毕加索漫长一生中陪伴过他的两位女士。她俩对毕加索的私生活、习惯和空间偏好方面提出了很多其他艺术家都希望听到的中肯意见。尤其是奥利维耶，她回忆了充足的可供撰写的并会让人们更深入了解到毕加索的传记资料，而且这些资料中的大部分都可以直接引用。[17] 很多将毕加索作为写作主题的作家都广泛地引用了她的描述，并结合了个人的理解营造了一种萦绕在毕加索身上的神秘气氛。[18] 我们先暂且忽略主流传记对于毕加索生活环境的描写，并主要关注奥利维耶的证言。她陪伴了毕加索早年在巴黎十年贫困的生活。埃利泽·马克莱（Elisée Maclet，1881—1962 年）这位画家对巴黎蒙马特尔区十分着迷，比起其他摄影作品，他的画作能更好地体现当地的意境。如我们从马克莱的画中所见，毕加索当时的居住地是任何一家保险公司都不愿意承保的小木屋。[19] 洗濯船（Bateau–Lavoir），即洗衣船。这个叫法是由与毕加索共同居住过一段时间的马克斯·雅各布所起。它就像一艘漂浮的船，"只有来自最底层的人们才会登上甲板，并从错综复杂的楼梯和黑暗的走廊前往低一层的船舱。"[20] 从这低层房间可以看到后侧的大玻璃窗，"它们悬在山坡上，从外面看就好像一间间蜂巢般的工作室。"[21] 这些特殊的"蜂巢"庇护着形形色色的人：各类贫穷艺术家、作家、诗人、洗衣女工、裁缝和搬运童工。在奥利维耶的回忆中，这里令人感到非常不适。这里的"寒冬如冰川，盛夏如洗着土耳其热浴。"

然而就是在这样一个最贫苦地方，也是在毕加索最艰难的时期，他创作出了名为《蓝色时期》（Blue Period）的杰作。所有这些作品都融入了他对人与动物的爱。吉纳维芙·拉波特在毕加索晚年时与他一起生活，她曾提到毕加索每周有两次要在他从蒙马特尔小酒馆回家的路上从垃圾桶里寻找喂猫的食物。[22] 唯一一位我们所知，对于猫的喜爱远远超过毕加索的人，是雕刻家阿格拉亚·利贝拉基（Aglae Liberaki），她为它们在海德拉岛住宅的院子里专门建造了一间住宅／工作室，而当她不在这里离开去巴黎时，她还会支付给照顾的人很多钱以求用心。[23] 而与此不同，毕加索居住的小空间既是动物又是人类的"长久乐园"，那里无时无刻不欢迎小动物的到来，在白天，这里又成为他与朋友谈天说地的聚焦地。奥利维耶是毕加索洗濯船生活时期的见证者，她给我们提供了毕加索在那时最真实的生活写照：

> "大幅未完成的帆布画布满工作室，这里的每件东西都展示着他的工作。不是，我的天！这一切都太混乱了！房间角落的四脚架子上摆放着一张床垫。一个满是铁锈的铁炉上架着一个黄色的用于盥洗的陶器。旁边的白色木桌上放着一条毛巾和所剩无几的肥皂。另一个角落堆着一个破旧不堪的黑色箱子，勉强可当成坐的地方。一把藤条椅、几个画架、各种尺寸的帆布、颜料管、刷子，装油容器和盛装腐蚀性液体的碗散落在地上。房间没有帘子。在桌子的白色抽屉里住着一只被毕加索精心饲养的小白鼠，他总是喜欢把它展示给每一个人看。"[24]

雕刻家阿格拉亚·利贝拉基建造的专门用来养猫的住宅／工作室。右图是一个以猫为原型的雕塑
（原照由利贝拉基拍摄，左图为笔者素描）

洗濯船和拉维尼昂广场（Place Ravignan）都已不复存在。只有曾居住在

那里的人们的灵魂、贴在外立面上印有郁特里罗（Utrillo）绘画作品的明信片、新建筑物的窗户，以及古董店窗户上的老照片，才能体现出这里曾经的样子。从导游的讲解中，游客们可以知道曾经举足轻重，如今已改名为埃米尔·古多广场（Place Emile Goudeau）的地方。

　　……显而易见的是，这家工作室的氛围深深地吸引了毕加索，并陪伴了他一生。同样明显的，是在工作时毕加索不能容忍任何一个人站在他的周围，除非是那些爱戴他、与他志同道合的人们。对毕加索来说，建筑物总是"不请自来地围绕在他的左右。"彭罗斯（Penrose）曾告诉我们，"环境好的建筑物"总是制约着毕加索的工作。[25] 无论到哪里，他的工作习惯都和在洗濯船上工作的样子如出一辙：将那里变成外面看起来像豪华别墅，里面看起来像脏污洗濯船的结合体。

由拉维尼昂大街改造而成的埃米尔·古多广场
（照片由笔者拍摄）

毕加索在蒙马特尔的第二间工作室
左：拉维尼昂街道对面的资本主义氛围
右：与毕加索住处的内在环境
（图片由作者提供）

　　关于他的第一栋别墅——卡利弗尼庄园，他曾这样描述过："他当时既不是在寻找一栋比例刚好的房屋，也不是在寻找一间工作室。他曾记得他在戛纳（Cannes）一间带有工作室的别墅里度夏时的糟糕感受，他简直无法工作，这也是他人生中仅有的一次。他知道他找到的地方虽然丑陋，却可供他占有甚至驾驭，因为它拥有良好的光线，高高的举架和花上几年都利用不完的空间吸引了他。"[26]

毕加索对建筑装潢和空间美化一点都不感兴趣，他也不认为家可以是一个因其典雅和舒适而该受到赞美的地方。在他眼里，房子只是一个能让他同时用来工作、存放东西、生活与玩乐的地方。他需要的仅仅是充足的光线。[27]恰恰，卡利弗尼庄园所能给予他的充足光线是其他任何地方都无法比拟的。

阳光照亮了房间的每个角落，使他心旷神怡。"如以往，他受到了周围物品和点缀着新艺术风格窗饰的窗户的启发，便开始作画。"[28]在他来到沃夫纳格（Vauvenargues）后，他对中产阶级的反感态度达到极点。在他突然离开戛纳后，他在沃夫纳格购置了一套带有城堡的豪宅。毕加索购买这座豪宅的原因，是这座带有城堡的2000英亩豪宅让他想起了西班牙的卡斯蒂略。[29]在购买沃夫纳格的这座豪宅时，他给中间人坎魏勒（Kahwailer）打了一个电话并告诉他，他买下了塞尚。当被问到是哪幅时，他的回答是："原作"。此时他已经买下了这2000英亩的山峦，塞尚曾经作画的地方。[30]沃夫纳格的城堡是毕加索最豪华的宅邸。为了炫耀和证明贵族能做到的他也能做到，同时也为了讽刺他们对于建筑的品位，他将建筑物之前采用的古典建筑风格和数代人的审美完全颠覆。他的作品向我们展示着未来，而他对建筑物的干涉则表明了他对过去价值观的态度。

在重新喷涂了浴室和卧室，将阳台变成了鸽子棚，并将花园变成可供山羊和狗游乐的草地和豪华轿车停放的地方后，他对沃夫纳格的豪宅表现出了厌倦。于是在60岁时，他离开了这里，回到了戛纳。

那时，与其说他是拥有了两个相距50英里的家，不如说是两个相距50英里的工作室。[31]

在这次搬家时，毕加索购置了他的最后一栋别墅，面积充足，和之前在普罗旺斯的住宅一样乱。这栋别墅在穆然（Mongins）附近的山上，距戛纳5英里。"山顶坐落着圣母院小教堂（Notre Dame de Vie），毕加索也借此为他的别墅命名。"[32]这栋别墅有着宽敞凉爽的房间，在面对威斯特威勒山（Esterelle Mountain）和穆然围村的方向上，还种着成片的橄榄树和柏树。别墅的内部由D.D.邓肯（D. D. Duncan）拍照记录，他还记录出毕加索在沃夫纳格的别墅和生活。在毕加索去世后，他出版了名为《无声的工作室》（Silent Studio）的作品。这本书提供了毕加索最后一间工作室最生动的影像资料，让我们再次确信了他从未改变他早期形成的习惯也没忘记那段时光。艺术家在洗濯船工作室的杂乱无章，也永久地存于他最后的这栋别墅荒凉寂静的空间中。暖暖的阳光照射在别墅拱形内部空间的每一个角落，随意摆放的个人物品成就了这个空间，也赋予并延续了毕加索的精神。

这一切把我们引到这个话题：一个人早期的空间习惯和成长期以来记忆的重要意义（不一定是在童年的记忆），以及它们是如何延续并塑造我们未来对空间的态度的。这通常是指幸福的时期，对于普通学生来说也许是他们的大学时期，而最能体现出混乱与整洁的地方就是宿舍。对于毕加索来说这个地方就是洗濯船。像毕加索这样终身的空间入侵者，工作、爱、玩乐、朋友、动物和物件对于他的生活和所处的空间环境来说不可或缺。关于这位艺术家的心理和他在年轻时开始生活和工作时所依恋的生活环境，奥利维耶给出了非常独到的见解。所有这些都出自她所写的书中关于毕加索在 1909 年搬往克利希大道（Boulevard de Clichy）新工作室工作那段时间的章节。"1909 年当毕加索变得更富裕时，他决心离开洗濯船，搬往离皮加勒广场（Place Pigalle）不远的克利希大道 11 号生活。毕加索租了一间朝北的大工作室，里面有一间朝东的公寓。打开窗户，透过郁郁葱葱的树木，他可以看到迷人的弗罗绍大街（Avenue Frochot）。一种不同的生活开始了，至少从表面上看起来如此。"[33] 奥利维耶告诉毕加索，他必须要买些家具，因为"除了帆布，画架和书之外，没什么值得从旧工作室搬来得了。"[34]

奥利维耶环境心理学方面的观察还在继续："据说一位成功的艺术家会记住那段既贫穷又思乡的时光，这是毋庸置疑的。他们在年轻和贫穷时都住在破旧的地方，但那时也是他们更有可能成功的时候。首先，年轻是人一生中最令人羡慕与宝贵的东西。艺术家讨厌变老。当他们脱离了贫穷，便同时也告别了纯粹。他们甚至会尝试放弃所拥有的一切而从头再来。接下来他们便会遇到各种各样的困难，这是在成为艺术家的过程中必不可少的。这些艺术家怎能不对充满才气且乐观向上的年轻岁月感到遗憾呢……毕加索不安于现状的精神需要不断地钻研和展望才能得到满足，只有在不受迷惑和财富束缚的环境下才能有令人满意地发展。"[35]

艺术家的神圣行为便是他们的作品，工作室就是他们的神圣领地。在没有得到允许的情况下，任何人都不能进入毕加索在克利希大道的工作室，同样，禁止触碰任何东西，且"凌乱也应当被给予尊重"。他在一间安静的房间休息，睡在沉重的四角矮床上。卧室内有一间小会客厅，里面有沙发、钢琴和一件精美的意式橱柜……周围摆放着各种漂亮的旧家具。搬家工人们对前后两间工作室的差别很是惊讶。其中的一个人对当时正在帮助毕加索的雷纳尔（Raynal）说道："这家人一定是中了头彩。"[36] 然而当毕加索来到这个新的环境生活时，他却并未感到十分开心。没有他的允许，女佣们是不能清扫工作室的。"他不让我们清洁，因为他受不了清扫时飞扬的灰尘，若是空气中的灰尘碰到他湿润的帆布会让他暴跳如雷……"[37] 奥利维耶接着提到了他习惯的工作时间表："他常在下午两点时将自己关在新的工作室，可能的话他会早点开始，并直到天黑才出来。"毕加索既是一个工作狂又是一个生活狂。

至于他的个人习惯，对动物、朋友和拳击的热爱，我们可以通过许多方面得到证实，比如他的宠物狗[38]、它们是如何被快速训练成可以照顾自己的，以及那头出现在内容荒诞作品里的毕加索工作室的"客人"，一头叫作"罗罗"（Lolo）

的驴。"罗罗"是被毕加索的朋友带来这里的，它嚼着一小包烟叶和两条被遗忘在沙发上的丝巾。当然，这么做的不止"罗罗"。苏珊·瓦拉东也曾养了一只山羊，她会将自己不满意的"糟糕作品"喂给它。[39]

艺术家对动物的热爱远远超出了我们的想象，雷诺阿甚至曾声称这种爱是相互的。他相信小动物和小孩一样，对他的艺术作品有着相同的领悟能力。有次在枫丹白露作画时，他对安布鲁兹·沃拉尔（Ambroise Vollard）说他感到有东西在他脖子后面喘气。"我转过头清楚地看见了一头瞪羚伸着脑袋在看我作画。"[40]

有些艺术家在没有他们心爱宠物陪伴的时候甚至不能作画。保罗·韦罗内塞（Paul Veronese）在没有他可爱的宠物狗的陪伴时，就不能完成作品。每次绘画都是如此。[41] 米开朗琪罗（Michelangelo）需要听到他扶养母鸡的情况并抚摸到他扶养公鸡的羽毛才能作画，同时他也会因他养的猫咪"抱怨"得不到他的陪伴而感到悲伤。[42] 梵·高需要他的老鼠，伦勃朗（Rembrandt）需要他的猴子，罗塞蒂（Rossetti）需要他的袋鼠。雷诺兹（Reynolds）、布德尔和莱昂纳多（Leonardo）则独爱鸟类，特别是鹦鹉，他们在市场买回来它们后便会立刻放飞。[43] 博纳尔、苏珊·瓦拉东（Suzanne Valadon）、毕加索和库尔贝都将动物视为他们工作室的"常客"。毕加索和库尔贝各自都拥有一头牛、一匹马、一头驴和一只鸭子，他们并不是被主人带回来的，而是主动成为工作室的"常客"。因为它们区分不出这里和马厩有什么区别。[44] 奥利维耶十分肯定毕加索对于动物的热爱。"毕加索的朋友总是能发现他眼中流露出的对动物的爱意。他本想养一只公鸡、一头山羊和一头老虎，而在现实生活中，他与猫狗，后来还有一头驴作伴，享受着生活。有段时间他同时养了三只猫、两条狗、一只乌龟和一只猴子。"[45] 那头他养的山羊最后成为不朽，毕加索将它的精神与独立融入到了他最生动的雕塑中。

奥利维耶对蒙马特尔的风景最了解不过了，她认为毕加索的工作室有着独一无二的特点。她对几乎没有家具的装修风格印象深刻。"即使是在门廊"，至今她仍能记得设法进入到工作室内部是多么的困难："门打开后是一条宽敞的过道，这条过道将人们引领进工作室，而门的另一侧是一间小房间。如果你有机会能目睹那间工作室，你会吃惊厨房餐具与日常垃圾竟然混在一起：一个生锈的煎锅，一个可以用壮观来形容的夜壶，一个总是装满了脏水的巨大锡桶，腐烂的小房间地板，但无论你偶尔把工作室叫为垃圾房还是太平间，却都无法掩盖住它浪漫的用途。我好奇这座'小教堂'的建立究竟是出于什么样的情感，也许是出于他对女人的深爱。也许这种神秘的情感是他意大利母亲的传承。是乡愁？或许，这是一种讽刺也是一种自嘲。"[46]

夏天，这间工作室酷热难耐，毕加索和他的朋友经常会脱光衣服。他们也会收留光着半身的访客和那些只用围巾裹住腰的人。总之，毕加索喜欢不穿衣服或者尽可能地少穿。[47] 渐渐地，他和住处建立起了一种感性的关系，只要有机会，他就会裸足行走。多米尼克（Dominique）和保罗·艾吕雅发现拉波特和毕加索在狭窄的圣特罗佩布绍涅大街（Rue de Bouchonniers）的小房子里的瓷砖总是交叉摆放 [这是一间没有出现在阿尔弗雷德·巴尔（Alfred Barr）所列清单上的工作室 / 房子]。[48] 这样的摆放让他对所居住的房屋多了一份感性的欣赏。他曾告诉拉波特，他对这些瓷砖有着与他对在大奥古斯丁大街 7 号住处的瓷砖相同的感觉，他在那里也光脚行走。[49] 拳击曾是毕加索的重要习惯与爱好之一，他曾经常去打拳，也想过成为一名拳手。他经常与德兰（Derain）和布拉克打拳，想在他俩身上试试运气，也有报道说他曾将两人同时击败。[50] 用拳击来比喻毕加索的人生是非常恰当的。拳击场提供了一个规矩的框架，铃铛和方方正正的场地，在这里你只能击打。它就像画家的画布，在正方形或者长方形的画布上，画家必须用尽他的一切资源并全力拼搏。乔伊丝·卡罗尔·奥茨（Joyce Carol Oates）曾有"拳击可以是一种成为永恒的手段"的理论："如果拳击能让大多数的参与者筋疲力尽，就像达尔文提出的物竞天择、适者生存那样，它会让少数留下来的选手感到光荣，并被永远地铭记在不朽的魅力中，这也正是它如此危险的原因。"[51]

显然毕加索选择在绘画领域铤而走险，事实也证明了他的选择是正确的。拳击对于他来说不仅仅代表着他与过去作品的持续斗争，也代表着他在前往不朽的路上所遇到的挑战。就这种意义而言，他的确是一个真正的"堂吉诃德"（Don-Quixotic）与"乌纳穆诺"（Unamuno）式的西班牙人。[52]

一幅毕加索在大奥古斯丁大街工作室的草图，《格尔尼卡》（*Guernica*）正是在此间工作室完成的。毕加索的工作室在照片的最右上角，需要从照片下方所画的门进入
（图片由笔者拍摄）

拳击的比喻和他想象力的盒子可作为他天生对空间所持有的态度的解释。首先，拳击让他更有纪律性。其次，他想象力的盒子给他提供了影像。他需要的仅此而已。不需要真实的空间，只需要能让他看见事物的光。空间对他没有意义，那只是量化且中性的事物。拳击所带给他的纪律性结合他的想象力，他可以创造出任何事物，即使是他从未见过的风景。他曾对拉波特说："我爱鲜明，荒凉得只有耸立岩石的风景。"[53] 拉波特回复道："你很少画风景画。"他说："我没看过太多风景。我总是孑然一身。我内心的风景是如此地迷人，以至于大自然中并没有像它一样美丽的事物。"[54] 她看到毕加索曾画过很多"开着的窗户"，他回答说"'开着的窗户'并不是风景，那完全不同。总之，它出现在战争伊始，窗户敞开时它周围的一切都在坍塌，这难道不令人印象深刻吗？它代表着希望。"[55]

通过窗户，毕加索能获得自己的准确定位。这就像他大脑中"精确的十字路口"，连接了内部的工作室与外部的宇宙。通过窗户，他能够完全界定他在时间与空间中的位置，通过这一机制，他能把自己与所处的时间关联在一起。在这种意义下，他偶然占据的空间在他的生命中起到了更重要的作用，因为这样能让他置于自己所生活的历史背景之下。拉波特说，毕加索从来不会把他的生活与他经历的风格期或时期联系在一起，而是会将自己与居住过的场所相关联。据拉波特所说，他们在拉博埃蒂大街（Rue-la Boétie）的生活对于毕加索来说是一段重要的时期，也像在洗濯船、塞雷（céret），和之后的瓦洛里斯、大奥古斯丁一样。她从没有听到毕加索提起过"蓝色时期，粉红色时期，立体主义时期或任何其他的风格期。他可以将事情按照时间的进展并结合他的居所正确地排列起来。因此，拉博蒂大街公寓充满了奇珍异宝，立体主义的作品等。"他对住所的热爱会在他心中形成一种形而上学的维度，能达到将每件事物与特定地点连接在一起的程度，即使是一件物品上的灰尘。有次他在父母西班牙的家中，他对母亲大发雷霆，因为她清理了他衣服与鞋子上的灰尘。而他想在家中保留这些来自巴黎的灰尘。也许有人会说，这些灰尘对他来说有着形而上学的重要性，可以说这些灰尘陪他去过他之前所到过的所有地方。

毕加索一生对空间所持有态度和连续性被他所指定的摄影师，D.D.邓肯清晰地捕捉了下来。他拍出的细腻照片，将毕加索后期的工作之地清晰地记录下来，同时留下了关于整体环境与这位多产画家生活方式的影像证据。邓肯既是他的摄影师也是他的朋友。1957年，邓肯出版了一系列关于毕加索的书籍 [如：《巴勃罗·毕加索的私人世界》（*Private World of Pablo Picasso*）]，他认为加利弗尼庄园是最让毕加索开心的地方。他将加利弗尼庄园描述成一个庇护住毕加索"火山喷发般想象力"的地方 / 工作室。他是一个非同寻常的人，"他用最简单的材料，甚至是街上捡回来的废弃垃圾，改变了我们所看到的世界。"[56] 他有时还会在餐桌上作画，可以说，整栋房屋都是他的工作室，也是他个人创造力的舞台。正如博纳尔在她的轶事录上记录的有关毕加索的内容："他从不在乎身边的装饰与周围的事物。"[57] 想象力与创造力在何时何地都会从他的脑中迸发。不管是在加利弗尼庄园的内部还是外部，他都可以开展他的创作。邓肯的照片展示了毕加索的妻儿观察他与一位焊接工共同开展一项工程的全过程。毕加索不喜欢陌生人的闯入，他只会和那些志同道合的人一起做事，也许是他的家人或他的好友，就像是在剧院演出一样。而加利弗尼庄园的台阶，便充当古老剧院的座席。[58]

在所有关于加利弗尼庄园的照片中，有一张阳台上满是鸽子的照片让人印象深刻。整个阳台和金属栏杆都被鸽子占据，形成了一个树状"雕塑"。毕加索起身时，鸽子忽地飞起，他的妻子杰奎琳（Jacqueline）也站在阳台上，望着她的丈夫。这栋昂贵别墅的阳台布满鸽子留下的污渍。

这间别墅有一个维多利亚时代样式的大门。沃夫纳格庄园建成的时间更久远，会让人想起西班牙城堡。它有着与加利弗尼庄园和昂蒂布的格里马尔迪城堡相同的命运。

格里马尔迪城堡和沃夫纳格庄园
（左侧草图由笔者提供，右侧照片来自巴黎的罗歇·维奥莱档案馆）

毕加索立即开始着手他的工作，准备用作品填满这里的空间，在每间房间的墙上都要印证他的存在："在他来到沃夫纳格庄园后不久，他就像一个'游击画家'，用像加泰罗尼亚引以为傲的带有挑衅意味之战旗上的红色和金色相间的条纹，画满工作室里的几张古旧的椅子。"[59] 邓肯也拍过一张毕加索在骄傲地展示他条纹椅子的照片。

为什么是旧别墅，为什么又要画里面的旧椅子，对于旧的事物为什么持这样一种态度？格特鲁德·斯泰因（Gertrude Stein）对此给出回答。在有关她描写毕加索的文章里，她给出了一个关于人们为什么想停留在当代饶有道理的、喜欢用旧时的作品把自己包围的解释。她将过去视为活力和有创造力之人的镇静剂。她以非同寻常的方式写道："事情是这样的，一个具有创造力的人是如此彻底的当代，以至于他有着超越当代的外表。而为了让自己在日常生活中得以平静，他想与过去日常生活中出现的事物共同生活。他不想以现代人的生活方式生活，因为他未曾真正地理解过现代究竟是什么样子。这种说法听着似乎很复杂，实则却很简单。"[60] 我完全同意格特鲁德·斯泰因的说法，他给出这个解释时，毕加索正从立体主义绘画风格转回现实主义绘画风格，那时，人们已经接受了立体主义风格绘画。库尔贝、毕加索、格特鲁德·斯泰因都在相同的都市理论和与之相符的生活与社会下，不断地"感受""创造""表达""记录"和"生活"。以上的说法有助于我们理解毕加索为什么偏爱旧房子与旧别墅，同样旧别墅也像他日常生活的孵化园一样，让他忘记了他正在进行的当代具有创造性的工作。我相信格特鲁德·斯泰因的解释有着普世价值，不光适用于毕加索，同样也适用于很多像他一样在日常生活中不喜欢当代环境与住所的画家。尽管我确实相信他对这件事的解释，但是这不能构成毕加索不喜欢好建筑物的原因。我认为这个问题更加复杂也涉及更深的社会层面。我坚信毕加索对建筑有着更深的情感，尤其是对那些老建筑。它们见证了他走向成功的点点滴滴。当然，这不是对同源职业的失礼，只是激发他这样举动的，是社会与创造力层面的原因的共同作用。洗濯船的特殊环境一定对他有着终生的影响，代表着他不断地进取，数年自由的探索，以及玩乐与欢快的生活。别墅与"好的建筑"是资产阶级的象征，却是艺术家的敌人。一个人不能脱离社会，需要去利用它，但却没必要接受它的价值观。我相信毕加索从未描绘过他内心的这一哲学困境。他只是通过后来的房间与对待它们的方式来展示。他有能力购买并住在风格典雅的房子里，正如我们所看到的两栋大别墅，但只是为了在墙上作画，让完整的墙壁支离破碎，在椅子上和浴室里涂涂画画，"嘲弄"他们的阳台和一切代表着过去的东西。他曾向潘罗斯坦白他从未喜欢过加利弗尼别墅。他觉得建筑物与花园是如此的虚伪，尽管有着光线和让他工作的地方，但对他来说这栋别墅依旧太过空旷（出自于《19世纪粗俗的资本主义》）。[61] 毕加索是天生的革命派与反现状派。在他与奥尔加离婚后，他似乎即刻变得抵触所有带有资本主义色彩的事物。因为在他们住在拉博蒂时，奥尔加曾试图将自己的资本主义心态强加到毕加索身上。他们离婚后不久，即 1935 年，他终于摆脱了折磨了他两年之久，使他的精神与情感饱受煎熬的剥削式的资本主义生活秩序。与此同时，他的人格与喜爱的"贫民窟"秩序，也终于完全覆盖了奥尔加的"领地"。[62]

　　毕加索的工作室是他自己的"革命地"也是他的"指挥部"。他对建筑风格没有任何需求。相反，他可以将任何建筑都转变成一个合适的，且任何艺术家都能够侵占的真实空间。所有在那里有过体验的艺术家都觉得那里是自由且几乎不受约束的地方。这种地方原本既可以是蒙马特尔的棚屋抑或是地中海的别墅。后来，洗濯船与加利弗尼别墅两种风格的结合，形成一种"混乱的和谐"，形成毕加索工作室的最终呈现。

入侵与秩序：奥基夫的工作室

乔治娅·奥基夫，正如我们所知，她对 20 世纪室内氛围环境的创作有着非常大的影响。在此，我们将她的案例作为最有积极意义的空间入侵范例，在精炼文化中有着抚慰心灵、振奋情感与民主化的作用。她的案例告诉我们，在通往未来的路上，也是可以同时通过关怀与创作的火花来尊重过去的。这一切都可以通过她一生中所拥有过的很多工作室和她对待它们的方式来得到最好的证实。

与毕加索不同的是，在空间面积需求方面，她所需要的个人空间面积占比是最少的。她对想象力，这一恰当功能的全部需求就是宽广的户外空间。

在奥基夫漫长的一生中拥有过许多的工作室。我们可以在她美国的许多房屋和住地发现她的作品：从他父亲在弗吉尼亚州威廉斯堡（Williamsburg，Virginia）惠特兰（Wheatland）的住宅（从 1903 年开始她家就在那里），到他父亲大约在 1908 年建造的水泥楼房，她 1917 年在得克萨斯峡谷（Canyon–Texas）居住的雪莉（Shirley）住宅，她在暑假住过的乔治湖（Lake George）旁的施蒂格利茨农场（Stieglitz Farm），她在纽约市住过的许多公寓，她在新墨西哥州和全美待过的许多工作室和住过的小屋，再到她离世前在新墨西哥州附近幽灵牧场居住过的房子和后来位于阿比丘的住处（她在 61 岁之后就一直居住在这里）。在这之后，她就将纽约的公寓分享给了他人。尽管她人生中的最后两年搬到了圣菲（Santa Fe）居住，但是阿比丘的住处则一直在她的心中有着重要地位，通常被人们认为是她最后的家，也是唯一一处她与空间融为一体的地方。她对在阿比丘的房子十分有感情，她人生中最后两年病情的急剧恶化也可以说是因为她离开了这处她心爱的地方，去到了她所不熟悉的在圣菲住宅。圣菲住宅的周围有 26 英亩的人造景观与一间土砖房，从规划到设计都是由她最后的伴侣胡安·汉密尔顿（Juan Hamilton）完成。[63]

我们有许多关于她的资料，有些来自她最好的朋友，有些来自传记。[64] 通过这些资料中记载的事件和她与最好的朋友阿妮塔·波利策（Anita Pollitzer）间的关于住地与工作室的通信内容，我们可以清楚地了解到这位艺术家对于美学偏好，而她平静且充满灵性的作品，则是对此进一步的佐证。此外，我们还有克里斯汀·泰勒·帕滕（Christine Taylor Patten）这位艺术家提供的描述。她在奥基夫人生中的最后几年，在阿比丘的住宅里一直照顾并陪伴着她。这是一份独一无二的，也许也是艺术史中最敏感且最私密的关于空间或者是使用者的描述。帕滕对阿比丘的住宅、工作室和景观，以及奥基夫在人生最后的两年里所进行的改变给予了完整的叙述。[65] 我们可以从一部关于奥基夫人生最后两年的视频看到一些关于阿比丘的独特视角，尤其是工作室。但关于空间环境，也许只有在那里待过的人才能更好地表达出那种感受。

通过现有的描述，我们看到了她对环境的渴求，准确地说是隐藏在她艺术作品中的渴求。

与毕加索不同，她是一个非常整洁的人。[66] 这可以从她的调色板和她着手完成绘画的方式体现出来。她绘画用的颜料分开摆放在她大且干净的玻璃调色盘上。[67] 1927 年 10 月 12 日，弗朗西丝·奥布赖恩（Frances O'Brien）在《国家》（*National*）杂志上发表了一篇关于奥基夫的文章，内容是关于奥基夫是如何完成一幅帆布画的："她从左上角到右下角一气呵成。"[68]

"为了完成绘画，她感觉周围需要保持简单，因为这样能让她大脑的思路清晰明了。她的创作过程需要她在一件事物上持续投入强烈的情感，去探索它，并通过在帆布上绘画，将它完美地展现出来。每次经历都可能成为下次绘画的潜在素材，甚至自然世界之外的经历亦如此。1927 年夏天，她因胸口长了一个良性肿瘤而在纽约的西奈山医院做手术。她尽可能地尝试在手术台上保持清醒，并在术后，完成了《黑色抽象》（*Black Abstraction*）的作品，体现了她因为麻醉感愈加强烈，手臂上的知觉随手术台上刺眼的灯光渐渐消失的记忆。在她日复一日，年复一年的持续工作中，她关注的东西越来越少，而愈发集中于那些纯粹情感所留下的永恒一瞬，就像施蒂格利茨所大加赞赏的'洁白'那样。"[69]

彰显她整洁的诸多习惯中，她对衣着的关注尤为突出，她习惯用最好的布料为自己缝制衣服。如利塞尔（Lisell）所记录的，她认为给自己缝制简单的衣服是一种思考的过程。[70] 她甚至认为缝制衣服与她的艺术紧密相关。她对整洁的态度体现在她经常穿的黑色衣物中。她还经常选择中性的颜色来装饰画廊内部和家，这能让她更自由地绘画。利塞尔曾说："如果她开始选择衣服的颜色，那么她用在绘画上的时间就大大减少了。"[71] 她裙子上的中性颜色与她在阿比丘最后的米黄色砖房一致，这也是一种她所希望的保持隐秘的方式。她认为黑色是一种能让人觉得隐藏于其中的颜色。[72]

在纽约时，为了能更好地利用曼哈顿美丽的天际线，公园和附近的楼房作画，她的房间没有窗帘[73]，同时让她的小公寓"尽可能地保持空旷"奥基夫对门和墙壁情有独钟。1928 年，一名《布鲁克林鹰报》（*Brooklyn Eagle*）的记者曾写道："当门打开，我进入其中，竟有一种身处北极的荒凉感。"奥基夫在谢尔顿酒店公寓的房间被她改造成了长期居住和工作的地方，装饰很自然，呈现出一种中性的氛围，里面只有"几张施蒂格利茨喜欢的扶手躺椅"，绘画作品"恰当地摆放在画架上，当客人来访时，作品通常对着墙壁摆放。"乔治娅的桌子上放着些鹅卵石、一点珊瑚，花瓶中有些枯草、贝壳，有时还会放一株种在白色花盆中的绿色植物。利塞尔观察到，在奥基夫式的朴素中有着功能性和环保性需求，而这种朴素也会成为在消费水平居高的纽约居住者做选择时所要考虑到的因素，尤其是对于一个人年轻且经济能力有限的时候。狂热的创作几乎没留有处理日常琐事的时间。装饰房间和类似的工作所需要的时间都被绘画占据。而推升这些世俗的理由："乔治娅需要一个中立的空间使她耀眼的颜色概念化。"正如她对利塞尔所说："我喜欢空白的墙，因为它能让我想象出我所喜欢它的样子。"[74]

这一切并不意味着乔治娅懒惰或者除了绘画她什么都不会做。与毕加索不同，她能做好家务，或者帮助把旧的棚屋和附属的建筑转变成可以居住的地方"……以与绘画相同的工作强度和尽善尽美的态度。"[75]奥基夫是艺术史中我唯一知道的曾"两次侵占猪圈"，一次"侵占"牛棚并把它们改造成人类可以居住之地方和她所需要的工作室的画家。第一间猪圈在施蒂格利茨的庄园，第二间猪圈在阿比丘。在乔治湖旁的猪圈变成了她和施蒂格利茨单独相处的隐居亭，她不喜欢被打扰，那会让她感觉自己像一匹"蹒跚的马"。[76]

很快她又将一间开始为了跳舞而建后来变成牛圈的饱经"风雨侵袭"的木屋改建成了个人工作室。[77]她照着施蒂格利茨曾经给她看过的照片自己给屋顶刷漆。

乔治湖旁，"乔治娅绘画时，施蒂格利茨会拍照、画画，或者在楼下客厅里的大桌子旁坐下，洋洋洒洒地写着书信。"[78]两人明显有着经济上的界限。他们可以在狭小的空间里共同生活，给对方提供其所需要的必要的个人空间，鉴于当时的情况，也可能只是一个普通房间里的一角。这仍与毕加索不同，他需要大量的个人空间，而为了开心的生活他始终需要一个人陪在他的身边，无论这个人是无趣还是闲散（费尔南德·奥利维耶和他在一起时就是这样，曾有人说她十分闲散）。

随着时间的流逝，乔治娅开始需要个人空间，但并不是每个人所说的乔治湖庄园。她曾是一个个人主义者同时也是需要隐私的人。为了绘画，她选择独居。当她的个人空间过大时，她最终不得不与施蒂格利茨长期分开，前往着有更广阔视野的美国，释放她的创作欲。在发现了新墨西哥州的陶斯（Taos）后，她非常满意。

第一次抵达陶斯时，她的朋友贝克（Beck）与她为伴。她被安置在一间粉色的房子。这间供客人居住的小屋横穿低矮的苜蓿田（alfalfa-field），它是从 D.H. 劳伦斯（D. H. Lawrence）和他的妻子之前居住过的大房子分隔出来的。她还在一片高大的杨木树下的小溪旁租了一间砖房工作室。[79]宽阔的室外给予了她主题灵感，同时新墨西哥州独有的温暖砖房和里面充足到无以言表的光线能让她得到保护与休息。这间工作室有着圆形的高横梁天花板和壁炉。面北的大窗户在保证室内温暖的同时可以让她遥望天空，欣赏远处的田野和白色与黑色的小马驹。远处陶斯山壮观的轮廓是她从未见过的。正如利塞尔所说，乔治娅在发现新墨西哥州时就爱上了这里。就像早于她来到这里的几位艺术家，例如詹姆斯（James）、努拉·卡拉瓦斯（Noula Karavas），还有最终成为一名收藏家的他们的儿子萨基斯（Sakis），这位后来买下了劳伦斯和友善的乔治娅的作品和手稿并和他们成为朋友。他们一起成了陶斯的精神之源。[80]新墨西哥州也将成为奥基夫的个人空间，她的精神也将融入此地。1968 年 3 月关于她的照片曾出版在《生活》（*LIFE*）杂志中，由约翰·洛思加德（John Loengard）拍摄，尽管只是一瞥，却可以证明这一切。[81] 在这个特殊的地方，她感受到了自然色彩的特殊性，而这里的色彩，则代替画家进行着她的工作，她曾说："新墨西哥州早已为你完成半个小时的工作。这太完美了！没人曾对我说过这里竟然如此美丽。"[82] 在这样的情况下，工作室就显得不那么重要了。天气很完美，天空的清澈与蔚蓝是其他地方的人所不能体会的，落日则上演着每个人都渴望体验的"红色"交响曲。这一切都对墙壁与土砖的纹路有着魔法般的作用，产生了一种介于人与楼房间的深深情感。如此，奥基夫可以在任何天气绘画。伞下和吉普车都是她的工作室。她会在身边支一把伞，画出陶斯印第安人村庄的立方体阶梯砖坯住所[83]，或者在雨伞的帮助下，与朋友结伴或自己探索峡谷、岩层、花朵、骸骨或日落。雨伞的作用并不是保护她免受雨淋，例如在与法国的印象派作家一起出行时，伞可以"抚慰"阳光，过滤掉多余的光线。对她来说，她的车是一件额外的绘画工具，可以将她带到美国户外广阔的工作室。事实上，在她远行时，车就是她的工作室。这种情况第一次出现在 1931 年她前往新墨西哥州时，当时她从既是诗人又是画家的玛丽·加兰（Marie Garland）的"HM"大农场租了一间小屋。奥基夫会在数英里外的干旱悬崖步行。大多数情况她都会开车前往探索。在这些情况下她都会在她的福特 A 型车里画上几个小时画。"她将后排客座留在小屋，松开开关前，旋转司机的骑驶座，用后座椅支撑着画板作画。由于汽车的窗子和车棚很高，因此这是不仅能放下一个 30 英寸 × 40 英寸的画布，她还可以有足够的光线作画。"[84]

从车内可以清楚地看到天空，对于她来说一切都是如此完美，因为对于这位画家来说能看到天空是无比的重要。当她在小屋里睡不着时，"她会爬到房顶等待点亮广袤天空的破晓。"在这方面，她与她的朋友亚历山大·考尔德颇为相似，他们都想让天空成为工作室的屋顶，他们也都经常会受到天空、日落和月亮的启发。

奥基夫会把时间花在两件她所爱的事物上，即新墨西哥州和施蒂格利茨。1934 年当她再次回到新墨西哥州来看这世界上最美的地方时，她在一些纽约朋友的介绍下，前往埃斯帕诺拉（Española）西北部一个叫作"幽灵牧场"（the Ghost Ranch）的地方。这家还在经营着的农场属于阿瑟·牛顿·帕克（Arthur Newton Parker）……他是一位早期为《自然》（*Nature*）杂志工作的自然资源保护论者。[85]

这里的租金是 80 美金每周，在 1934 年这笔花销实在不小，却非常值得。这座农场包含了可供 20 位客人使用的设备，几间小屋和一些马匹。这间农场在荒芜的美国西部中心可算是既舒适又豪华的地方，要知道"这里是野马，野驴和山羊生活的地方，有时还能看到野狗和眼镜蛇。"奥基夫在这里生活的那些日子这里是没有电的，夜晚会点起煤油灯用来照明。最近的城镇埃斯帕诺拉有 40 英里远。这间农场成了一个自给自足的地方，这里的主人建起了一条土制跑道以供他驾驶的轻型飞机起降。这家农场通过自己的庄园自给自足，这里既饲养着家畜，同时又有野鸭和野鹿供补充。幽灵农场成为 20 世纪 60 年代新墨西哥州自给自足生活方式的典范，得到了范·德雷瑟（Van Dresser）和史蒂夫·贝尔（Steve Baer）的鼓励并在全州内实践。

乔治娅走足数英里，赤身梳洗一番后，将室外作为她的工作室。她寻找可供她绘画和车辆可以通行的地方。她只在周围没有人的地方工作。当有旁观者看她作画时，她会离开并在没人的时候再回来继续。为了找到可供她画画的地方，她曾在朋友的陪伴下或只身一人驱车前往。有时她会睡在车里，有时她会住在寄宿房屋里。她喜欢用这样的方式领略美国的风情和多样化她的旅行路线。[86]

她在幽灵农场学到了很多，观察并且喜欢上了印第安人的典礼和舞蹈。她还在 1937 年和安塞尔·亚当斯（Ansel Adams）等一众人去了印第安人城镇，新墨西哥州西部、亚利桑那州和南卡罗拉州（South Colorado）的一个旧矿镇。[87]奥基夫和安塞尔·亚当斯穿越沃土的经历被摄影师记录在了电影中，而这部电影也成了记录那群艺术家所处环境的影像资料。

我们可以说乔治娅远行过的地方，没有一个是属于她的，她只是在训练一种生活方式，一种最终会在她阿比丘的房子里总结和落实的生活方式。

阿比丘

奥基夫在 41 岁时来到了新墨西哥州，那时的她已经非常专业与出名。[88]陶斯与幽灵农场都成了过去。很快她就觉得自己像是一个本地人。美国成了她熟悉的地方。她对一个阿比丘村庄里废弃的庄园产生了好奇，这里是水晶般清澈的小河旁最美丽且神秘的地方之一。这里距离农场 16 英里远，即使在今天，废弃的庄园从道路上仍无从寻觅。但是她却发现个静谧之地。她爬墙进入其中，这个举动一般游客在三思后才会行动，在奥基夫深入其中的前几天，她用自己的来福枪保护自己，尤其是在她内心平静时或者在她爬到楼顶观看雷暴雨时。但是当爬上墙时她发现："一个天井、一间荒废的、椽木楼顶已经坍塌了的木房子，悬挂的木门和碎成渣的砖墙。她还看到了一扇嵌在天井墙上的门，但她并没弄清它为什么在那里。"[89]或许正是由于群体综合征的结晶，才会让建筑中如子宫般的品质给许多人带去稳妥与安全感。这是乔治娅早期与"门"的亲密接触，这对她的认识有着很深的影响。

这个大庄园属于把它捐给了天主教堂的一个叫作查韦斯（Chavez）的人，后来教堂又把这个庄园移交给阿比丘畜牧业合作协会，用来养猪和牛。[90]

这是奥基夫第二次侵占猪圈（第一次是之前居住在乔治湖时）。

利塞尔说奥基夫被庄园内墙壁与门间的相互作用所吸引。事实上，阿比丘的房子与幽灵农场仅离数英里，乔治娅将两个地方的区别指给那些无法区分的人们：一处被绿色的溪谷所遮挡，而另一处则在玫瑰红色的岩石前。[91]

阿比丘住宅的所在地

住宅占地三英亩，1945 年她将地面上的建筑一起买下：一堆快粉碎的建筑物，部分印第安人村庄，部分谷物仓库和五栋建筑物里的猪圈。地界四面被埃斯帕诺拉到幽灵农场的小路、阿比丘印第安人的边界、叫作"死神的小眼睛"（El Ojito del Muerto）的小溪和牲畜畜栏所隔开。在几英里外转向阿比丘村庄转弯处的小溪旁伫立着传教大楼的荒凉废墟。在它的旁边有一个废弃的似乎是马列维奇十字（The Cross of Malevich），这个废弃的十字也许就是出现在奥基夫后来某幅作品中的那个十字，废弃的大楼与十字在笔者 1995 年最后一次去那里时仍然存在，俨然已成为这个地方的象征与魅力所在。

奥基夫把房屋翻新的监管权交给了玛丽亚·沙博（Maria Chabot）。[92]他们所用的材料均是来自洛斯阿拉莫斯原子研究中心（Los Alamos Atomic Research Center）的钉子和木板。每个房间都建了壁炉还打造了一间带有古印第安仪式风格的厨房。因为她不喜欢家具，所以她在客厅墙壁旁搭了一个土砖长凳。在小小的餐厅里，她建了一个低窗用于俯瞰被树荫笼罩的露台。房子的墙壁由当地男女工人们用手粉饰，使之有着人类皮肤般的纹理。乔治娅对这整体事有着女权主义倾向，她说：每一寸墙壁都是经女人的双手抚平。[93]在这一点上，我们需要强调利塞尔所提供的信息，即奥基夫的哥哥小弗朗西斯·卡利克斯特斯（Francis Calixtus Jr.）是一名建筑师 [1922 年结婚后住在纽约，在 1936 年离婚后前往古巴哈瓦那（Havana）钻研建筑并娶了一名出身高贵的古巴女人]。[94]同样值得注意的是，她并没有要她哥哥提供任何方面的建筑服务和意见，而是把监管权交给了她的朋友玛丽亚·沙博后，据罗宾逊所说："玛丽亚做得很好。"[95]如我们现在所知，奥基夫对装饰性建筑有着其独到的见解。因她早年与施蒂格利茨有过相关的探讨。她理想中的房子不该有木头，家具需要耐用，厨房应该像她的画作一样充满感性。[96]她的梦想是所有来过她房子的女性朋友都会对她们的建筑师说："请给我也建一座这样的房子。"[97]她房子的简约风格大体上受到了她自身审美的影响，而这种美学又源于她对中国和日本艺术中纯洁与简约风格的兴趣。她所表达的偏好其实就是在一间尽可能空的房间里生活。[98]

奥基夫不仅知道自己想从建筑上得到些什么，而且她甚至表达过想通过内部的偏爱和宁静的美感来影响他人的雄心。比例、触感和环境是她理论的核心内容，同时自给自足、能源效率和对自然过程的尊重是她本性的一部分。

没有一个客人不对她家的壮观环境和朴素感到震撼和着迷。同样令人印象深

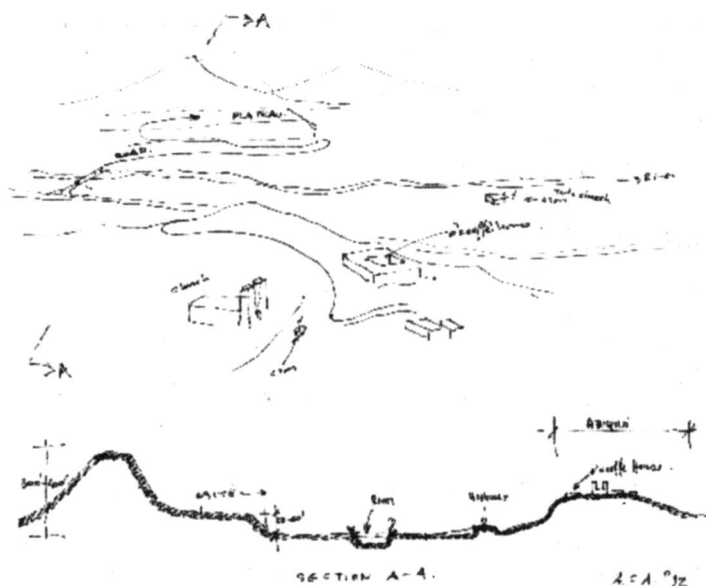

上：大环境简图。下右：在前往阿比丘乔治娅·奥基夫房子的道路右侧的老教堂废墟和顶部的十字架。
下中：马列维奇十字，提示着马列维奇 / 奥基夫的假设
（图片与简图由笔者提供）

刻的，还有在与房子的对话中，在这位画家晚年时照顾她的各种帮手。[99] 奥基夫在某种程度上与同样认识许多建筑师且同样不向任何人求助的考尔德类似，他们有着相同的兴趣，也都愿意设身处地地思考问题。至今她都不愿意接受包括因为她姐姐而被委员会所提拔的哥哥在内的建筑师的帮助，当然这也许也与她的私人原因和内在性格有关：或许她是用自己的方式对曾在职业早期质疑过她的施蒂格利茨给出了答复。那时她正在谢尔顿酒店的 28 层公寓里描绘纽约的摩天大楼[100]，他建议奥基夫说，大自然是女性化的领域而非需要绘图技艺的建筑主题。

　　她花了三年的时间翻新阿比丘住宅。她将她的工作室建在了有着良好视野的山顶，可以俯瞰绿草与河边成排的杨木。她给她的工作室装了面大镜子。[101] 她的房子从远处看呈现出多彩的颜色，而工作室内部却是一片洁白。

　　她不想让自己的房子有任何风格，但她却也担心它会最终持有一种自己的风格："我想让它成为我的房子，但我告诉你，土壤总会想方设法排斥你"或者"人们很难使土壤成为谁的归属。"[102] 也许她自己也不了解，她当时正在经历探究原始建筑的困扰，那种能满足内在、灵魂和个人性的建筑。从这种意义来讲，奥基夫就像画作一样在做建筑。她寻找房屋的过程与她的绘画存在相似之处。她通过极简主义、颜色和抽象概念来寻找绘画的内在本质，而她对建筑平面、材料，自然，尤其是她住宅的整体氛围的探索，则是对建筑原型的深挖。

　　这所大房子在 1948 年完工。她的朋友都认为它是一个"有着 8 间屋子、天井、庭院、人行道和车库的杂乱无章地方"。他们称之为她的私人印第安部落。"对于村民来说，它看起来像一个涵盖了阿比丘最佳视野的巨大堡垒。"[103] 她在 61 岁时完成了新家的全部搬迁，之前她一直在新墨西哥州和纽约的东 54 号街 59 号公寓居住。

　　她的密友阿妮塔曾在她阿比丘的房子施工时来拜访过她。她对房子周边的风景和房子草图的朴素而感到惊讶。尽管她曾抱怨乔治娅房子的透视图很难画，但是她结合了山下的风景作了一份清晰详细的图解。阿妮塔的草图是她寄往她姨妈和两个妹妹的信件的一部分（1954 年 7 月 30 日）[104]，草图与房子本身都有着强烈的原始朴素感。尽管一个人无法只通过图画感受到墙壁的厚度与美感，但从整体来看，这种朴实感便迅速的交织起来。10 个房间沿 U 形围绕排列在中央天井旁。在这个 U 形简图中，上面的中间部分是一个大的工作室。工作室的左侧是厨房，右侧则是奥基夫的卧室。餐厅在厨房的旁边，位于整个 U 形简图的左侧。而卧室和浴室则时尚的线性分布在 U 形简图的右侧。所有的房间都可以通向中间平整的石板露台。

左：从外部街道上拍摄。右：奥基夫一生的挚友阿妮塔为她房子画的简图。
（照片由笔者提供，简图来源：阿妮塔·波利策，1990 年，第 283 页）

在房子最初设计时，就为房间之间预留了适当距离，而如此的设计在奥基夫晚年时被证明是很有帮助的。当奥基夫在晚年视力每况愈下时，她需要很多人的帮助，房间的毗邻为她提供了安全，同时也方便她求助。如此近的距离也确保有人听到，哪怕是紧急时刻她的一声口哨也能为她带来帮助。在圣菲，她最后的房子却有着截然不同的布置，空间很大并且复杂，不舒服的浴室并且要走上很久。她对此无法忍受，最终导致她在晚年对空间产生了疏离感。[105] 阿比丘简约且紧凑的房屋空间，为她不论在人生中的任何阶段都提供了舒适与安全，即便是年迈的时候。阿妮塔对阿比丘房子的设计是独一无二的，其他工作室的设计都无法与其相提并论。我们应该铭记阿妮塔，尽管她是一名画家，但是在画奥基夫房子的透视图时，依旧觉得颇为不易。这指明了大部分人都有理解建筑草图的困难，也许这也是建筑师很难用最原始和普通的图纸让人们信服的原因之一。

奥基夫喜欢生活在室外记忆的包围中。她收集鹅卵石在房间室内展示。她把工作室内部的墙都涂成纯白色。这对她的自然收藏品来说是一个很好的背景。阿妮塔并没有在她的规划中标出壁炉的位置，但是我们知道奥基夫的工作室是必须要有壁炉的，"刺鼻的矮松木"，另外还有一个壁炉在奥基夫的卧室。[106] 奥基夫一生都喜欢待在工作室的壁炉旁。在她上了年纪之后，工作室的壁炉对她来说是一个神圣的地方，这里更像是她的卧室而不是工作室。

她还会在这里回忆她的过去，偶尔还在这里享用别人给她端过来的晚餐，见朋友、聊天、看书和做一切她喜欢的事。[107] 全白的氛围因巴赫（Bach）和蒙特威尔第（Monteverdi）的音乐而愈发明显，她可以通过她安装的一流音效系统得到

新墨西哥州雄伟的室外环境。通往阿哥玛部落（Acoma Pueblo）的乡村道路
（照片由笔者拍摄）

享受。当她独自一人，不会被任何人打扰时，她最喜欢做的就是在工作室"享受绝对的安静并沉浸在自己的思考中。"[108] 奥基夫视工作室为她生活的中心，但对其却并没有占有欲。工作室是她创作的圣地，同样也可以为他人所使用。因此在她年迈且没有能力再作画时，她愉快地将这里让给了在那时一直帮助她且同样也是一位画家的克里斯汀·泰勒·帕滕，也让工作室的使命得到了延续。[109]

奥基夫"侵占"了一片废弃的土地，将其变成了文明的角落与精神的沉思地。但她并不是所谓的"规划者"。她并不是每天工作，她需要自由的时间来准备可以作画的瞬间。她部分的例行准备工作包括制作画布，她通常会保证工作室有 6 张她戏称为"随时准备着的"空白画布。奥基夫这样的艺术家需要时间来让想法变得成熟与完美。她清楚地知道正在做的和即将发生的。她曾说："我知道在开始时就该继续做什么，如果没有一个清晰的思路，我不会着手去做。"[110]

与此同时，她不想将自己的想法分享给他人。在让他人观看前，她要完成从理论到实际的全部过程。当她需要耗时一天多来完成一面大的帆布画时，她会专心绘画，不见任何人，如有管家或任何人进入，她会把画转向墙壁。

乔治娅喜欢睡在露台。她还喜欢和她支持和珍视的年轻女性艺术家友人们共进早午餐。她曾将露台的后门涂上油漆并让其始终保持关闭，不让任何人闯入，因此"这个无法穿越的后门也一直保持着一种神秘感。"但讽刺的是，这么做反而让人们的好奇心更加强烈，更想知道门那一面的样子（门通向她的作品储藏室）。

奥基夫确实对门情有独钟，她努力让每张画中的"露台门"更完美。如利塞尔告诉我们的，乔治娅几次三番地画过那扇门；她曾说过那扇门受到了诅咒，因此能让乔治娅不厌其烦地对着它绘画。[111] 利塞尔还曾说："这位艺术家时常在躲避世间的烦恼与获得奖励与赞赏的程度之间徘徊不定。"[112]

毕加索与奥基夫之间有一点不同在于，毕加索会反复地描画他的情人和一直陪伴着他的人。奥基夫却用描画房子的方式作为一种替代。她会描画门和一些其他的细节以及零零散散的部分，例如露台里的船桨和卵石。她曾说通过描绘楼房

与风景，可以让人想起她所生活过的地方。[113] 因此，所谓"地方"的定义应该是生活与实际情况的展现。至于其他的一切，就如她对家中的花园一样，她都会亲力亲为。[114]

我相信奥基夫从她亲手塑造的映射着她品格的阿比丘房子离开，是因为她终于明白终究无法做到永生，无法做到不与空间分离，尽管她曾尝试让她的作品不朽。

奥基夫与毕加索

奥基夫可能会非常不乐意在同一本书中和毕加索一起被谈论。

1953 年她去欧洲时，曾拒绝与毕加索见面。她说："我并不想见他，而且我也确定他并不想见我。我不说法语，因此我们根本没法交流。"[115] 其他一些艺术家对于与毕加索会面也并没有什么好印象。保罗·克利曾为了与他见面而足足等了漫长的两个小时。"毕加索与热塞（Geiser）都忘记了时间，原定下午三点的见面，直到五点毕加索才出现。在经历了两个小时的漫长等候，我父亲在见到毕加索时便什么也不想再说。"上述是菲力克斯·克利记录的关于他父亲与毕加索见面的情况。[116]

显然，奥基夫的直觉告诉她不要去与一个西班牙佬有太多牵扯。也许她已经从施蒂格利茨那里得到毕加索从没从他一生中所遇到的女人那里所得到的事物。但是尽管奥基夫与毕加索这两位截然不同类型的男艺术家和女艺术家代表也许注定是对头，但当他们在天堂相遇时，应当也能够相视而笑。他们各自用男性和女性都渴望的独一无二的方式将自然描绘的尽真尽诚。男人将宫殿变成了废墟，女人却将毁灭、废弃与虚无变成和平与宁静。这两位艺术家如果可以同时出现，通过共同合作和艺术交互，也许可以达到任何一对夫妻艺术家都无法企及的高度。这当中最令人悲痛的一对，或许就是迭戈·里维拉（Diego Rivera）与弗里达·卡罗（Frida Kahlo），尽管两人在一生中结了两次婚，共度了人生中的大部分时光，却一直都没有找到一种可以共存的方式，奥基夫和毕加索更是如此。

20 世纪的奥基夫、阿比丘、新墨西哥州和艺术家殖民地

除去以上我们所说和所调查的每件事情，奥基夫、阿比丘、新墨西哥州对于几年之后"艺术空间"所发生的事有着很深的影响。新墨西哥州用独一无二的自然魔法激发并款待了她，也吸引了更多的艺术家在 20 世纪 60 年代来到此地，他们认为这里是最适合工作与欣欣向荣的地方。在经历了艺术家的"攻击与入侵"之后，加利福尼亚、得克萨斯、圣菲、陶斯在 20 世纪 70 年代变得更加的繁荣与兴盛。此时位于美国西南的圣菲美术博物馆是一个盛名在外且备受尊敬的机构，仅次于美国的东海岸和纽约的博物馆。它成了许多欧洲艺术家、作家和知识分子求学访问和定居的地方，而当地的艺术家在不舍得离开的同时，还会去"占

领"一些无人听闻的地方，将其变成"独一无二的艺术空间"……笔者有幸亲眼所见，并参与了三年的全部过程，同时有幸交到了许多终生的朋友并获得了许多的宝贵经验，此外还能为新墨西哥大学我设计系的学生们提供一些艺术项目。笔者永远不会忘记在伦敦结识的戴维·霍克尼（David Hockney），他总是欣然接受笔者的邀请，并成为笔者在圣菲组织的、给设计系学生的"艺术殖民"项目的活动评委。笔者把和戴维的信附在本章注释的最后，因为有段时间戴维不同意笔者对"艺术殖民"的理念，也因为这封信对探究几年之后的艺术空间究竟会发生什么的许多艺术家和学者发起的挑战，才会有我们会在此书最后一个章节看到的内容。我也不会忘记在奥基夫阿比丘的房门外等待的那个早晨，等待接走我带来的受到奥基夫邀请共进早午餐的简·艾布拉姆斯，因为这里不欢迎男性。另外一封与戴维涉及偏爱和排斥性问题的信亦对笔者而言意义非凡，原因在于它对于艺术空间与社会的进化（与否）有着历史性的影响。简·艾布拉姆斯非常慷慨地给了笔者这封信的影印版作为在奥基夫门等待她的回报。对于新墨西哥州当地的艺术家，笔者所教过的学生同时也是笔者好朋友的索菲娅·波拉科夫斯基（Sophia Polakovsky），现在的索菲娅·佩龙（Sophia Peron），与她的丈夫尼古拉斯·佩龙（Nicolas Peron）对他们的"爵士客栈"投入了爱与艺术。这两位活动家，尤其是索菲娅，极力反对《结果的真相》（*Truth of Consequences*）中所提到的通往空间的"布兰森之门"（Branson's Gate）和他们用非凡方法通过回收旧房子来造新房子的做法。最后，巴特·普林斯这位当代伟大的新墨西哥州建筑家，布鲁斯·高夫的信徒，赖特和高夫的崇拜者和两人建筑遗产的追随者，是笔者所知的唯一一位需要在家庭工作室旁有一间个人画廊的画家，为的是纪念我们共同的建筑师朋友鲍勃·沃尔特斯（Bob Walters），一位伟大的新墨西哥建筑师 – 艺术家。笔者会在接下来的一章中讨论巴特的伟大画廊。

　　笔者相信，所有这一切都始于乔治娅·奥基夫，也是对 20 世纪即将结束的全球国际艺术空间所发生的一切的介绍……

乔治娅·奥基夫邀请简·艾布拉姆斯在阿比丘住宅共进早午餐邀请函的复印件
（给笔者的复印件，作为简·艾布拉姆斯的礼物，载于 ACA 档案）

参考文献及注释

1. 萨默（Sommer），1969 年，第 27 页。

2. 罗莎·博纳尔（Rosa Bonheur）曾经常穿着男装去巴黎的屠宰场画素描和研究动物。她最著名的画作是《马场》（Horse Fair），纽约大都会艺术博物馆（Metropolitan Museums of Art）。关于罗莎·博纳尔，见阿什顿（Ashton），1981 年。

3. 石版画，约 1849 年，见阿什顿，1981 年，第 72 页。

4. 阿什顿，1981 年，第 97 页。

5. 阿什顿，引文同前，1981 年，第 97 页。

6. 由 M. 迪佩（M. du Pays）撰写于《插图》（L'Illustration），见阿什顿，引文同前，第 72 页。

7. 见马克（Mack），1951 年，第 163 页。

8. 马克思·恩斯特的壁画最终于 1967 年在艾吕雅（Eluard）重修的房子中被发现。见比朔夫（Bischoff），1994 年，第 27 页。

9. 帕泰（Patai），1961 年，第 122 页。

10. 见邓肯（Duncan），"再见毕加索"（"Goodbye Picasso"），第 77 页。

11. 拉波特（Laporte），1973 年，第 19 页。

12. 同上，第 19 页。

13. 斯塔西诺普洛斯（Stasinopoulos），1988 年，第 10 页。

14. 见麦卡利（McCully），1982 年，第 125-127 页。

15. 即麦卡利对阿克塞尔·萨尔托（Axel Salto）的引用，1982 年，第 125 页。

16. 麦卡利对米罗（Miro）的引用，1982 年，第 127 页。

17. 她的回忆录使毕加索感到非常苦恼，甚至使得他一度停止出版。见奥布赖恩(O'Brian)，第 295 页。

18. 即见奥布赖恩关于毕加索的参考文献，1976 年，斯塔西诺普洛斯，1988 年等。

19. 彭罗斯（Penrose），1973 年，第 96 页。

20. 同上。

21. 同上。

22. 见拉波特，1975 年，第 2 页。

23. 更多关于利贝拉基（Liberaki）和她作品的内容，见沃尔布特（Volboudt），1972 年。

24. 奥利维耶（Olivier），1965 年，第 27 页。

25. 彭罗斯，1973 年，第 412 页。

26. 同上。

27. 彭罗斯，1973 年，第 412-414 页。

28. 同上，第 414 页。

29. 彭罗斯，1973 年，第 438-439 页。

30. 邓肯，第 72 页。

31. 引文同前，第 451 页。

32. 同上，第 452 页。

33. 奥利维耶，引文同前，第 132 页。

34. 同上，

35. 同上，第 133 页。

36. 同上，第 136 页。

37. 同上。

38. 同上，第 47 页。

39. 斯托姆（Storm），1959 年，第 168 页。

40. 引用由笔者译自博利亚尔（Bollar）对沃拉尔的引用，1960 年，第 71 页。

41. 哈伯德，1928 年，第 240 页。

42. 即见西蒙兹（Symonds），第 393 页。

43. 更多关于艺术家和他们宠物的内容，见康纳（Connor），1989 年，第 162-163 页。

44. 关于库尔贝工作室中的动物，见格斯尔（Gerstle），1951 年，第 163 页。

45. 奥利维耶，引文同前，第 80 页。

46. 同上，第 48 页。

47. 同上。

48. 毕加索 1905 年至 1945 年的住所地址列表，见巴尔，1980 年，第 284–285 页。

49. 拉波特，引文同前，第 9–10 页。

50. 奥利维耶，引文同前，第 104–105 页。

51. 奥茨（Oates），1987 年，第 109 页。

52. 见安东尼亚德斯，1990，第 57 页。

53. 拉波特，引文同前，第 14 页。

54. 同上。

55. 同上。

56. 邓肯，第 36 页。

57. 贝尼耶，1991 年，第 125 页。

58. 见图片，邓肯，第 65 页。

59. 邓肯，第 258 页。

60. 斯泰因（Stein），1959 年，第 32 页。

61. 彭罗斯，引文同前，第 438 页。

62. 见奥布赖恩，1976 年，第 300–301 页。

63. 更多细节内容，见帕滕（Patten），第 78 页，第 171–201 页。

64. 即利勒（Lisle），1980 年，普利策（Polittzer）1988 年，1990 年。

65. 见帕滕，1992 年，全篇。

66. 后续内容，见利勒，1980 年，第 184 页。

67. 同上。

68. 利勒也曾对此进行过报道，同上，第 184 页。

69. 同上。

70. 同上。

71. 同上，第 185 页。

72. 同上。

73. 同上，第 186 页。

74. 所有以上引用，均出自同上文献，第 187 页。

75. 同上，第 198 页。

76. 同上，第 198 页。

77. 同上，第 199 页。

78. 同上，第 201 页。

79. 同上，第 221 页。

80. 关于卡拉瓦斯（Karavas）以及 D.H. 劳伦斯（D.H. Lawerence）的画作，见安东尼亚德斯，1977 年，希腊语版，第 161–163 页。

81. 见奥基夫，《生活》（Life）杂志，1968 年 3 月 1 日号。

82. 同上，第 222 页。

83. 同上，第 227 页。

84. 同上，第 250–251 页。

85. 信息出自利勒，同上，第 273–275 页。

86. 同上，第 276–277 页，第 279 页。

87. 同上，第 287 页。

88. 同上，第 324 页。

89. 同上，第 329 页。

90. 同上，第 329 页。

91. 同上，第 330 页。

92. 同上，第 330 页。

93. 同上，第 331 页。

94. 同上，第 146、305 页。

95. 鲁滨逊（Robinson），1989 年，第 476 页。

96. 更多关于最终转型期的阿比丘住宅多样空间的描述，见帕滕，1992 年。

97. 同上，第 473 页。

98. 同上。

99. 见帕滕，1992 年，全篇。

100. 利勒，引文同前，第 189 页。

101. 同上，第 331 页。

102. 同上，第 331–332 页。

103. 同上，第 332 页。

104. 见普利策，第 281–282 页。

105. 关于此事以及阿比丘和圣菲的住宅之间的比较，见帕滕，1992 年，第 143–153 页。

106. 帕滕，1992 年，第 41 页。

107. 关于该空间利用的细节，见帕滕，1992 年，第 29 页。

108. 利勒，引文同前，第 350 页。

109. 见帕滕，引文同前，第 43 页。

110. 同上，第 351 页。

111. 同上，第 353 页。

112. 同上，第 354 页，笔者自身很清楚奥基夫排斥陌生人的习惯，因为在 20 世纪 70 年代早期，笔者曾为了与自己的朋友见面而等待他和奥基夫共进早午饭结束达 4 个小时之久。即便坚持不懈地四次努力访问阿比丘，但笔者却从未成功进入这座"神殿"内部。

113. 同上。

114. 同上，第 367 页。

115. 同上，第 373 页。

116. 见里瓦尔德，1988 年，第 52 页。

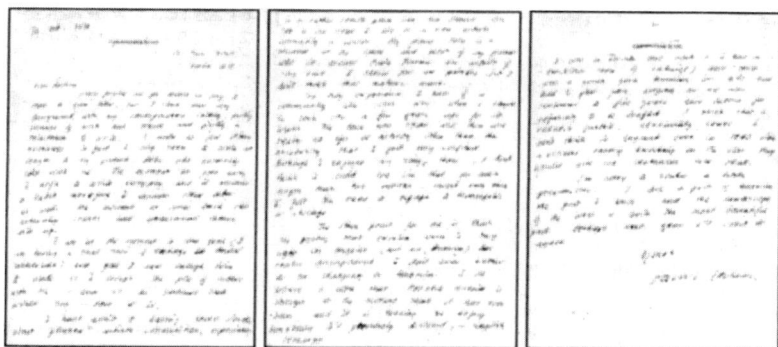

艺术空间：

艺术和艺术家对建筑学的贡献

紧张的秩序：紧张的行为，两个极端

安东尼·C.安东尼亚德斯

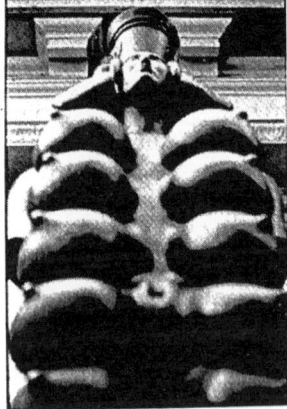

ART SPACE

The Contribution of Art and Artists to Architecture

（照片由笔者拍摄）

第13章 紧张的秩序：高更 VS. 梵·高：紧张的行为，两个极端；从蒙德里安到赖特的一组示例

1888年，当高更来到梵·高位于阿尔勒的黄房子时，他对那里的无序和不整洁感到极度恼火。于是他尝试用自己的生活方式和行为准则来影响他的朋友。[1]"看看这儿，文森特，我抨击文明，并不代表我想不雅地生活。我们做事必须井然有序。你去洗碗，我负责擦拭和清扫。你购买食材，我来烹饪……什么事情都得井井有条，我们才有更多的时间去创作。"[2]高更对室内秩序的态度使梵·高感到很不自在，并使他在心中产生了反感。

一个人对空间的偏好可能会使另一个人感到厌烦。高更显然完全没有意识到梵·高会因此受到伤害。在他看来一切就应当如此。然而有关秩序的行为既可能会双方互利，也有可能走向相反的一面。任何人都可能会对别人的生活方式无法理解从而产生厌恶。

我们经常把"紧张"（uptight）的人形容为冷漠和警觉，他们总是与别人保持距离，也往往不能容忍行为准则的改变。如果他们的准则和秩序受到了挑战，他们会变得唐突无礼和不可预测。正如人类对于他们的私人空间有着强烈的个人信仰。他们决不容忍自己熟悉的空间被他人占据。在很多有这样的人在场的情况下，我们便不得不举止拘束，以避免他们发火。在大多数时候，井然有序"紧张"的人往往会无意识地对别人产生压迫感。尤其是在那个人还极度敏感的情况下。不过从另一方面讲，如果这两种人能够求同存异，结果可能会成为他们人生自我充实的财富，他们创造力和精神也都会有所提升。这样的例子屡见不鲜，例如奥斯卡·王德尔（Oscar Wilde）和詹姆斯·惠斯勒（James Whistler），康定斯基（Wassily Kandinsky）和皮特·蒙德里安，路易丝·奈维尔逊（Louise Nevelson）和拉尔夫·罗森堡（Ralph Rosenborg）。奈维尔逊的生活经历曾摇摆于最极端的想象，却对罗森堡工作室中医学的一尘不染，尤其是小心翼翼有序地摆放在医疗桌上的画笔和颜料感到无比舒适自在。[3]

人的审美，是一个人的生活方式和自身喜好的体现，却可能会使另一个人感到不适。梵·高和高更的经典案例就可以论证这一观点。

从许多文献中可以看出，许多大师和专家，他们的倡导和说教其实是一种另类的生活方式，导致他们的信徒感到不适，并且在多数情况下，他们不能容忍其他人的想法，经常展现出蔑视和势力姿态。我们有来自杰出"大师"和精神领袖信徒的证词，可以支持这个观点。葛杰夫（Gurdjieff）会不断地使他的信徒感到

以上场景可能让人感到有些"紧张"，然而这在希腊海德拉岛的狗中，或者是在加利福尼亚威尼斯海滩上的人和孩子中并不普遍

（照片由笔者拍摄）

十分吃力[4]，而克里希那穆提（Krishnamurti）镇定和冷漠的另类表现会使他最亲密的伙伴感到恼火。[5]镇定、冷漠和紧张的行为常通过审美偏好来表达，进而可能会使他人产生审美焦虑。

很多时候，人们往往完全确信自己对建筑空间的利用以及家具和物件的摆放是最佳的，但是这会成为一种使其他人不悦或者不适的因素，尤其是那些在外人面前不愿意分享自己内心世界的人。有时，这种人会不留情面地告诉别人他们应该做什么，有时甚至会侮辱他人，造成彼此互相为敌，最后所有的朋友都会离他而去。艾尔弗雷德·罗森堡（A lfred Rosenberg），希特勒（Hitler）的同僚，一位在塑造纳粹艺术政策与审美意识形态方面发挥了重要作用的人[6]，他曾透露过密斯·凡·德·罗如此这般的糟糕行为，他曾告诉罗森堡，让他把自己"差劲的写字台"赶紧从办公室的窗户扔掉，而罗森堡如此为自己辩解说"这就是我们想要在包豪斯（Bauhaus）做的。[7]我们需要的是不被扔出窗外的好东西。"[8]对于密斯和罗森堡的这组例子，是生存和生活的两种意识形态，这两种形态都伴随着空谈、邪恶和神秘。当然纳粹实际上就是罪恶。同理，相比于纳粹，在相对民主的环境中，再也没有比弗兰克·劳埃德·赖特的生平事迹更出名的。他坚信自己家具的摆放方式是最理想的，而能得到他馈赠的人简直无比幸运。

我们可以从奥尔吉瓦娜·劳埃德·赖特（Olgivanna Lloyd Wright）的自传看到，他们的朋友们克拉拉（Clara）和费迪南德·舍维尔（Ferdinand Schevill）曾因赖特和奥尔吉瓦娜在他们二人不在的情况下随意搬弄客厅里的家具而十分不悦，而赖特先生的初衷却是想要表示感谢。毫无疑问，在一场与赖特的尴尬会面

一些人部分的欢乐是与他们的环境"玩耍"；海德拉岛一栋住宅台阶上的树脂玻璃
（油画，房屋设计和照片由笔者提供）

之后，克拉拉·舍维尔和她的丈夫熬了一夜，才把客厅里的东西还原成那个让他们舒适的样子，而不是沿用这位建筑家的审美。奥尔吉瓦娜和赖特也不理解他们的朋友，即使他们是"非常完美的人"，却也不能够"企及"赖特的品位。[9]

有些人认为赖特的天赋实际上就是对他人（用户）的强烈反对，赖特会对不接受他设计的人感到厌恶。图中是赖特在不同项目中设计的相似的椅子；这是其中一把在美国俄克拉荷马州巴特尔斯维尔（Bartlesville, Oklahoma）普莱斯大楼椅子
（照片由笔者拍摄）

在很多情况下赖特都会主动对其他人提出自己的美学观点，这是他在塔里埃森（Taliesin）日常工作的"例行公事"。"赖特先生对每次由新人重新摆放的桌子、椅子、桌布、鲜花装饰都会指指点点"，这是奥尔吉瓦娜周日早餐时在塔里埃森餐厅的随笔。[10] 只有奥尔吉瓦娜和赖特的学生把赖特看成唯一和真理，把他视作上帝（事实上奥尔吉瓦娜认为他就是上帝），然而事实上赖特的在场总是让许多"普通"的人感到不适和拘谨。

塔里埃森"紧张"的巅峰时期，源于葛杰夫——通过赖特的妻子奥尔吉瓦娜[11]，这位葛杰夫昔日的学生。

任何美学，或者任何其他事物的形式，不仅仅是葛杰夫或赖特在他们强加于人并蔑视或漠视他人的观点时会让人不适，不论是关于喜欢与否，还是对别人的征询指指点点。诗人卡尔·桑德堡（Carl Sandburg）在他的诗《风格》（Style）中颇为恰当地形容道：

> "……继续说。
> 只要不剥夺我的风格。
> 那是我的尊严。
> 也许差强人意，但无论如何，那是我的尊严。
> 我用它说话、唱歌，用它审视、品尝和感受
> 我知道为什么要保留它。
> ……"[12]

卡尔·桑德堡很可能是对他的这位杰出的朋友弗兰克·劳埃德·赖特的态度给出了回应。

极简主义，就像帝国风格一样是美学严谨的好例子。除了那些通过传统匿名产生，后来被称为"乡土"（vernacular）的风格，大多数风格实际上是由人的高度自我占有、冷漠和紧张创造的。奥斯卡·王尔德的《美丽家居》（House Beautiful）运动就是一个众人皆知的例子。他不仅是给我们呈现了《美丽家居》和《道林·格雷》（Dorian Gray）的美学家，他还是用极其犀利和咄咄逼人的文字让人感到不适的人。[13]

"紧张"从严格的建筑意义上来说，不仅是在混乱和无序中产生，也可能产生于绝对制度，尤其是这种规则并不是由使用者所规定时。极度有秩序的人，过度在意别人如何称呼自己，以及在什么场合穿什么衣服、家具如何摆放、室内如何粉刷等，而这些都会使别人感到不悦甚至使人焦虑。葛杰夫所有的学生都叫他"葛杰夫先生"，更不用说奥尔吉瓦娜称呼她的丈夫为"赖特先生"，即使只有他们二人时也是如此。康定斯基也是一个典型人物，"他对所有熟悉的人事物都

泰利森戏剧联谊会。定制周活动，周日晚上在主客厅进行的音乐和讨论活动。1937 年 11 月：像上面这样的场景和聚会可能会让卡尔·桑德堡和其他许多人感到非常不舒服，而即使是赖特的狗也学会了如何放松和表现

[照片由瓦伦蒂诺·萨拉（Valentino Sarra）提供，建筑论坛，1938 年 1 月，102 页；笔者的稀有书籍收藏]

感到厌恶。"[14] 根据奥尔加·德·哈特曼（Olga de Hartmann）的回忆，以及她从尼娜·康定斯基（Nina Kandinsky）那里得到的信息，保罗·克利经常用他的正式复合姓氏（formalplural）来称呼他，即便他们已经有了十几年的友谊。这让我想起一个我在希腊的同学，她 70 岁时，依旧还以母亲的复合姓氏来称呼她，这种压抑和陌生伴随了她们整整一个世纪。我们只能认为，这样的人只会让像我之前的同学和她朋友在一起，以及保罗·克利这样在跟别人相处时也表现出外向的"好相处的外向人"感到不适。[15] 梅利娜·迈尔库里（Melina Mercouri）是朱尔斯·达辛（Jules Dassin）指导影片《决不在星期天》（*Never On Sunday*）中的女演员，也是希腊文化部部长，竟然敢在私人场合直接称呼密特朗（Mitterrand）总统的名字弗朗索瓦（Francois），一个只能总统夫人才能称呼的名字，她或许会对于葛杰夫、赖特和康定斯基的审美感到不舒服，而他们也绝不会邀请她来自己的私人聚会。[16]

　　一个人相信他的审美倾向和行为准则是绝对真理，不给其他人的审美留任何余地，极度教条主义并试图把所有东西都变成同类的人，会让别人感到不适与约束，甚至约束了自己。然而密特朗曾用笑容回应梅利娜，这是一种宽广的胸怀，自我担当和高素质的标志。

紧张的人高度关注他们的外表和自己的周围，他们十分担心别人对他们的评价，担心别人没有发现他们精心挑选的行头或居住在所谓"恰当"的环境中。在审美中"紧张"和"适宜"（propriety）是一对反义词。当然确实有一些真正"紧张"的、知道自己喜欢什么、不喜欢什么的人，他们坚持着自己宣扬的东西。这类人，尤其是那些通过思考、才智和经验探索找寻到自己信仰的人；他们是烦恼缠身、生活艰苦的人；是时常考虑别人的想法并允许他们存在疑虑的人。另一些人，虽然他们也是苦苦探寻多年，但性格中却带着一种特别的傲慢甚至有时会对一切感到厌恶，这种人就会变成压迫者、独裁者，并压迫他们的信徒和追随者。

在不同的领域都能找到这种"紧张"。学术界、公共关系、时尚界、政界以及艺术圈，且在个人艺术家中尤为明显。

紧张可能总会让人与内向和冷漠相关联。内向的人虽然有很多优点但有时也比较教条。冷漠是一种自我防卫的状态，有时会对别人产生不信任的感觉，进而冷漠和疏远任何人。就像一个心理的"飞去来器"。内向会变得教条，尤其是当一个人的视觉和审美观念更倾向于探索，而不是时尚时。善解人意的观众、如饥似渴的学生、品德高尚的客人，通常都会把内向的艺术家视为知己，并尊重他们的隐私。他们愿意去画廊欣赏大师的作品，能够理解大师的奇妙想法和时而唐突的行为，给予他们绝对的尊重和容忍。就像公众对待弗兰克·劳埃德·赖特的态度，他曾威胁过他的支持者和同事，对待他们就像敌人一样。[17]大多数人都仰慕他，并且其中的不少人都是他忠实的追随者。显而易见，他们十分信任赖特的所作所为，并且我也十分喜欢他以及他通过自己的艺术天赋和才能对世界作出的贡献；我们现在要做的就是完善和实现他的观点；任何一个设计类的大师都应该具备这种性格，绝不放弃或者去压制一些具有保守性格的学生。他们可能隐藏着巨大的天赋！……但不要像赖特，而是要鼓励学生去成就自己……

有时，紧张和敏感在寻找"普世性"时得以联合。中立的普遍共性，例如画廊普遍采用白色，就是在对敏感和紧张的人研究之后所采用的颜色。瓦西里·康定斯基在慕尼黑的公寓以及蒙德里安在巴黎和美国纽约的工作室（尤其是在巴黎的研究所，甚至连郁金香的颜色都是白色）都有相似的地方。

不幸的是，有些紧张的人不认为自己会给欣赏艺术的人或者建筑的居民带来不适感。如果紧张的创造者非常傲慢，他就可能会尝试影响别人，使他们的审美与自己一致。而被教化的追随者或许没有自己的观点并极度渴望一个"导师"来引导他们。这种紧张和狂热时常会融合在一起。由此在艺术演变的过程中，发现邪教与"古鲁"（Guru，精神领袖）都能蓬勃发展便一点也不意外了。

紧张的教条创造者，他的追随者可能是可悲无趣的时尚观众或社群，也可能是开心愉悦的观众和社群。人们早已忘记创造者的性格，因为对于他们来说作品

1937 年 11 月，塔里埃森车间的工作组。这是一个在塔里埃森典型的场景，几乎每天每夜都能看到。赖特的学生非常仰慕他，并且相信他，但和他一样，当他们工作时，他们死板的举动，对人的态度以及工作时的自我优越感让人不适。不幸的是，这种举止在职场上普遍存在，而另一个原因则是在世界一部分国家，建筑学在人们心中的地位并不是那么高

[赫德里奇－布莱辛（Hedrich－Blessing），1938 年 1 月的建筑学论坛。图二来自笔者的收藏书本]

才是重要的。

有些艺术家只是在人生的某些阶段会十分紧张，而有些则是一生如此，尽管他们在空间上偏好秩序的外部标志倾向了混乱而并非秩序。如果别人弄乱了毕加索屋子里的摆设，他也会变得紧张和粗暴，违反了他房子里唯一的原则"不要触碰"是绝对不行的，这也包括房间内的灰尘和杂乱。

我们关注的是创作者对他们作品严谨的态度，他们的奇思妙想。他们想通过一个时期或者一种方式来表达他们的全部，任何一个"侵犯者"都会导致不愉快的事情发生。

彼得·盖伊（Peter Gay）在他的著作《艺术和心理学的重要性》中说道，"有这样一个有关蒙德里安的轶事，曾有人看到他在咖啡店和他的朋友坐在一起，并要求与他们换座位，只因为他不想看到对面的树木或来回移动的人形"[18]他在康定斯基的公寓也表现了同样的行为，为了避开公寓前壮丽的栗子树而特意移动了

座位。[19] 不过即便如此，也有充足的证据表明"蒙德里安经常做一些唐突和匪夷所思的事"[20]，也正好支持着我们的理论。但仍有一些有关蒙德里安更为手下留情的研究，并不支持这种观点。那些蒙德里安的批判者和学生，其实就是苦行者。神学影响着牧师，牧师通过他的一生寻找着答案，就是为了上帝和众神，这显然是多重人格的表现，但是精明的人往往会隐藏自己的另一种人格。一个来自自然的人，花朵的美丽与当中的几何原理，都能够用来生动形象地表达自己悲惨的生活和性取向。[21] 花朵以它的孤寂，表现了女性的优雅、生命中所失去的爱情，而最终在抽象学中得以大有成就，却与花的研究失之交臂，被带上虚假的面具否定自然。此时想象所映射出的，大概已经与内心的"热情"大相径庭了。[22]

尽管积极与怜悯是蒙德里安的朋友对他的态度，但事实上他偶尔也会突然变化，也会展现出压迫感，不过即使遭遇挫折却依然能胃口大开，所有的一切都与他严肃的外表"格格不入"[就像起初当佩吉·古根海姆（Peggy Guggenheim）在公众场合把头依靠在他的肩膀时，蒙德里安狂热的亲吻了她[23]]。蒙德里安的顽固和严格使得他在美学态度和对别人的看法方面很难与他人达成共识。一个经典的例子就是他与特奥·范·杜斯堡的争论。即使杜斯堡相信他与风格派（De Stijl）的其他人一样，方形就是"新人性的标志……就像是早年基督教的十字一样[24]"，他愿意挑战自己的信仰并在绘画中尝试斜线的风格。尽管蒙德里安曾与杜斯堡合作多年，却依旧与他决裂，毅然决然地离开了风格派。[25]

如果高更是前辈，那么蒙德里安是对空间要求紧张井然秩序的典型案例：唯一使一个人舒服的秩序如果被侵犯就会令他精神不振。换句话说，这种秩序可能会导致他人的不适感，让他人感到约束、不悦以及压抑。虽然艺术家努力尝试使他人感到舒适，却忽略了自己是在把个人的美学思想强加到他人的环境，继而才导致了截然相反的效果。蒙德里安的美学观念属于新柏拉图主义。事实上蒙德里安想让大家在他的工作室感到舒服，于是错误地假设了在工作室为他们演奏自己喜欢的音乐（例如查尔斯顿、爵士等）或者按照他们预期的样子摆放家具会使他们开心。[26] 尼娜·康定斯基显然在蒙德里安巴黎的工作室感到不悦。她对蒙德里安的工作室内部感到非常吃惊，"蒙德里安工作室的墙和家具竟然与他之前绘画中用的颜色完全相同。"[27] 康定斯基对蒙德里安为何用"如此和谐的颜色"绘画感到困惑。[28] 梵·高和高更对比显然也是不相容的。康定斯基和蒙德里安亦是如此。[29]

一个人准则中的约束和放纵如果对于其他情况毫不容忍，那么就有可能导致"紧张"。塞尚、高更、乔治·布拉克、蒙德里安、乔治娅·奥基夫、乔治·德·基里科和亨利·穆尔都是极端自律的创造家。[30] 所有人都在某种程度上被共同的特征所束缚，他们的工作室十分规整，对于在别人面前或者当别人拜访他们的工作室时，他们大多数会展现出冷漠（布拉克多少会好一些）；他们毋庸置疑是活在自己世界里的。且毫无疑问，他们对于自己的信仰也是无比信任。他们中的大多数通过冥想、训练、自然探索、专业学习、对于其他艺术家的模仿、宗教和神秘现象的研究达到了艺术的顶峰。然而当他们出现在外人面前时，却往往会藏匿自己的心声；他们用面具伪装自己，让自己变得捉摸不透，任流言滋生，有时甚至是他们希望产生的"神话"。然而有时，他们所真正认同的却与他们所呈现的完全对立。对此，一些艺术史学家关于蒙德里安有很大的争论。而事实依旧是他们绝大多数都很紧张顽固，且有很多证据显示他们的在场会让普通人心存反感。然而，"紧张"实则是一个程度的问题，也是一个时间的问题。许多因无序、自由杂乱和时而的一反常态而闻名的创造者，如毕加索，即使是他们，也会有对所处的环境或某种特定的秩序固执敏感的时期。吉纳维芙·拉波特记录了那个时期她与毕加索的点点滴滴："毕加索在大奥古斯丁大街住所的装饰很简朴，有两幅画，且也只有两幅画。"[31]

然而，尽管有很多自律的创造者，他们虽然有某种程度的"紧张"，却并没有表现出在蒙德里安身上特别明显的那种消极的心理特点。这些特点会产生一种，我们这里将其归类为"会产生紧张的内部空间"的空间类别。这种内部空间，至少像蒙德里安所说"……不应该被室外带进来的事物所影响。"被带到这个空间里的一切都应该在某种程度上"对这个空间的和谐有所贡献"。这个内部空间中的任何事物都不能是随意或是随意选择的。[32]

我们可以看到，尼娜·康定斯基不可能同意蒙德里安对内部空间的处理方式。通过她，我们看到了这样一种内部空间以及与之相关反复出现的紧张感；大多数的建筑杂志曾经甚至现在依旧充满很多这样的例子。自20世纪50年代起，深受蒙德里安秩序影响的密斯·凡·德·罗空间和家具的例子开始频繁出现在一本本光彩艳丽的杂志中时，这种紧张的秩序就开始逐渐成为出版物的主流。

密斯·凡·德·罗，他的图纸与绘画，以及他在世时所偏好的内部空间，是紧张不安秩序的典型范例。这是由 T 型尺和三角尺所决定的开放式平面顺序，创造者不希望任何人干扰或违背他绘图板得出的决定。不能随意变动也不可能改动。

蒙德里安的紧张感只有在他置身其中会觉得舒服的、展现刚性与收缩的空间里时才会有所缓解。彼得·盖伊说"蒙德里安的艺术是他性格的展现。"[33]虽然盖伊倾向于批判，但是他确实也与蒙德里安的学生一样，对他的描述格外手下留情；他认为蒙德里安的艺术是纯真的，因为它源于内心的挣扎。他和他倡导的禁欲主义甚至反映了夏米安·冯·维甘德（Charmion von Wiegand）与他见面时观察到的苦行特征，进而她将其比作天主教神父与科学家的砥砺前行。[34]事实上蒙德里安也曾被划归至天神智学，正像他自己所承认的那样，他曾想获得超自然的力量，为了"更好地理解世间万物。"[35]盖伊把蒙德里安的个性描绘为"为了全神贯注不惜舍弃一切。"[36]盖伊非常谨慎地告知我们，他其实对蒙德里安的个人的幻想和日常习惯知之甚少，所以他只能从柏拉图—弗洛伊德的角度来解释艺术家的苦行主义根源。然而，曾与他见过面的那些挚友，清楚地知道他的不悦与他在爱情方面的失利，而他所投射出来的人格面具则体现出他在两性关系中的悲剧（例如他在性上十分依赖特殊工作者）。[37] 蒙德里安的内向特征来自他对自然和女性的态度，并被神智学所改变。他的哲学思想和道德倾向，从他给特奥·范·杜斯堡创刊的《风格派》（De Stijl）杂志中，由神智学家舒马赫博士撰写的文章建议中可以看出。[38]

不必为在同一时期的艺术家和建筑学家被神智学所影响而感到惊讶，例如瓦西里·康定斯基，埃里希·门德尔松（Erich Mendelson）等。此外我们可以惊喜地发现神智学（Theosophy）和人智学（Anthroposophy）、宇宙的起源、重演学说和儿童是紧密相连的。两位艺术家，蒙德里安和康定斯基，一人孤独终老，另一人结婚生子，却也没有与孩童共同生活的经历。而两者的艺术性不管是在字面意义上还是抽象地讲都与"起源"的问题有关。康定斯基在巴黎期间完成的变形虫式画作被认为是他对重演神智学关注的影响。蒙德里安一生无子，而尼娜和康定斯基生于1917年9月的唯一儿子，也卒于1920年6月，他一生都为孩子的逝世保持缄默。[39] 蒙德里安显易易见且浓厚的哲学 - 神智学基础，为他的苦行生活作出了合理的解释。他的苦行主义使他准备好成为荷兰风格派的一员。风格派的所有成员都是反传统者，他们远离标记（icon）和自然，通过抽象的方式寻求纯真。近期关于风格派背景和历史伦理基础的研究证实了蒙德里安的哲学伦理基础、他的作画过程和他对自己及对其他人生命的整体看法。1982年，雅费（Jaffé）在他对风格派研究的简介中说道，这个和荷兰关系密切的运动与荷兰人的清教主义（Puritanism）传统关系密切。他还指出，在荷兰语中"干净，纯洁"是"美好"的同义词。[40] "这个双重意义在风格派的作品中再一次出现。"类似情况不仅可以在如霍赫（Hooch）、维米尔（Johannes Vermeer）这样早期大师的作品中找到，而且也出现在他们的哲学理念中，特别是也出现在斯宾诺莎（Spinoza）的作品《伦理：以几何顺序论证》（Ethica, Ordine Geometrico Demonstrata）中。根据雅费所述，"斯宾诺莎选择以几何的表现手法来避免他的论证出现随意、不严谨的表述，风格派同样如此。他们力求精确和可见言语中的不可变元素。"[41] 很明显，这一群体更注重和谐，"可能只有抽象的意义，通过不受外界客观事物约束的构图才能实现和谐。"[42] 但是，风格派的人却也想将他们对和谐、纯洁、美好的鉴赏带给大众，在艺术和新的生活方式之间建立起有效的联系。这也包括个人典范，很明显，就个人而言，蒙德里安做得比其他任何人都要好。

彼得·盖伊的总结总是重点关于蒙德里安，他说道："他的习惯，他的哲学思想和他的艺术作品彼此呼应，相互加强，十分具有说服力；它们表现出一种凌驾于一切的恐惧，这种恐惧被他称为'原始动物的直觉'。他敏感、独来独往，而且自我保护意识强烈。"[43] 独来独往，也被认为是冷漠。自我保护意识强烈，也被

亚历山大·考尔德，性格与蒙德里安截然不同，却开始向他看齐。考尔德是一个会让每个人都感觉自在，放松和舒适的人。图为考尔德给艺术史学家安杰洛·普罗科皮厄（*Angelo Prokopiou*）献词的照片，安杰洛是笔者在雅典理工学院艺术史的老师
[来源：《普罗科皮厄》（*Prokopiou*），第 144 页，1961 年]

视为自私。同时，蒙德里安十分固执己见，对于那些他认为还没有准备好加入群体的人，也不能容忍其异说。他坚持认为建筑师会被这个群体排斥出去，他相信，"建筑学的发展落后于绘画。"[44] 事实上，他加入风格派的整个过程，以及最后和与他工作方式截然不同且想要将对角关系引入抽象构图语言的范·杜斯堡争吵过后同风格派的决裂（杜斯堡做事速度快，倾向于概念艺术，而蒙德里安做事慢条斯理，他追求至善主义[45]），都与蒙德里安坚持的正交关系（直角）相对立。[46] 在与杂志决裂前，蒙德里安曾使用过对角关系。而因为该杂志是建立在正交构图原理之上的，所以他的离开也代表了他对原则的坚守。所有这些都暗示了他教条、狭隘的性格。他对自己的公义自信满满，同时，就算对异己之见无法容忍，却仍会坚定自己认同的事物毫不动摇。正如盖伊所说："认识蒙德里安的人都清楚他那强迫性的执拗。"[47] 考尔德拜访蒙德里安在巴黎工作室的经历更是证实了这一点。他曾建议蒙德里安将钉在墙上的矩形彩色硬纸板做成摆动的会更有趣。蒙德里安以一种自信且毫无回旋余地的方式拒绝了他："不，完全没有必要，我绘画已经很快了。"[48] 这只是诸多事例中的一件，但蒙德里安的工作室和作品对于承认只读过两本书的非知识分子考尔德来说，影响极大。这次拜访后，考尔德思索了"抽象主义"这一术语，并且开始着手抽象的作品。[49]

　　彼得·盖伊引用了弗兰克·埃尔加（Frank Elgar）的一段话，这段话通过对蒙德里安着装和空间上的偏好完全总结了他极端的紧张保守："蒙德里安身上有种传道士的感觉，是一种由他的外在表现出来的突出特性。他的穿着总是一丝不苟、一尘不染，就算衣服十分破旧也同样如此。他的举止像是个斤斤计较的小资产阶级。"但这里的"小"，实则远远比埃尔加猜测的要有影响力得多。埃尔加是如此评价他的，寡言少语又独来独往。偷拍他办公室的照片更是证实了他的简朴，毕竟这些照片不是摆拍，更有说服力。照片里他工作的地方光秃秃的，空荡，干净。矩形点缀其中，蒙德里安就好像居住在自己的画作当中。我从照片中看到 1926 年他在工作室的照片有些令人辛酸。我建议各位读一些风格派已经出版的、有通

过现存照片还原的平面图纸和轴侧图的书籍。

一支花瓶里的郁金香缓和了他办公室的空旷，这是一支涂成白色的假花。[50]这让我们想起了唯一一朵牵牛花的故事。"太鼓"（Taiko）[丰城秀吉（Toyotomi Hideyoshi）]拜访茶道大师千利休（Rikyu）的凉亭，想在清晨的茶会中观赏牵牛花，但是利休为了让丰城秀吉更愉悦，剪掉了花园里精心培养的所有牵牛花，只留了一朵在他的桌子上。[51]夏皮罗（Shapiro）也在日本人身上注意到了这种相似的关联，他指出川端康成（Yasunari Kawabata）的名言："一朵花的光辉远超百朵。"[52]

不管是冈仓（Okakura）还是川端康成，一枝独秀和百花齐放的美学争论，和蒙德里安的郁金香似乎确有关联。他的一些学生将这朵郁金香视为他单身公寓中的柔美气息，将他和日本以及弗兰克·劳埃德·赖特联系起来。赖特最喜欢的书籍之一就是冈仓的《茶之书》（*Book of Tea*）。这是一本理解日本人美学理念的指南，也符合地中海西方人理解的"极端紧张规则"。但是我想说，尽管在日本"上层阶级"的室内环境中会让人感到紧张拘束，但我曾数次拜访了许多日本建筑师，

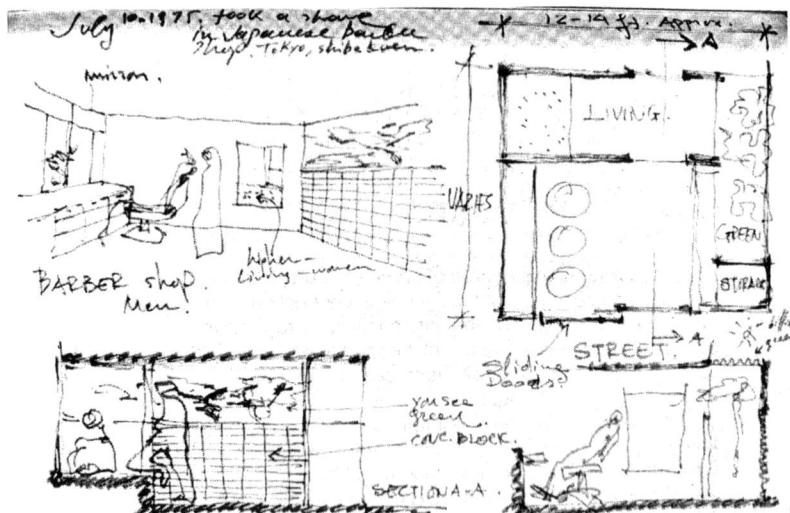

笔者关于日本理发店的素描。注意右上方的平面图：一个边长大约 12-14 英尺的正方形空间，和谐地被分成内部和外部，工作公共区域和二层的私人生活小区（见部分右下草图），绿色和公用设施空间，贯穿的屏风与隔挡。理发师的妻子不在那里，只能透过壁龛偷看一下这里。这是我一生中经历过的最非凡的绝对"有序空间"之一，尽管有"严密秩序"构成的所有要素，但却丝毫没有让我感到紧张（笔者 1975 年 7 月 10 日的素描）
"从理发店后的酒店视角观看"
（摘自笔者 1975 年 7 月 5 日至 8 月 1 日在日本的素描）

在他们的"下层阶级"中同样有着高度的秩序，却并不会和"上层阶级"一样让人拘束。虽然"蒙德里安式"的构图一直存在于这些空间中，但是不管在私人还是公共领域，整体氛围、与自然的结合、多种用法的融合，都创造了宽松的环境。我永远不会忘记有一次在东京的理发店剃胡须，我被允许在完成剃须前完成绘画。我觉得将这些素描作为消遣放在这里是值得的，如果存在一些整体环境成分能像在日语民间和"低阶级"的案例中发生的这样，或许可以成为对蒙德里安，甚至是密斯秩序的转移。

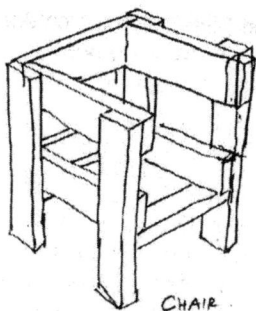

CHAIR

由两个 2 英尺 ×4 英尺椅腿和 3/4 英尺的胶合坐板做成的椅子。
（由笔者设计和绘制）

说到有序和紧张的程度，人们都比较容易接受维米尔、梵·高、蒙德里安与日本的联系，以及遭受日本内在"入侵"的弗兰克·劳埃德·赖特的事实。或者至少很容易说明，在缺少直接影响的情况下，紧张拘谨是这些艺术家和相关美学具有的共性，如文艺复兴、巴洛克，还有其他时期的建筑秩序。这些秩序发展成特定的、可能影响深远，却在礼仪和解释上很容易被打翻的建筑轰动和学说。无论是身为荷兰人还是日本人，尽管眼前就是大师之作，赖特式的态度都是紧张拘谨的代表。

对于无序之人来说，这种顺序的冷漠和平静可能会更有挑战性，但这只是一种非主流的观点；绘图板的顺序，或是画布上的构图，都被生活与舒适的要求所违反。因此，蒙德里安的工作室对考尔德有这么大的吸引力也就不足为奇了。[53]

或许从另一个角度，蒙德里安的工作室代表的是一种整洁的心理状态。彼得·盖伊也准备这样理解。他给出了一些针对这个理解似乎可信的暗示。他写道："他对家中布置的强制性的执拗在他朋友们的记忆中都异常清晰。"内莉·范·杜斯堡（Nelly van Doesburg）在多年后回忆说："在他办公室的人为环境内，烟灰缸的位置、桌子的摆放等都不能有一点变化，打破他整体装饰追求的'平衡'会让他感到恐慌和不安。"[54] 盖伊补充说："显然，蒙德里安的'平衡'是极度不稳定和脆弱的；他对整洁、干净、坚持的虔诚是在防卫表面下的激情翻腾。"[55]

作为蒙德里安先驱和同胞的维米尔结过婚，还有十一个孩子，而蒙德里安自己却是终生单身。他可能是与自己的思想、作品、自制力和美学观相伴一生的那类人。我们对他的感情知之甚少，但是内莉·范·杜斯堡与盖伊却都曾谈及："他会坠入爱河，但是总是会有一些事情'发生'，阻止更深一层关系的建立。"[56] 尽管他时常会对自己的终生单身表示遗憾，但每当问起他原因时，他都会回答说，是因为太穷或是太忙。[57] 盖伊在试图说明蒙德里安对美学理念的奉献的时候对他甚少约会的一生作过一个非常到位的剖析。他力求通过禁欲和内省，对美学保持忠诚。甚至在看待男女问题时，将其视为水平和竖直的问题。[58] 他竭力将自己从肉体的吸引中隔离，有一个证据是他对查尔斯顿舞的热爱。这是一种将男性和女性保持在唯美距离的舞蹈，在荷兰将之视为淫秽并非法化时，他曾为其辩护。盖伊总结了蒙德里安心理策略的原型："通过距离解除防备，将从性色借来的精力转化为审美活动的动力，而这种活动是如此活力充沛并至于让人没有时间思考性。从跳舞可窥见其绘画。现代艺术中难道有比这更精彩的升华吗？"[59]

蒙德里安"强自我意识且有计划"的生活方式在他自己的工作室中充分地展现了出来。1919–1920 年间曾去访他工作室的一个访客惊呼道："看到你的工作室，我没有真正感到意外，这里的一切都浸透着你的理念。这间跟其他的工作室完全不同"；蒙德里安回道："其他大多数画家也和我不一样。这些事是相辅相成的。多数画家喜欢非现代化的事物。"然后他又继续说："现如今，艺术家应该在所有事情上偏向于他自己的年代。这间工作室在某种程度上体现的是新造型主义的理念。"[60] 蒙德里安与之前的许多艺术家一样，将自己的工作室作为个人的展览空间。在这里，他可以向访客展示画作的样品，并且通过他对工作室空间的布置传达他的哲学思想。

蒙德里安和他工作室的作品展示

他的画作只是整体的一部分，也是他整个体系中不可或缺的一部分。这个体系有一个精神和构图语言联系着每个部分、每幅作品。他说："我的作品是整体体系的抽象代表，所以这个抽象且可塑的墙会渗透着深刻且在体系中隐而不宣的内容。"[61] 保守严苛的个性正是在这里体现。这也是正派的蒙德里安试图将他自己的喜好强加给"现今的艺术家"和与他同时期的其他所有的艺术家的时刻。在他的笛卡儿哲学主义中，他的朋友们和那些与他有相同感受的也想要感受"前卫艺术"且像考尔德一样喜欢他的工作室及欣赏这种艺术的人，却不想和他一样生活得缺少自然和林木体系。至此，蒙德里安的工作室变得有压迫感，或许甚至也令他自己压抑。他害怕尝试别的事，在变化的比对中或许会看到自己的喜好。然而，讽刺的是，先前存在的建筑不是百分百合乎他的口味。小巴黎式工作室不是绝对的九十度；它的平面由两条不断的线组成，一条直线，一条呈四十五度。工作室的需求让蒙德里安妥协了，他聪明地发现了一个解决问题的合适方法。用呈四十五度的对角线将卧室 / 工作区和入口分开，他将两种结构和谐统一起来。蒙德里安在巴黎的工作室如今已不存在，当时在协调了四十五度和九十度结构之后，其构图保持了一致。这里最关键也是功能性最强的部分是煤炉。它在构图上占据着中轴的关键位置，它的横向管道则以一种自然的方式和纵向墙面相结合。在德拉克鲁瓦的工作室也有相似的情况，解决方法却明显是临时的。

用当下的理解，蒙德里安就是他自己工作室的内部设计师，他已经提供了工作室的通用体系。而风格派的成员都在排着队忧心他们工作室的内部环境和个人住处的建筑。特奥·范·杜斯堡、让·阿尔普（Jean Arp）和索菲·托伊伯 - 阿尔普（Sophie Taeuber-Arp）的奥贝特咖啡馆（Café Au Bette）是风格派成员最有名的室内设计项目。

在所有这些案例中，环境的创造者将画家的构图语言强加成三维空间，这些构图语言来自笛卡儿主义或者笛卡儿主义和其他结构结合的（比如：蒙德里安的工作室）基础设计。因此，绘画平衡、色重，以及整体二维平衡的秩序，无论是蒙德里安的平稳式秩序还是范·杜斯堡的奥贝特咖啡馆的混乱，都会真正转化成三维，且不用关注二维和三维间的区别。

即将带入最终环境、使用以及非固定家具的变化，是在使用者对空间使用的许可下，为满足舒适度要求、腿部伸展和个人空间心理需求而完成的。在使用者不能移动家具的情况下，固定结

1926 年出发大街（Ruede Depart）上蒙德里安的巴黎工作室。入口处有花瓶和白色郁金香的走廊。内部图片和轴侧画稿见：雅费（Jaffé），1982 年

特奥·范·杜斯堡：在斯特拉斯堡奥贝特（Au Bette，Strasbourg）
的歌舞影院大厅，1926—1928 年

构就会变得具有压迫性，并且在心理上毫无吸引力。另一方面，维米尔的画作也拥有同样的二维基础设计准则，但他的所作所为却完全相反。在他看来，家具在空间中是自由的。他移动家具只是为了构图平衡[62]，当在环境上有心理要求时，随时可以回到开放性的设计。艺术家的拘谨保守和使用者的不舒适在维米尔的设计里明显不存在。绘画就是绘画，而空间则留给使用者安排。

尽管有时候先锋派觉得他们已经发现风格派是无拘束的、开明的和自由的，但紧张保守和守旧实则往往是相辅相成的。

美学和紧张保守间明显存在固有矛盾。那些拥有高度发达美学偏好和品位的人，他们可能为美学空间环境的发展作出贡献，也可能成为其他人不适的根源，或者说他们会在其他没有受过美学训练或没有相关品位的"次发达"人群在场时，感到极度不快。那些我们认为的美学家又不时会遇到这样的问题，或者成为别人不悦的来源。由此，一场"敏感"的比赛开始了。社会交锋中，那些在美学问题上动力十足的人会胜利，继而他们成功地将自己的思想和审美准则传播到更大的群体中。而那些没什么动力的人，他们有自己的审美哲学，对他人强烈的关心，往往会退却，不再在公众面前践行自己的美学观，生活在根据自己喜好和信仰的理念而建造的环境里，只是偶尔通过展览或者公共事宜向大众露面。大多数的社交都取决于美学家自己的个性。

关于高度发达的美学态度，最具代表的莫过于摄影师阿尔弗雷德·施蒂格利茨。他和主要合作者乔治娅·奥基夫一起对"白色"内部环境的贡献是大家有目共睹的。有一种人，他知道自己的准则，自己想要的和追求的是什么，在自己的领域里也被称为受人尊敬的权威人物，当他出现时，他的名声和威望会让其他人局促拘谨。施蒂格利茨就是此类人物的典型。而现实中的他却或许与此恰恰相反，是一个经常害羞的人。只是一旦涉及美学和艺术，他会变得冷酷又强硬。至于奥基夫，则属于那种不结束自己手头上的事就会不舒服的人，只有在她完成自己的作品并且认可后，才愿意将作品示人。她是那种当作品的颜色或整体没有达到她自己的审美标准的时候，便会表现出恶心与极度厌恶的人。她甚至对葬礼也无比苛刻。她曾毫不犹豫地从斯蒂格利茨的棺材上拆下那块"可憎的粉红色的绸缎内衬"，接着又自己缝上一块白色的亚麻布，并将整个棺材披上了黑色的薄纱。[63]

密斯·凡·德·罗的半身像永远皱着眉，这也许是因为人们坚持挪动他的椅子，破坏了他严格设计的座位布局结构让他一直不高兴

[图片与拼贴，由笔者于 1966 年拍摄于伊利诺伊理工学院皇冠大厅（Crown Hall，IIT）]

密斯·凡·德·罗可能是现代主义创建者中最杰出的"拘谨紧张"美学家。他在巴塞罗那馆（Barcelona Pavilion）的座位安排拥有如此深厚的追随者，如果不是在世纪末被德国的马蒂亚斯·昂格斯（Mathias Ungers）住宅的座位和整体安排所超越，那将会是有史以来最不人道的布局，以最极致和最令人不寒而栗的方式，清晰地体现了"紧张拘谨"的审美。很遗憾，我无法为这个重要的事例提供图片素材。但是世界各地都能发现许多案例，公司、室内，甚至是博物馆、画廊。"紧张"元素随处可见，经常由"找到自我"的设计者强加于使用者。他们往往缺乏安全感，是某个广受追捧大师的狂热追随者。他们没有自己的个性，过分注重素材和"蒙德里安 - 密斯式整洁"，结果在整体上造成了一种令人不适的紧张环境；如果是只是摄影或者看一下还好，但如果是居于其中或在当中走来走去，就会让人很不舒服，你总是觉得像被人或摄像机观察、监视。在很多艺术空间和博物馆中，我都有这样的感觉。甚至有时候享有盛名建筑师的设计亦是如此，如理查德·迈耶、马里奥·博塔（Mario Botta），甚至还有路易斯·康（Louis Kahn）和最有名的菲利普·约翰逊（Phillip Johnson）。盖提（Getty）的一些画廊也会引起这种不适感，而在我游历世界时在几个私人艺术画廊里的感觉更糟。看起来艺术画廊的主人已经发现美学中的"紧张"似乎对艺术家的宣传有很大的帮助。但请允许我对此保持怀疑。"压抑"的氛围从来就不是令人愉悦的！

"紧张"环境的内部空间，于某私人画廊
（照片由笔者拍摄）

画家中，布拉克是最让人有压迫感的之一。评论家欧金尼奥·蒙塔莱（Eugenio Montale）在参观布拉克公寓的时候感到非常不适。布拉克的女管家甚至清楚地知道她雇主的想法，屋子里的一切都严格按照规则摆放，并会确保访客在合适的时间离开。[64]

当然了，也有人有深度发达的美学意识，尽管他自己不知道，但其实他们是自己审美选择的第一受害者。其中最出名的是音乐家埃里克·萨蒂（Erik Satie）。他远离人群，在自己的房间里度过大半生。没有任何人拜访他，甚至他的弟弟也没有进过他的房间。他以"穿天鹅绒的男人"的称号闻名于巴黎。他有十一件完全相同颜色的天鹅绒衣服。

领结和黑框圆眼镜是勒·柯布西耶在公共场所的私人物品象征，而在威尔地、德彪西、奥斯卡·王尔德、乔治娅·奥基夫和弗兰克·劳埃德·赖特之间，穿着则是区分艺术家和美学家个人身份的印章。

宗教信仰、神秘主义论、玄学和对某些异教领袖的敬拜时常出现在那些推行极端紧张美学的人身上。萨蒂、蒙德里安、康定斯基还有许多其他人身上都有这种情况。他们在 20 世纪的艺术演变、现代主义的发展和随后建筑学的兴盛中都扮演着非常重要的角色。尽管他们推行的拘谨氛围具有"消极性"，他们的作品却经常是可盈利的，且深受许多不可靠的资助者和倡导者的喜爱。

左：位于得克萨斯休斯敦的共和银行的休息厅。建筑师是约翰逊－伯奇（Johnson−Burgee）
右：马里奥·博塔设计的保险业建筑群，位于希腊雅典。白领工作住房经常不允许人拍照，"布鲁克斯兄弟"（Brooks Brothers）服装公司也不允许频繁出入
（照片由笔者摄）

参考文献及注释：

1. 斯威特曼（Sweetman），1990 年，第 284-285 页。

2. 贝克尔（Becker），1931 年，第 115 页。

3. 利勒，1990 年，第 151 页。

4. 奥尔加·德·哈特曼（Olga de Hartmann），1983 年，第 253 页。

5. 即菲尔德与海（Field and Hay），1989 年，第 112-115 页。

6. 关于罗森堡（Rosenberg）见霍克曼（Hochman），1989 年，第 122-115 页。

7. 括号中是笔者的作品。

8. 霍克曼，引文同前，第 122 页。

9. 奥尔吉瓦娜·赖特（Olgivanna Wright），1960 年，第 46-47 页。

10. 同上，第 51 页。

11. 见奥尔吉瓦娜·赖特，1960 年；布拉克（Blake），1965 年，第 112 页；通布利（Twombly），1973 年，第 172-173 页；吉尔（Gill），1987 年，第 326、497 页；约翰逊（Johnson），1990 年，第 55、62 页；塞克崔斯特（Sectrest），1992 年，第 511 页。

12. 桑德堡（Sandburg），《诗歌精选》（*Selected Poems*），1992 年，第 63 页。

13. 见海德（Hyde），1975 年。

14. 德·哈特曼，1983 年，第 xxiii 页。

15. 同上。

16. 根据（Costa Gavras），T.V. 斯凯（T.V.Skai）曾采访了埃莉·斯凯（Elli Stai），1994 年 3 月 11 日。

17. 更多详细内容见赖特，1986 年，"给客户的信件"，即给埃德加·考夫曼·J.（Edgar Kaufmann J.）的信件，1937 年 1 月 25 日，第 102-103 页；给艾琳·巴恩斯达尔（Aline Barnsdall）的信件，第 31 页；给罗斯·保森（Rose Pauson）的信件，第 193 页。

18. 盖伊（Gay），1976 年，第 207 页；另见，戴维·夏皮罗（David Shapiro）对上一条注释内容的确认，1991 年，第 25 页。

19. 尼娜·康定斯基（Nina Kandinsky）的说法，见德鲁埃（Derouet），1985 年，第 44 页。

20. 德鲁埃，同上。

21. 从所有书面证据来看，这一切都是"直接的"——从未实现过恋爱，只有卖淫，见霍尔茨曼（Holtzman），1986 年。

22. 所有这些争议都是在戴维·夏皮罗的研究（1991 年）之后，可以通过他最好的传记作者兼友人的评论看出，如米歇尔·瑟福尔（Michel Seuphor）、西德尼·詹尼斯（Sidney Janis）以及哈里·霍尔茨曼（Harry Holtzman）。见夏皮罗，1991 年，第 25 页。

23. 夏皮罗，同上。

24. 里克特（Richter），1952 年，第 78 页。

25. 盖伊，引文同前，第 22 页。

26. 关于蒙德里安工作室内部气氛的细节和描述，见蒙德里安个人的文章，于韦森比克（Wijsenbeek），1968 年，第 115-118 页。

27. 德鲁埃，引文同前，第 44 页。

28. 同上。

29. 同上。

30. 穆尔（Moore）曾经常把他在工作室当中的雕塑包裹起来，再充满仪式感将它们打开，而在向人们展示的时候又包裹起来。见伯绍德，1987 年，第 162 页。

31. 拉波特，第 23 页。

32. 韦森比克，1968 年，第 116 页。

33. 盖伊，引文同前，第 213 页。

34. 同上。

35. 戴维·夏皮罗，1991 年，第 14 页。

36. 盖伊，引文同前，第 213 页。

37. 见霍尔茨曼，引文同前。

38. 见韦尔什（Welsh），1982 年，第 25 页。

39. 见维维安·恩迪科特·巴内特（Vivian Endicott Barnett），1985 年，第 85 页。

40. 贾菲（Jaffe），1982 年，第 13 页。

41. 同上。

42. 同上，第 11 页。

43. 盖伊，引文同前，第 214 页。

44. 韦尔什，1982 年，第 20 页。

45. 更多关于蒙德里安与范·杜斯堡之间的工作关系，见（Champa），1985 年，第 48–49 页。

46. 见韦尔什，1982 年，第 39 页。

47. 盖伊，引文同前，第 214 页。

48. 见莱恩，1967 年，第 113 页。

49. 同上。

50. 盖伊，引文同前，第 214 页。

51. 见冈仓（Okakura），1964 年，第 60 页。

52. 夏皮罗，1991 年，第 18 页。

53. 见莱恩，引文同前，第 113 页，另见贾菲的作品《蒙德里安在巴黎的圣殿 1926–1931》（*Mondrian's Paris Atelier 1926–1931*）中的评论，1982 年，第 82–85 页。

54. 盖伊，引文同前，第 214 页；及内莉·范·杜斯堡对盖伊在脚注中的引用 "一些对蒙德里安的回忆"（"Some Memories of Mondrian"），于皮特·蒙德里安，古根海姆博物馆百年展，1971 年，第 71 页。

55. 盖伊，同上。

56. 盖伊，同上，第 220 页；及内莉·范·杜斯堡，第 71 页。

57. 据罗伯特·马瑟韦尔（Robert Motherwell），"造型艺术和纯造型艺术，以及其他散文"（"Plastic Art and Pure Plastic Art, and other Essays"）的编辑，以及给报告它的彼得·盖伊，见盖伊，同上，第 222 页。

58. 盖伊，同时，第 223 页。

59. 同上，第 225 页。

60. 盖伊，第 217 页；另见韦森比克，1968 年，第 115 页。

61. 贾菲，《蒙德里安在巴黎的圣殿 1926–1931》，1982 年，第 82 页。

62. 引自斯伦斯（Swillens），以及关于 "室内氛围" 的章节中关于维米尔的内容部分。

63. 戴维森（Davidson），1983 年，第 262–266 页。

64. 蒙塔莱，1982 年，第 262–266 页。

© 安东尼·C. 安东尼亚德斯

14

艺术空间：
艺术和艺术家对建筑的贡献

空间创伤

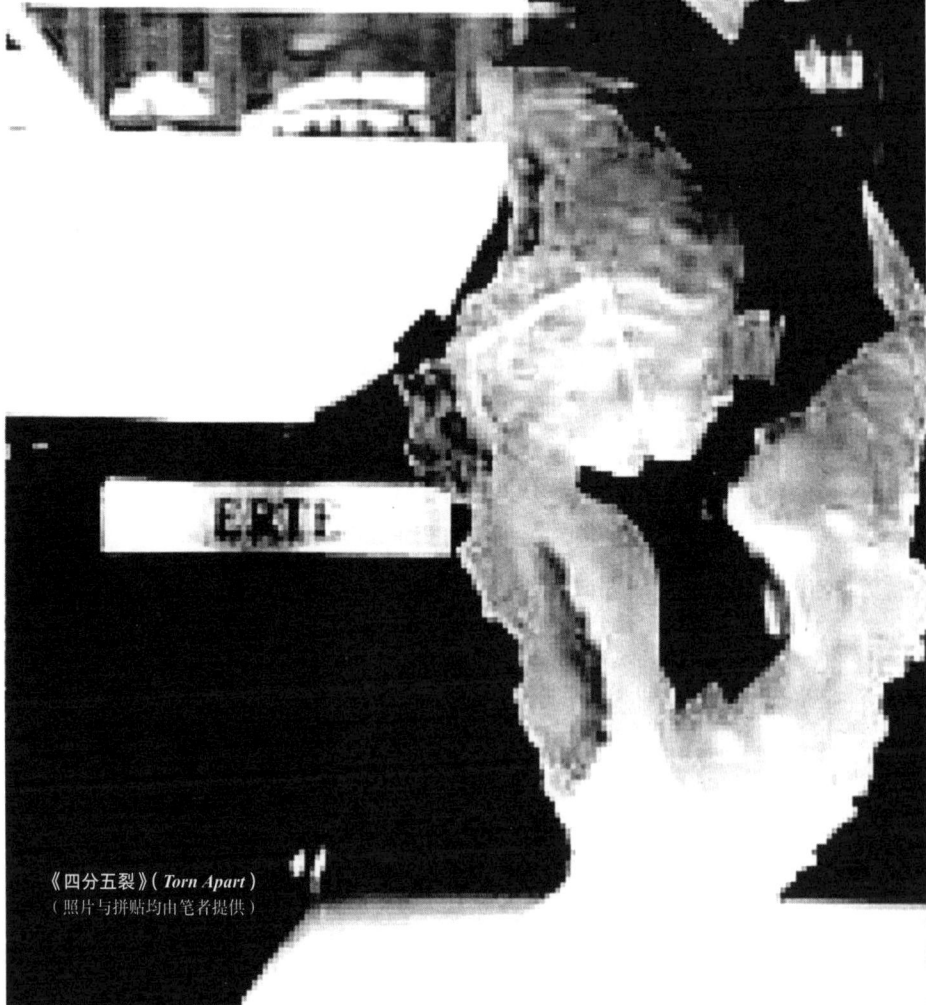

《四分五裂》(*Torn Apart*)
（照片与拼贴均由笔者提供）

第 14 章　空间创伤

神经症与创造力

希腊文中"焦虑"（worry）一词为"στενοχώρια"（Stenochoria），它是由单词 Stenos（狭窄的）和 Choros（空间）两次组合而来的复合词，意味"紧张的空间"。空间越逼仄，焦虑感就会越强烈。

当忧虑变得莫名其妙，比如在童年，当一个人无法按逻辑处理事情时，或者在以后的生活中，当事情变得紧张且不合逻辑地发展时，人的行为就会改变，神经症和副作用就会随之出现。如果空间确实狭小、人满为患，或者某个人所珍视的空间受到威胁，那么情况就会变得极其窘迫。关于失去住处、被赶出房屋，或是担忧自己的房屋被拆除的悲观预期，尤其是当住所已和邻居或是美好的记忆紧密相连时，就会引发焦虑与心理逆境，并有很大可能会发展为心理创伤。所有人在遭受这样的痛苦时都如此悲惨。但是对于艺术家来说，空间威胁或紧张空间环境所造成的创伤，很可能是一个绝佳的机遇。他们很可能会因此拥有非凡的创造力，或是在整个艺术生涯中痴迷于对艺术的追求并创作出非常有创意的作品。埃德蒙·贝格勒（Edmund Bergler），一位在纽约工作的维也纳神经病学家在他的著作《可治愈与无法治愈的神经病患者》（*Curable and Incurable Neurotics*）中提出："创造性的表达源于创作者试图解决神经症的迷惑与在他看来是神经受虐之其他形式的尝试。"[1] 当城市翻新的推土机的声音在脑中嚓嚓作响时，只有受虐心态才能使一个人留在工作室中工作，就像受虐心态会使人沉湎于因痛苦而引起的快乐一样，例如酒精和毒品等方式，通常由狭小的空间条件和相关的神经症引起。

曾经被狭窄空间束缚，因空间缺乏或者空间威胁而形成严重的心理创伤和神经症，却没有失去理智的艺术家有很多。曾经受各种形式的空间创伤却依然没有丧失理智的艺术家 [我们将会在下一章讨论精神失常（insanity）的影响]，根据现有记录，他们当中包括乔治·德·基里科（Giorgio de Chirico）、阿尔贝托·贾科梅蒂（Alberto Giacometti）、路易丝·奈维尔逊（Louise Nevelson）和迭戈·里维拉（Diego Rivera）。

我已经在之前的章节探讨过紧张的空间对迭戈·里维拉和贾科梅蒂的影响。这里我将重点讨论路易丝·奈纳尔逊和德·基里科和这两位艺术家。我将以奈维尔逊为开始，因为她的艺术创造和现代艺术关系紧密，而德·基里科对后现代主义的影响更深。

路易丝·奈维尔逊，有序的自由

路易丝·奈维尔逊是艺术家中经受了最为混乱而又充满创伤生活的之一，她一生都被空间问题所萦绕，她不断灵活地对抗这些问题，使空间充满活力，将她关于空间的经历变成艺术的一部分。20 世纪末的一位伟大雕刻家泷（Taki）曾表示："艺术并不只是简单的富有生命力的空，更是艺术家通过创造将生命力赐予空间的那股能量。"[2]

奈维尔逊的空间创伤始于早期的童年生活，且贯穿她的一生。最早的创伤始于家庭的搬迁，她从出生地俄罗斯移民到美国，旅途中轮船引擎正上方黑暗又狭窄的木板床，抵达美国后居住的酒吧和妓院旁边的一间过分拥挤的出租屋[3]，当时的她就好像"一个移民垃圾贩子的女儿，一贫如洗。"[4]她父亲曾冷酷地将她扔到海里让她学会游泳，但这番恐惧之后更痛苦的，是嫁给一位富有船商"成功"的早年婚姻后，随之而来一夜间的倾家荡产和不断恶化的居住环境。这把她从在纽约的"宫殿"（他们的婚房）直接赶到了狭窄的公寓。她最后的也是持续时间最长的空间创伤，来自因大规模城市更新而从中被驱逐并最终销毁的她喜爱的褐砂石住宅／工作室（她人生后期购入的房产）。这些经历触发的心理经历给她造成了持续的空间创伤，并折磨了她一生。但这一创伤也像创造能量与最终成功之间的飞去来器一样，在她心中形成了奔流不息的创造力。她与空间恐惧、创伤记忆和神经症的对抗，最终使她创作出非常多的杰作，而"空间"也成为她作品的中心。

路易丝·奈维尔逊成熟期的作品是富有内部空间与隔墙的盒子并非意料之外。而同样意料之内的，是她所创造的墙式的颜色，黑色、白色和金色，分别代表着心理空间、死亡、快乐与财富。奈维尔逊经历的最剧烈的空间创伤由城市更新造成，她担忧会失去自己的工作室，且这最终也确实发生了。这是一个决定性的时期，为她的创作找到了决定性的新方向。她的传记作者洛里·利勒（Laurie Lisle）对于这一观点毫不怀疑："她对于失去房子的恐惧，给了她创造围合空间（enclosure）的强烈冲动。她几乎是强迫性地要把小雕塑用小木盒围住"，而艺术家本人也曾说："对于我来说这当中有某些更私密的事物，也给我更稳定的安全感。"[5]奈维尔逊的空间创伤最终绽放于她的"美学帝国"，一个关于废品收藏和秩序、结合了"现实与想象"、将诗意赐予抽象的美学。[6]她著名的"墙"不仅仅征服了画廊和艺术品市场，更征服了整个美国。人们将她与亨利·穆尔与亚历山大·考尔德相提并论，称他们为改善美国无论是公共建筑还是开放广场中，外部环境与室内空间的顶级雕塑艺术家。而当穆尔和考尔德都在与建筑师密切合作的同时，奈维尔逊却特立独行，表现出不可思议的自由与独立的自信，这种从克里希纳穆提（Krishnamurti）的教导中得来的生活方式。奈维尔逊曾经常定期参加他的课程。[7]她不必使用图纸，也无须接受建筑师的指导或佣金的束缚这些她非常厌恶的事。但这并不意味着她未与先锋建筑师合作。弗雷德里克·基斯勒（Frederick Kiesler）就是其中之一。他们是一生的挚友（据利勒描述，他们还曾经是恋人[8]），他们于艺术和建筑之间展开了无止境的讨论，尤其是基斯勒还对艺术、运动、特殊照明、布景和剧院设计以及明显的个性和灵性都十分关心。正是他带她接触了纽约灵性圈子的领路人，并将她引荐给了克里希纳穆提。[9]然而，无论是他于 20 世纪艺术美术馆（This Century Gallery）[10]通过灯光效果和机械创新展示的空间印象派，还是后来以 1960 年展示于纽约现代美术馆的"无尽之宅"（Endless House）模型为代表的"流动形式"（flowing form）[11]，都与奈维尔逊"秩序的自由"没有什么必然联系。基斯勒与奈维尔逊二人环境的形式概念完全来自两个不同的世界。她也确实如她自称的那样，是自己的"环境建筑师"。[12]

左：庆祝 80 岁生日的路易丝·奈维尔逊和她的雕塑作品。中：奈维尔逊的卧室。右：春天大街 29 号的住宅

[左、中：由利勒于 1990 年拍摄，右：由笔者拍摄]

尽管她最终非常成功，但却一生都受到年轻时空间创伤——空间缺失的困扰。被困于穿越大西洋的船舱，早年在波士顿和美因（Main）可怕的悲惨经历。后来，她有能力同时负担很多很大的工作室，包括一个由可容纳 11 辆车的车库改造而来的、位于一个错综复杂的"拥有 22 个由门、楼梯和狭窄走廊连接房间的多层级建筑，里面光线暗淡，犹如生活在雕塑中。"她和许多助手一起工作，在黑白相间的地板上，有投射大灯的空间中，些许家具，和许多她不时就喜欢来回整理的物品。[13]然而她却始终都未能实现工作室住宅的建筑梦想。那里会像她想的那样，如同"住在雕像中"，窗户"将是拥有金属立面的空间，地板和顶棚将是镜子和发光玻璃，一面弯曲的墙壁将包围整个内部空间。"[14]她确信这样的空间会对她的创造力有非凡的影响，"如果住在这样一个和谐的环境中，心中的想法就会逐渐

展开。"[15] 这样的内部空间最终在二十年后出现于曼哈顿下城和加州威尼斯翻新的旧房子中，但它们都没有给奈维尔逊任何相关认可。迄今为止，她对于建筑最大的贡献，是她雕塑墙对分子有序建筑（molecular ordered architecture）的概念性建议。他们可以为高密度建筑物提供自由性和独立性，这与劳伦斯·哈普林（Lawrence Halprin）通过将城市设计作为纪律严明的城市编舞（Urban Choreography）的概念最终给美国城市带来的开放空间相类似。[16]

建筑作为一种分子结构，高度有序，是奈维尔逊特别推崇的概念，再加上她对自由的渴望，可以给人带来安慰与放松，就像她在自己的工作室里不安和创造性的个性一样。也是墙式和雕塑所赐予她的。

在我看来，她的艺术，不论是在象征意义还是表面意义上，都代表着立体主义的巅峰，也是现代建筑家很难企及的高度。当时，沉迷于立体主义和蒙德里安抽象的奈维尔逊开始思考将人类价值注入现实与想象之中。她的艺术创作基本都深深地来自她自身的灵魂、感受和想象，从未试图将它们理论化，但实际上她的作品却完全是建筑学、批判性和面向未来的。只是大部分建筑师选择一叶障目，或不屑一顾。至于建筑批评家则必定如此，比如吉迪恩（Gideon）和后来的阿达·路易丝·赫克斯特布尔（Ada Louise Huxtable）。吉迪恩在他的文章《20世纪60年代的建筑：希望和恐惧》（*Architecture in 1960s: Hopes and Fears*）[17] 中提到了"墙式"这一概念，也曾提及"当代对'雕塑和建筑可塑性之可能'的兴趣"[18]，但却只坐实了如里普希茨，杜尚 – 维永（Duchamp–Villon），马塞尔·杜尚，亨利·穆尔等雕塑艺术家而完全没有提及奈维尔逊。他最关注的是建筑的形式，他担忧"墙"沦为装饰性的组件，担心朗香教堂的墙壁会成为坏的榜样，却转而又将勒·柯布西耶的马赛公寓（Unite d' Habitations）和昌迪加尔（Chandigarh）秘书处（Secretariat）的设计比作"开创者"[19]，却殊不知这些墙壁是对建筑元素的雕塑式运用，而非装饰性运用的结果。人们也许会同意他的这一观点。但他当时工作的主要议程依旧是写作《空间·时间·建筑》（*Space, Time and Architecture*，实际上上面引用的话语是他该书新版的简介），而他所关注的也只有形式、功能和建筑（construction）。

赫克斯特布尔1974年9月15日在纽约时报上发表的文章将奈维尔逊在上公园大道上"宏伟大气"的建筑批判为"毫无意义"，因为她曾自己声称，"它既不创造也不补充所谓的空间。"[20]

这两位批评家都没能将"墙"视为精神或隐喻的实体，譬如"活生生的"或是"生存于空间当中"的墙，正如我们在"史诗空间"[21] 中介绍的那样，也正如奈维尔逊的墙所代表的。从包容主义批判和建筑学的角度，如果她的墙被所认可并被批判地看待（并非严格意义上的艺术品），他们可能会提出将人类的价值和不完美注入有序的公共上层建筑的可能性；环境的创造将会允许人们的独立决定、参与和表达，并进而成为创造公共建筑的线型分子结构，或"墙"。她的墙就像是维琪奥桥（Ponte Vecchio）、伊维隆修道院（the Monastery of Iviron，位于希腊北部）、拉尔夫·厄斯金（Ralph Erskine）在泰恩河（Tyne）畔纽卡斯尔（Newcastle）修建的住宅、卢西恩·克罗尔（Lucien Kroll）在鲁汶大学（University of Louvain）修建的学生宿舍；而石井和紘在横滨修建的"东京布基伍基"（Tokyo Boogie Woogie），更多地让人想起"窗户将是拥有金属立面的空间"的奈维尔逊梦想中的住宅。

左至右：伊维隆修道院和它右边拉尔夫·厄斯金的一些建筑外墙；位于瑞典基律纳（Kiruna）的住宅；泰恩河畔纽卡斯尔的拜克墙（Byker Wall）；伦敦码头区的居民楼
（照片由笔者拍摄）

在数十年对于艺术的追求和痛苦后，20 世纪五六十年代她才逐渐受到认可，并于 20 世纪七八十年代家喻户晓，那时的她已经八十多岁。她的作品是批判的，是对残酷的图解功能主义、城市翻新和包豪斯主义不屈的呐喊。她的最后一件佳作，这位年迈艺术家的灵魂、经历和精神之声，被存放于纽约列克星敦大街 54 号圣彼得大教堂的牧羊人礼拜堂，马蒂斯与罗斯科的作品中间。建筑批评家并不能欣赏她的佳作之美，尽管她的城市对她赞誉有加，还将 1979–1980 年定为路易丝·奈维尔逊庆祝之年（为了庆祝她的 80 岁生日），并一同庆祝了以耸立的奈维尔逊式高墙为特色的路易丝·奈维尔逊广场 [位于曼哈顿下城仕女巷（Maiden Lane）、自由大街与纪念大街（ MemorialStreet）交叉口的三角形军团纪念广场（Legion Memorial Square）]。[22] 诚然，她对于建筑师而言或许毫无意义，因为她强硬、自我，不外交的个性；[23] 或许大多数后现代主义建筑批评家有他们自己的议程，为他们自己的神话添加脚注。而另一方面，艺术机构也只忙于自己的市场议程，无视她作品中的建筑含义，如同许多先锋建筑家，盲目地在各个大学图书馆中苦苦翻阅历史书籍，试图从中寻觅"新方向"。路易丝·奈维尔逊对建筑潜在的贡献就这样被忽视，在它被迫切需要时，在当现代运动因其非人道的图解形式即将失去它已经建立的社会正确议程时。

对奈维尔逊教导的忽视，既是潜在环境诗歌的遗失，也是建筑诗意的遗失。它为我们了解最终从德·基里科不利的空间创伤发展而来的建筑提供了捷径。

拉吉米恩·哈姆扎（Lagimin Hamza）为路易丝·奈维尔逊制作的在纽约公园大道的一个角落地块
上的住宅模型，选自笔者担任导师的 1994–1995 年毕业设计工作室
（照片／拼贴由笔者提供）

乔治·德·基里科：焦虑之旅

在阿尔多·罗西（Aldo Rossi）与马西莫·斯科拉里（Massimo Scolari）等
20 世纪 70 年代 "后现代主义" 建筑师的设计提案和建筑项目中，都可以看到
乔治·德·基里科的显著影响。人们甚至可以看到罗西的建筑和基里科帆布画中
描绘的那些建筑有着高度的相似性。《形而上学的内部和小工厂》（*Metaphusical
Interior and Small Factory*，1916 年）这幅画中的小工厂，被罗西用于学生宿舍的
设计，《街道的忧郁》（*Melancholy of the Street*）或是《白日之谜》（*Enigma to the*

Day）也被这位建筑师用于设计住所的外观和气氛。而对于类物体（object-like）建筑，特别是出现在画家很多作品里[也就是《塔楼一》（*The Tower I*），《塔楼二》（*The Tower II*），1913 年]的塔楼，也出现在罗西的建筑里，尤其是在他的许多墓地设计和多伦多的光屋剧院（Lighthouse Theatre）中，有最为明显的体现[即与德·基里科的《阿里阿德涅的圆锥》（*the Cone of the Ariadne*，1913 年），《大塔楼》（*the Great Tower*），以及《无限的乡愁》（*The Nostalgia of the Infinite*）等作品中的塔楼都十分相似[24]。里卡多·博菲尔（Ricardo Bofill）、迈克尔·格雷夫斯（Michael Graves）甚至菲利普·约翰逊（在他位于休斯敦信誉良好银行的内部）的作品中，都能找到"德·基里科"式的形式或构图元素[如拱、拱点、博菲尔的烟囱，位于圣胡斯托（San Justo）德韦尔（Desvern）的设计等]。我们很难忽视德·基里科对里卡多·博菲尔瓦尔登湖七号公寓（The Walden Seven，即前文提到的公寓）设计的影响。老水泥厂的烟囱被保留下来，将整体建筑元素统一并联结起来，与德·基里科的画作《离开的痛苦》（*The Anguish of the Departure*，1913–1914 年）如出一辙。《哲学者的漫步》（*The Philosopher's Promenade*，1914 年）也有同样的情况。这些元素，烟囱、火车站和正在出发的火车头，都象征着德·基里科形而上学的痛苦[画作的相关分析，见索比（Soby），1941–1966 年]。

左：《形而上学的本质》（*Metaphysical Interior*），德·基里科，1917 年
中：画作细部
右：阿尔多·罗西为学生公寓设计的投标平面图，1976 年

尽管马西莫·斯科拉里并没有承认德·基里科对他的著作《睡眠之神》（*Hypnos*）的贡献，但是他确实创作了许多暗示着这位画家不可磨灭影响的、超越了形而上学境界的精美绘画作品。那是一个超越"平凡幻想和形而上学"的领域，是一种"幻想"（imaginary）的形而上学[引子斯科拉里对于亨利·科尔宾（Henry Corbin）观点的引用]。[25]斯科拉里在意大利和哈佛大学教授建筑绘图和建筑设计，是众多受到该画家影响的后现代设计主义教员之一。德·基里科，相比起勒·柯

布西耶，更是后现代讲师的最爱，尤其是那些 20 世纪 70 年代在普林斯顿大学，迈克尔·格雷夫斯教导下的学生。这位老师通过建筑和绘画的结合来启发他的学生。而德·基里科这位艺术家的画布，则是建筑专业学生最喜欢的灵感源泉之一，他们总是能从他的作品中找到解决方案。

左：阿尔多·罗西的帕尔玛广场（Pilotta Square）和帕格尼尼剧院（Paganini Theatre），1966 年
中：德纳公墓（Modena Cemetery）的中心结构
右：马西莫·斯科拉里的《静夜中的荣耀》（*Amidst the Horror of Nocturnal Silences*）木板油画，1980–1986 年

毫无疑问，德·基里科对于 20 世纪七八十年代的建筑有着比任何同时代艺术家都要巨大的影响，很多建筑都是由德·基里科的绘画沉思转化而来。如果建筑派生受到版权的保护，那么奥尔登堡（Oldenburg）通过乔治·德·基里科所获得的版税将比任何人都多，甚至远远超越文丘里（Robert Venturi）与弗兰克·盖里[众所周知，克莱斯·奥尔登堡（Claes Oldenburg）一直处于影响力的中心，他在 20 世纪 60 年代早期塑造了文丘里流行观念的思潮，又在 20 世纪 80 年代晚期影与盖里合作，甚至与他一同参与了一些威尼斯双年展以及加利福尼亚威尼斯 CHIAT 大楼的设计。[26] 我曾冒险建议丹尼尔·里勃斯金（Daniel Libeskind）在柏林犹太博物馆的开幕式，也许应当归功于 1987 年奥尔登堡于克雷菲尔德（Krefeld）豪斯·埃斯特尔博物馆（Museum Haus Esters）鬼屋（Haunted House）开幕式的布置[27]]。

除了上面的这些，仔细思考因德·基里科曾生活过空间的记忆而产生的空间制作的动力和体验，将使我们对 20 世纪 70 年代这种后现代派生偏好的有效性提出疑问。

乔治·德·基里科因空间（建筑空间，并不是雕塑家的设计空间）以及自己对其的态度和追求而受到的压力，至少可以说是"创伤性的"。他的空间调色板，也是他对空间的痴迷，是他一生的经历和记忆的结果，是艺术家在大厦、家中、日常生活和休息中对于空间幸福感求而不得的结果。

他的毕生之作品都对空间、城市以及室内环境有着十分丰富的描写，而与此同时，室外氛围，尤其是城市中不受欢迎的噪音、凌乱的街道，以及身份、国籍的混淆和文明之间的冲突，在他的作品中也都随处可见。

德·基里科的全部空间经历，包括他人的住宅、旅店房间、出租公寓、别墅，如走廊、阁楼房间、公寓露台等晦涩的空间元素，还有他一直渴望拥有的位于市中心的宽敞公寓，下面是生活区，上面是工作室空间，工作室前面有一个大的露台，可以让他在工作间歇得到休息，沉思天空和自然色彩。"一天中我会去三四次工作室前的阳台，在那，我就像是一位将船停在大海中央休息的船长，我凝望着天空，搜寻着头顶和前方。"28

他的著作《我生命中的记忆》(Memories of My Life)中有一条贯穿始终的线索，就是艺术家对于他曾经居所的迷恋。在大多数情况下，这些影响都只是暂时的，但他对于负面居所的厌恶，尤其是必须住进去的不幸而又特殊的居所引起的负面精神状况，则迟迟不能消散。另一个贯穿全书的主题，就是艺术家对于所有人的不信任，他对于艺术品商人以及他同时代先锋艺术家的轻视，和他曾在书中提及的，认为自己被所有人迫害，且人人都想从他身上捞到好处。而至于他对于自己的感谢，则是一切都无法与之相提并论，是现世里"最高贵的"。他极其讨厌超现实主义，尤其是安德烈·布勒东(Andre Breton)，他管他们叫作"画家眼中的鸡奸者"或是"流浪汉"。29当然他也有一些对于人们和流派友善的话语，尤其是早年在国立雅典理工学院(Athens Polytechnic)遇到的老师，比如雅各维德斯(Iakovides)和皮奇欧尼斯(Pikionis)。

这位艺术家的童年对他来说，或许是创伤最小的。他是一位意大利工程师三个孩子中的一个，这位工程师因要建设当地铁路网而被派遣到希腊小镇沃洛斯(Volos)工作，他也因此来到这里，并在几次不幸的经历中因为身份认同而感到煎熬。他早期的心理创伤来自在葬礼上看到的妹妹的棺材。当时粗心的保姆本是要带着年幼的他去公园以避开妹妹的葬礼，没承想却意料之外地撞见了葬礼的行进，而在这之前，妹妹的死对他来说一直还是个秘密。30在很小的时候就经历死亡，对任何人未来的生活都会有不小的影响。迭戈·里维拉、勒内·玛格瑞特(Rene Magritte)和德·基里科都有相似的经历，第一位失去了他的弟弟，而第二位看到了睡衣包裹着脸的妈妈被淹死的遗体。31他们三个相似的经历，使死亡和形而上学在他们的作品中都占据了一定的意义。

空间自然(spatial nature)的记忆在德·基里科的日记里占据了很大一部分。他如此回忆道"我生命中最早的记忆，就是一个很大，还有很高顶棚的屋子。"32他形容这间屋子"黑暗又阴沉。"这实际上是他非常早期的记忆。一个被吓坏了的孩子，却会因简单而纯粹的从母亲头上掉下来的两个相同的小金属圆盘这件事而欢欣鼓舞33，他甚至把他父亲从巴黎带来的机械蝴蝶想象成是被人类所压迫的巨型飞行兽，"人类的祖先肯定见到过……飞行在凄凉阴暗的夜晚与寒冷的清

左：德·基里科的《焦虑之旅》（*Anxious Journey*，1913 年），源于他父亲在沃洛斯希腊小镇修建的
小火车站
中：沃洛斯的小火车，最近已被重建
右：《奇怪一小时中的快乐和谜团》（*The Joy and Enigmas of a Strange Hour*，1913 年）
这是艺术家许多特写开动的火车、高烟囱和大烟柱的绘画之一（引自索比，1941 年）

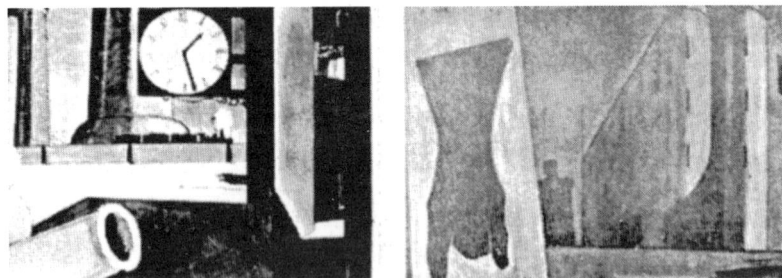

左：《哲学家的征服》（*The Philosopher's Conquest*），右：《诗人的命运》（*The Destiny of the Poet*）

晨……飞过弥漫着硫酸蒸汽的沸腾湖面。"现实空间与幻想世界携手折磨着这个
孩子。而数年之后，这份痛苦终于在他的画作中得以宣泄。家对这个年幼的孩子
来说只是一个他持续生病并卧床休养的地方，就像是一所医院，或是修道院。他
会说："我记得我们曾经住过的一套房子，一套大房子，就像凄冷的修道院一样。"[34]
许多年后，德·基里科运用了一系列不同的元素，创造了一副具有最典型令人焦
虑环境氛围的拼贴画，《哲学家的征服》。一个时钟、一辆经过的火车排出的烟雾、
些许建筑构件、一些洋蓟、街道的阴影、一个洋蓟种植园和旁边的一尊大炮，所
有的符号和对声音的记忆，污染和混乱的环境，这些元素根本无法在其他的艺术
作品中找到。就像用长焦镜头（telephoto）拍摄的照片一样，只有当画布受到仔
细端详并被确认为外部之后，它才可以被用来描绘内部。而当它进入人类居住的
内部空间时，它便成了外部的污染和噪音。

这些元素大多都源自他幼年的记忆，从他在雅典的第一个家开始就成为他心
中的烙印。当他从窗户往外眺望时，他能看到远处军营中的大炮。画里的那尊大
炮肯定就是其中的一尊，在每个节日都会发出令人恐惧的咆哮。不时出现在他画

作中的马匹也是一样，总是列阵驰骋。他显然可以清晰地看到战马将大炮拉到军营的院子。大炮的轰鸣"……让窗格都颤动起来。"[35] 因此，这座房子让他感到恐惧。对他而言，房子是远比人更重要的不可或缺之物。然而，房子却开始颤抖了。地震从下到上摇晃着他在雅典的第二套房子，不安和恐惧深深地烙印在这位年轻住户的心里。地震使得人们不得不为了安全而把他们的物件都搬出房子，而人们也不得不离开他们的家，大自然时常会如此驱赶人类。床垫和手提箱，当然还有家具总是在不停地搬来搬去。此时，房屋的建筑风格便并不像地震一样值得人们注意了。而为了观察建筑风格，他需要平静下来。恰好，德·基里科在他雅典的第二套房子中找到了这种放松与平静。那是一套带有美丽花园并种植了一棵桉树的新古典主义风格别墅。只是他只记得别墅北边能让他在画家的光线和视角下眺望远处山脉（Parnitha，帕尼萨山），而冬天下雪时冷风又会呼啸吹入的那扇窗户。[36] 这间别墅能让他永远铭记的就只它那令人印象深刻的建筑风格，当然还有一些画有猫咪的书籍。

奇怪的是，这位艺术家终其一生都在找寻求一种平静且无忧无虑的生活方式，而位于雅典的古纳拉基斯（Gounarakis）别墅是如此的中正平和，却依旧无法成为他的美好回忆。当他不得不经常搬家时，他会嫉妒那些不用如此往复奔波的人们。他对此十分迷信，在他看来，他的命运就像被操纵一样不断地四处漂泊。无法在一个地方长久停留也是他不可避免的宿命。他对他的朋友尼诺·贝尔托莱蒂（Nino Bertoletti）十分羡慕，因为"他总能一直住在一个镇上，有着自己的家具、自己的书和其他的东西。而我呢，只能不断在自己的事务里寻找着安静而平凡的生活。"[37] 没有长期的住所显然使得德·基里科感到十分困扰。他总是在思考"下一次会是哪里"，以至于他无法再去与朋友谈论艺术或者绘画。他写道："当我和贝尔托莱蒂一起在咖啡馆或别的什么地方，当他开始谈论起双年展或四年展的绘画和展览时，我就会开始无法自控地走神。我看着他，想着这个正在和我说话的人过去二十五年里只搬过两次家。现在他在康托蒂街（Kontotti）家中的床和沙发也许和他二十五年前住在诺曼塔那街（Nomentana）时所使用的是同一件。于是我便迷失在这甜美的幻想中，想象着我就是这个人，我就是贝尔托莱蒂。"[38]

这也许是缺乏永久性个人空间和个人住所对这位年轻艺术家产生戏剧性影响的最间接证据。而更直接的证据是他在数页之后重复道"从斯塔马托普洛斯（Stamatopoulos），我们搬到了另一个我不记得名字的地方。我们曾经频繁地在希腊搬家。平均每两年就要搬一次。四处漂泊就是我的命运。在远离市中心的新屋子里，我继续着我的忧伤。"[39] 德·基里科对于搬家给他孩童时代带来的影响十分地坦诚。且再一次地，与平静的声音和宁静的环境给我们的印象相反，他让我们得以想象留在他心里的宛如墓碑炸裂般的声音。不断地搬家与离别反复地在他的作品中通过驶离的火车或者未完的街景被描绘出来，这也许是因为他没还来得及将完整的景象印在脑海。他在雅典不停地搬来搬去，而他所能记得的也只有某些房间的某些细节。有时是不好的记忆，例如父亲办公室的酷热。有时是不好不坏的记忆，例如地板上的波斯地毯、窗户上厚厚的窗帘以及墙上挂着的翁贝托国王（King Umberto）画像。[40] 整个空间的氛围，寒冷与炎热，以及他对光线的敏锐感知（即他的父亲的办公室光照方向为从南到北，国立雅典理工学院的画室的光照方向为从北到南等）一同出现在他对空间的认知当中。局部细节与整体空间氛围永远地印刻在了这个长大后不断寻找安心之地的人的孩童时代记忆里。而在他的空间体验中，唯一给他留下深刻印象的积极变化，发生在他进入新古典主义雅典理工学院的大型绘图室时。北方照耀的光铭刻在他的记忆里，而同样被铭记的，还有画室的空旷，和画室中装点的知名古代大师的雕塑和画作。[41] 这是他一生中遇见的第一个能让他感到安稳的空间。数年后他才得以再次在慕尼黑美术学院（Academy of Fine Arts Munich）遇到另一个这样的空间。而在接下来的数年，他会到卢浮宫以及其他常去学习的世界上最伟大的博物馆里寻找这种空间，也在那里临摹着过去大师的作品。他似乎对这些新古典主义的建筑感到十分舒适。这不仅仅是因为它们所保存的艺术品，还因为它们在某种程度上的"永恒"，这种安稳感让他沉醉其间。德·基里科还会为大酒店和别墅的潜在优雅而欢欣鼓舞，它们的类型成为他一生努力追求的空间范例。只是他在最后定居点，位于罗马西班牙广场的公寓中才最终找到它。

国立雅典理工学院的中央大楼 [阿韦罗夫（Averoff）]，由希腊建筑家来山得·卡夫坦佐格罗
（Lysandros Kaftantzoglou）设计建造；该楼曾被建筑学院长期使用。
德·基里科所在的艺术学院位于该楼入口的左上方。雅典理工是历史的见证者，它曾经是反抗军政府
的堡垒，许多抗议的学生都被一辆破门而入的坦克所屠杀。每年的 11 月 17 日是这一事件的纪念日
（由 H. Ka 摄于 2003 年 2 月 9 日）

德·基里科空间体验的关键在于"酒店房间"。在他的画作《大形而上学的本质》(*Grand metaphysical interior*)中他就描绘了这样一个典型的酒店。十分写实的表达中，棺材似的物品与几何状的器物间以"放松的"符号加以联结。[42]

他的童年经历始于希腊基菲夏(Kifisia, Greece)的优雅酒店，在那里他可以和母亲一起度过假日时光。那里的美食是他的美好回忆。但与此同时他所拥有的一切却再一次地被无情掠夺。一次在他和家人去基菲萨的酒店度假野餐时，他把宠物狗留在了雅典，回来后却发现它不见了。这件事让他痛苦万分。[43]

他无数次试图去保护那些他逗留过的或者位于意大利度假胜地中的非常棒的酒店或者非常棒的酒店房间。这些酒店都是那么好，可惜他却每次都不得不离去。他会想起："我们出发去往巴黎，在晚上抵达，然后马上入住全巴黎最好、最舒适、最让我感到共鸣、最好客、最干净……整座城市最舒心的酒店。"[44]当然，并不是每次都能得偿所愿。战争，使他们失去了这一切。他用心记录着曾去过的许多酒店，从慕尼黑到巴黎、从米兰到弗拉拉(Ferrara)、从罗马到纽约，还有许多其他的地方。同时，他悄悄地在心里将自己的房子与那些他曾参观过的艺术家或朋友，或曾经有过矛盾的人们的房子相比较。酒店的房间与仇恨的记忆联系在一起，就像他用最粗暴的语言反复攻击超现实主义者一样。显然，德·基里科憎恨他的敌人，不仅仅是因为在理智上和美学上反对他们，还因为他们"总能以最舒服的方式享受生活，穿着光鲜，吃着精挑细选的食物，从不向穷人施舍半分钱……且尽可能地不去工作……"而他却不得不住在那些令他压抑的酒店房间里。[45]这一切应当是特指发生在安德烈·布勒东工作室的聚会。安德烈·布勒东和他的追随者聚集在他的公寓，一起讨论艺术并编写属于他们的宣言。德·基里科给这场争辩下了定论，如果你愿意的话可以称之为"空间政治"。因为他注意到，这些超现实主义者虽然崇尚共产主义和革命的观点，却拥有富人的空间偏好和不代表慈善和公众观点的习惯，于是他因此控诉他们。德·基里科经常待在酒店也与他的东奔西走有关。他要到处见艺术商、组织展览、宣传自己的作品，以及在不同的地方工作。当然有时他也将它们作为一个暂时的"基地"，给他时间寻找长期的定居地。毋庸置疑，他十分厌恶艺术商，另外他固执地认为所有人都想欺骗他。当他在酒店房间处理公务时，他的脑子里总是时刻在思考要说什么，该怎么处理可能会发生的事情。酒店旅馆对他来说只是商业目的的面具。这些经历，着实让他真切地感受到了"空间焦虑"所带来的压力。然而，他的焦虑时期，无论是在酒店房间还是在其他压迫空间，比如他在罗马格里戈里亚大道(Via Gregoriana)小房间里度过的时期[46]，都是他最高产的时期。与之相反，当他住在舒适优美的别墅时，作品则甚少。当然，这又一次强有力地证明了莱昂纳多的信条"创造源于不幸"。也如同萨特(Sartre)在他的文章《对绝对的追求》(*The Quest for the Absolute*)对贾科梅蒂的引用："达·芬奇说过，快乐对艺术家而言并非好事。"[47]

在格里戈里亚大道居住时，德·基里科创造出了他一生中最杰出的几件静物作品，例如描绘古代石膏雕塑、旧书或者游戏的作品。显然，德·基里科十分热爱透过光井进入房间的北极之光，爱它的中性柔和与平静的氛围。在他梦寐以求的住宿环境中，并没有经历那种令人沮丧空间带来的狂热生产。

德·基里科谴责命运[48]让他不能住在佛罗伦萨郊区的别墅，就在勃克林（Arnold Böcklin）曾经住过的别墅旁，他是如此喜爱这栋别墅。[49]也许是战争或者别的什么现实因素让他不得不放弃住在佛罗伦萨，至少这是他自己的解释。不过事实依旧是，他在梦想环境中的工作效率与他在那些凄凉小地方的工作效率相比确实显得不尽如人意。他的杰作往往诞生于那些让他感到压抑、悲伤与烦恼的地方。他梦寐以求的只有良好的光照条件，至于工作室有多么的奢华则不是他所关心的。他曾说过，他的一些杰作便是在一间有优秀光井的小房子里完成的。"这里的采光实在是太棒了，人物脸部还有物体的明暗对比得以更加强烈地体现出来，就像伦勃朗或卡拉瓦乔（Caravagio）画中的一样。在这小小的阁楼里，我绘制了好些关于古代石膏雕塑、旧书和游戏的静物佳作。"[50]然后他接着说道，他曾把作品拿到楼下的起居室，像在博物馆里展出那样向他的朋友和拜访者展示他的作品。博物馆空间对这位艺术家总是有无限的吸引力。他总是在谈论各个博物馆空间给他的印象。他显然厌恶现代建筑而偏爱老建筑，如卢浮宫和美第奇别墅（Villa Medici）。对德·基里科来说，纽约的现代艺术博物馆的骇人"甚至超越了我们的'恐怖博物馆'比古利亚山谷（Valle Giulia）。"他对现代建筑以及现代建筑学家，如勒·柯布西耶、赖特或是格罗皮乌斯的厌恶，堪称极致。[51]甚至可以企及他对超现实主义者的嫌恶，唯一不同的只是他们之间是相互的罢了。[52]

他所寻找的安定和空间幸福感都会在罗马寻到端倪。他工作室所在城市公寓，以及他的别墅，都可以看到广阔的天际线，也都有阳台、宽阔的空间以及优秀的北侧采光条件。这里简直就是一个简约版工作室与他所喜爱博物馆空间的结合。不过他最爱的地方，还是位于西班牙广场（Piazza di Spagna）的工作室。那是一间两层楼的公寓，在各个方面都与他十分契合。他也为它献上了无数的溢美之词。尽管这间双层公寓的硬件设施实在是糟糕，但他却真的无法忽视那可以俯瞰罗马壮丽景色的露台，以及它通过两层的公寓结构将工作室与公共区域分隔开的卓越特点。他终于可以将工作和生活这两件生命中最重要的事情结合起来，在这空间质量可以与博物馆相媲美的空间当中。他对房间进行了全面消毒以驱走蟑螂，随即又让工人重新粉刷顶棚和墙壁，使这里恢复干净宜居。这间公寓满足了他对中心位置、便利的商店、药店和咖啡馆的热爱[53]，为了这些，他曾不得不参与从现代主义的黑色翅膀下拯救老建筑的各种斗争和游行运动。[54]据他自己的话说，他一直偏爱居住在市中心，"我对居住在城边抱有莫大的恐惧。"[55]无论是公寓或酒店，他一直偏爱市中心的位置。居住在位于市中心的酒店让他有机会得以

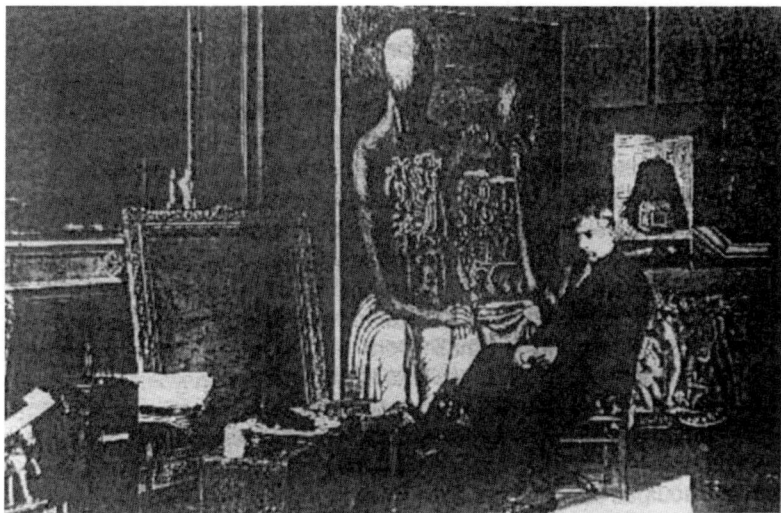

乔治·德·基里科在他的画室
（图片来源：罗歇·维奥莱的档案，巴黎）

每天去观察他欣赏的艺术家的作品，特别是古代雕塑。它们的空间感让德·基里科在想象中成为诸位古典大师的座上宾，"亚历山大·仲马（Alexandre Dumas）、加里波第（Garibaldi）、朱塞佩·威尔地（Giuseppe Verdi）和儒勒·凡尔纳（Jules Verne）"，他所崇拜他们的个性品质，都如历历在目。[56] 正是这对过去浪漫的渴望、对博物馆空间的热爱，以及对超现实主义和现代主义，包括对现代主义建筑的厌恶，塑造了德·基里科对自己的房屋、自己的私人空间、自己的工作空间、自己的城堡以及自己用来俯瞰世界地方之态度的心理调色板。当他置身其间，就会不由自主地去审视——就像船长巡视他的船一样。他在城市中寻找着平静、永恒和安眠。于是最终，他罗马住所的大厅看起来就像是弗兰芒人的"画廊绘画"，细节之处无一不像一座微缩版的古旧宫殿，或是这位艺术家时常观摩学习的博物馆长廊。这些都源自他最美好的记忆（见前页图片）。它的阳台和北方落下的自然光还使他得以惬意地工作。每当从绘画意义上积极评价事物时，佛兰芒绘画总是会出现在这位艺术家的脑海中。他认为荷兰海洋日落的画作与他在西班牙广场工作室里看到的日落一样美好，自然界的色彩还有他曾经说过的"天空绝美的景象"都能让他回想起这些经典画作。因为能无时无刻不看到自然、天空、月亮、和让人难忘夜景的变换，他认为这间工作室堪称"绝妙"。[57] 确实，这样一个能让人看到自然奇迹的地方谁说不是呢。"我时刻准备着画笔和颜料来记录这些稍纵即逝的自然绝景，而这些记录也将有助于我以后的创作。"[58] 他说这话时竟是如此出奇地兴致盎然。这也准确地描述了一个印象派画家是如何进行创作的，尽管这就是他曾在不同场合都批评过的创作方法。[59] 如此看来，这位艺术家将他的工作室视为自然界的延伸。与博物馆一样，大自然也是他必不可少的研究室。德·基里科并不像塞尚一样认为只有自然是无法教导出天才画家的。在他看来，人们通过学习大师的画作能够绘制出正确的作品，虽然塞尚想取两者之所长，但只有大自然才是人类终极的老师，同时也是人类终极的目标。

塞尚在 1903 年 9 月 13 日写给查尔斯·卡米翁（Charles Camoin）的信中写道："小心地选择你所要学习的东西，换言之，去卢浮宫吧。但当你看到里面的杰作后，你必须马上离开并尽快清醒过来，只有与自然的联系、本能，还有对艺术的感觉是你自己的。"[60]

卢浮宫：萨莫色雷斯的胜利女神（*The Victory of Samothrace*, The Louvre）
[图片来自柯蒂斯·牛顿（Curtis Newton）]

对于这两位画家来说，自然和博物馆都是同样重要的，只是对德·基里科而言，博物馆要优先于自然，因为它容纳了他一直在学习的伟大大师的作品。博物馆也是他创造个人空间、住所与工作环境愿景的一部分。

　　而他在画中描绘的建筑，监狱、工厂，和它们的环境氛围，实则与空间无关，而是他寻找自己幸福的过程。这些焦虑的空间，是那些后现代主义人所模仿的空间。而艺术家真正喜欢的，是充满机会的混合空间。这些空间位于城市中央，可以清晰地分辨出它们的内部与外部，散发着过去的光环与折中主义和博物馆的永恒。就是在这里，被很多稳定艺术家持续模仿并被他们所孤立的德·基里科，在他罗马的公寓里享受着生命的最后果实。人们可能不喜欢我所将要说的，毕竟德·基里科讨厌其他建筑，即现代建筑，但人们必须明白，这实则是德·基里科的空间，而不是他从自己崇拜的大师那里模仿而来的图像。

罗马的西班牙大台阶
德·基里科着实喜爱的城市元素，也是他生命最后的几年里终得享受的景致
（图片来自柯蒂斯·牛顿）

参考文献及注释：

1. 利勒，1990 年，第 191 页。

2. "塔基斯"（"Takis"），ET2，1997 年 7 月 15 日（与塔基斯的视频采访）。

3. 同上，第 24–25 页。

4. 同上，第 27 页，所有传记与事实的信息，以及引用皆出自利勒，1990 年。

5. 同上，第 195 页。

6. 同上，第 197–198 页。

7. 同上，第 279 页。

8. 同上，第 250 页。

9. 同上，第 66–67 页。

10. 这是他为佩吉·古根海姆设计的画廊，曾经是一家 1942 年 10 月在西 57 大街大楼二层开业的两家裁缝店空间。更多关于该画廊的信息，见利勒，第 142 页；及奈菲（Naifeh）与怀特·史密斯（White Smith），1989 年。

11. 更多细节，见基斯勒（Kiesler），1966 年。第 299–301 页。

12. 利勒，引文同前，第 262 页。

13. 同上，第 269 页。

14. 同上，第 270–271 页。

15. 同上，第 271 页。

16. 见哈尔普林（Halprin），1976 年，第 192 页。

17. 见 S. 吉迪恩，于《十二宫》11（Zodiac 11），第 24–35 页。

18. 同上，第 34 页。

19. 同上。

20. 赫克斯特布尔（Huxtable），1976 年，第 230 页。

21. 见安东尼亚德斯，1992 年，第 179–184 页。

22. 利勒，引文同前，第 261、268、280 页；另见拉塞尔（Russell），1988 年，第 15 页。

23. 关于她的自私，见利勒，1990 年，第 280 页。

24. 关于对德·基里科画作的引用，示例卡拉（Carra），1971 年；对罗西（Rossi）的引用，见《十二宫》2，1989 年，第 124、133 页。

25. 见斯科拉里（Scolari），1986 年，第 16 页。

26. 更多关于奥尔登堡（Oldenburg）及其作品，见克莱斯·奥尔登堡（Claes Oldenburg）与库斯耶·范·布鲁根（Coosje van Bruggen）于塞朗（Celant），1988 年。

27. "幽灵"（Ghosting），塞朗对库斯耶·范·布鲁根的引用，1988 年，第 189 页。

28. 见德·基里科，1985 年，第 167 页。

29. 据收藏家亚历山德罗斯·约拉斯（Alexandros Iolas），见斯塔索利（Stathoulis），1994 年，第 63-64 页。

30. 同上，第 2 页，于施瓦茨（Schwartz），1990 年，第 24 页。有一种说法是，当他的妹妹埃里斯特（Evariste）在希腊去世时，德·基里科才 17 岁。或许也不如此，在小埃瓦里斯特去世时，画家的年龄可能更小。根据他自己的证词，他在保姆的怀中，看见了妹妹的葬礼，就发生在希腊沃洛斯（Volos）两条路的交叉口。很难相信一个 17 岁的少年会需要一个保姆抱着他出行。

31. 即（Gablik），1976 年，第 12 页。另见视频"勒内·马格里特先生"（"Monsieur René Magritte"），马本 / 莫里茨（Maben/Moritz）。

32. 德·基里科，引文同前，第 19 页。

33. 同上，第 1 页。

34. 同上，第 20 页。

35. 同上，第 21 页。

36. 同上，第 23 页。

37. 同上，第 26 页。

38. 同上。

39. 同上，第 36 页。

40. 同上，第 41 页。

41. 同上，第 45 页。

42. 画作详见索比（Soby），1966 年，第 68 号板，第 78 页。

43. 引文同前，第 49 页。

44. 同上，第 152 页。

45. 同上，第 123 页。

46. 同上，第 170 页。

47. 见萨特（Sartre），《论美学》（*Essays in Aesthetics*），"追求绝对"（"the Quest for the Absolute"），华盛顿广场出版社（Washington Square Press），1966 年，第 142 页。

48. 德·基里科，引文同前，第 161 页。

49. 关于勃克林（Böcklin）在圣多名尼哥（San Domenico）临近佛罗伦萨（Florence）的两栋住宅和农场，见安德烈亚·萨维尼奥（Andrea Savinio，德·基里科的兄弟），1989 年，第 35 页。

50. 同上，第 170 页。

51. 同上。

52. 关于安德烈·布勒东（Andre Breton）对德·基里科的厌恶，见斯塔索利对亚历山德罗斯·约拉斯的引用，1994 年，第 63 页。

53. 即"格列柯咖啡馆"（The Café Greco），西班牙广场（Piazza di Spagna）上的知名咖啡馆，许多艺术家都曾去过那里。见同上，第 180 页。

54. 同上，第 181 页。

55. 同上。

56. 同上，第 181 页。

57. 同上。

58. 同上。

59. 见索比，第 22–23 页。

60. 见格斯尔·马克（Gerstle Mack），《保罗·塞尚》（*Paul Cézanne*），典藏版，1989 年，第 365 页。

© 安东尼·C. 安东尼亚德斯

安东尼·C. 安东尼亚德斯

15 艺术空间：
艺术和艺术家对建筑学的贡献

创造力与逆境空间

第 15 章　创造力与逆境空间

从监狱到精神病院：从戈雅到梵·高

在文学和音乐里，人们普遍认为悲伤和压迫是艺术创造力的先决条件。尽管这不能作为所有艺术的普遍案例，但的确有足够多的事实依据。不幸和悲伤，经历过的人必定会比没有经历过的对其描述更为贴切。当巴克斯特（Bakst）问莫迪利亚尼为什么郁特里罗永远只绘画忧郁的主题，莫迪利亚尼回复道："……他画得都是他所看到的东西。商人期待景色绘画等——但我们住在丑陋的环境里，那些画便记录了我们所留下的。文艺复兴时期的画家穿着天鹅绒，住着宫殿。而郁特里罗生活在污秽中，所以这也是他所描绘的。"[1] 郁特里罗（Utrillo）这样的艺术家，可能会被归类为"不快乐的现实主义者"。然而，逆境如贫困、不幸和恶劣的生活条件并不一定会造成污秽、垃圾或死亡。杜阿尼耶·卢梭 [Douanier Rousseau，即亨利·卢梭（Henri Rousseau）] 就是一个鲜明的例证，他一贫如洗，失去妻子和九个孩子中的七个，住在"所谓的工作室"[2]，有时还在街上拉小提琴乞讨求生[3]，而绘画或许可以作为一种摆脱所有死亡和不幸的方法。

在压迫和困境下，自由与和平便显得弥足珍贵。压迫和困境是工作中记忆的实验室。通过一些失落艺术家的回忆我们了解到，正是和平与慵懒时期的记忆，创造了永恒的艺术作品，激发了革命家，也支持了革命。艺术，尤其是具有即时成分的音乐和诗歌，以及较少即时成分的绘画和文学，无论在何种环境，从压迫到幸福与和平，一直都是文明前行的催化剂。在某种程度上，戈雅、戴维和德拉克鲁瓦（Delacroix）的绘画，与《马赛曲》（*Marseilleise*）、俄罗斯人民的歌曲和根据亚历山德罗斯·帕纳古利斯（Alexandros Panagoulis）在监狱牢房里的诗句改编的米基斯·塞奥佐拉基斯（Mikis Theodorakis）的歌曲一样有着同样重要的意义。[4]

此刻我们还需要记住，逆境空间将永远存在于文明的基层和源头，而那里也正是挖掘艺术素材的地方。矿山、采石场、户外避难所，还有不能忘记的集中营，男人和不熟练的下等工在那里挖掘石头、大理石、钢铁、硫磺和矿，并将它们用于艺术与建筑的创造，从教皇的宫殿和米开朗琪罗的雕像，到维也纳的大街。如今我们仍然可以在现代"苦工"的工作场景中发现临时工棚，合法和非法的移民在这里搬运开凿石头，用于建设宏大的房屋和宫殿。

希腊海德拉岛上雕刻石头的工作棚
（图片由笔者拍摄）

有人声称，通过刻意的痛苦可以实现卓越的创造力。法菲尔德（Fifield）引用苏蒂纳（Soutine）的话说："痛苦是区分于芸芸众生的一种方式，这是现实，也总比没有好……"⁵ 苏蒂纳在一个十人的家庭中长大，家里仅有一个房间和一个充满老鼠的地下室。他可以被挑选出来作为一个艺术家主要案例。他在一生都刻意抑制自己的欲望，即使他变得富有也可以负担得起所有的事物时，却仍然拒绝洗澡。⁶

因此，与将空间富裕、整洁和适当氛围作为创造力的先决条件和刺激（文艺复兴非常突出的东西）的论点相反，我们提出了空间逆境的论点。历史上有很多艺术家，尤其是 19 世纪末到 20 世纪初期的艺术家，他们在不卫生、拥挤和不适宜的环境下创作。他们的环境和条件，用任何适当的标准来看，都可以被认为是"逆境"。其中许多人，如梵·高和杰克逊·波洛克（Jackson Pollock）在反抗中离开家园，通过寻求一个被认为是凶险的职业来试图发现自我，去了解社会、他们的土地和人民的辛劳。这个过程时常会涉及个人对贫穷、压迫甚至是有辱人格经历的主动选择。在美国艺术的近代史上，没有比杰克逊·波洛克更好的例子了。非法搭火车、搭便车，流浪，甚至经常触犯法律。⁷早年逆境中的生活方式给了他轮廓和记忆，最终造就了他强大的作品。但波洛克的空间逆境，如搭火车、进牢房和住荒凉的农舍，是他个人的选择，而他后来因为酗酒进精神病医院并治疗的经历则是无可奈何的自愿。

对梵·高、郁特里罗和希腊雕塑家扬努利斯·查勒帕斯（Yannoulis Chalepas）来说，疯人院的小房间是他们几乎没有办法选择的地方。愤世嫉俗和利用这种不幸正是正常（资产阶级）社会对这些艺术家苦难的反应。

"一瓶葡萄酒的绘画"是大众对莫迪利亚尼和郁特里罗的普遍看法，而艺术品经销商利博德（Libaude）则毫不犹豫地告诉郁特里罗的母亲苏珊·瓦拉东（Suzanne Valadon）[8]，她的儿子应该留在疯人院的房间，因为他在那里画得更好。[9] 这种不人道的行为得到了画家的回应，他一生的街景画里都没有任何人。即使在舒适的条件下，莫里斯·郁特里罗也很难感受到适合。后来，当他和他的妻子露西·瓦洛里（Lucie Vallore）一起住在夏都岛（Chatou）和勒韦西内（Le Vésinet）郊区的一栋别墅里时，他将一个在狭窄、漆黑走廊尽头的一个大约 8 英尺 × 10 英尺的小房间作为他的工作室。曾经在这间工作室拜访了郁特例罗的亚历山大·利伯曼（Alexander Liberman），以富有同情心和理解的手笔为这位艺术家画了一幅画像，将这间小工作室描述为一个带有小窗户的女仆房间，里面装满了艺术家为他的绘画和宗教用具复制的建筑明信片，这是一个受苦并希望从罪恶中求得救赎的空间。[10] 弗兰克·埃尔加在梵·高的传记中写道："大多数诗人和艺术家都曾因早期的羞辱而向社会寻求复仇。"[11]

与莫里斯·郁特里罗的不人道、痛苦以及完全合理的报复性反应相比，梵·高的不幸产生了超越其他任何画家的最灿烂的色彩。无论是精神上还是物质上，他的不幸和困境都孕育着闻所未闻的欢乐交响乐。

这里，我想区分一下普遍可以接受的居住实例：公寓民居和酒店房间类型；并着重于讨论即使在艺术家压力最大的情况下，即使在最不适合和不卫生的空间条件下，创造力也能蓬勃发展的情况。那就是监狱牢房和疯人院的空间类别。当苏联艺术家的故事广泛传播，且当我们可能会知道艺术家居住的工作室和条件的故事时，这种空间的范围可能会随之大大扩展。所以在此我们只会把注意力集中在已知的情况上，其中一些是大众所熟知的艺术家，还有一些是只在当地知名的艺术家。

在这一类别中，最重要的就是戈雅、梵·高、郁特里罗、苏蒂纳和莫迪利亚尼。梵·高的例子更广为人知，大多数读者可能通过阅读他的流行传记或记录他生活的电影已经感受到他的痛苦 [例如：《一生的追求》（*Lust for Life*），柯克·道格拉斯（Kirk Douglas）饰演梵·高，安东尼·奎恩安东尼·奎因（Anthony Quinn）饰演高更]。许多人或许也可以通过电影了解莫迪利亚尼的情况，而戈雅的情况可能不太为人所知。

人们显然会倾向于把保罗·克利和皮特·蒙德里安以及卡济米尔·马列维奇归为这一类。然而，我认为这是不合适的，因为这些艺术家是完全理智的，并试图创造宜居的空间条件。蒙德里安的原型空间条件便是一个例子。在这里，我们更关心的是不幸的情况，即艺术家偶尔可能会像囚犯一样，被迫住在外观尚可，但内部空间却极其不舒适也不卫生的环境中。国际上很多不太知名的艺术家，或许更多世界各地的艺术家都是如此。在此我们将讨论两位希腊艺术家：画家西奥菲勒斯（Theophilos）和雕塑家扬努利斯·查勒帕斯。

戈雅

正如安德烈·马尔罗（André Malraux）所说，戈雅痛斥被上帝所遗弃的人类的痛苦。[12] 自青年时代以来，他桀骜不驯，是那个时代的前卫先锋，如此回想起来，他被视为表现主义、灵魂和民族苦难的第一位画家。这位曾经被毕加索等最伟大艺术家追捧，并被认为"预示所有现代艺术"[13] 的艺术家，却最终以悲剧结束了生命。在他生命的最后几年，大量的时间都待在一个按所有正常的标准都会被认为其内部是"疯狂之宫殿"的房子里。

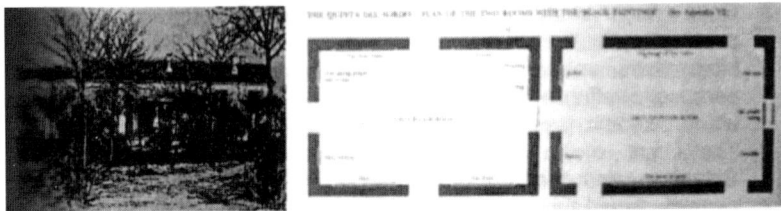

"聋人屋"（La Quinta del Sordo）；戈雅在马德里的房子。两个黑色油漆的房间照片和平面图
[照片由阿方索·E. 佩雷斯·桑切斯（Alfonso E. Perez Sanchez）博士提供]

戈雅在加的斯（Cadiz）患上了一种"神秘的"疾病（有人说这是中风，也有人说是梅毒）。[14] 这让他余生都双耳失聪。有人说，这让他从不顺从和反文化的态度转化为反省[15]，并加深了他对精神和神秘学的关注。在 1820–1822 年患第二次严重疾病之后，他开始进一步内省，以至于他甚至希望可以被一个完整的视觉环境所包围，这样他就能够时刻关注自己的内在。1819 年，他买下了一块 25 英亩的平缓倾斜的土地，这块土地上有一栋坐落在曼萨纳雷斯（Manzanares）河畔的单层郊区住宅，可以看见马德里优美的景色。而他后来加盖的二层楼上的景色更是绝妙。房子的外观平平无奇。事实上，根据在 1877 年《艺术》（L'Art）杂志上刊登的一幅插图显示，这是一栋典型的乡间别墅，没有明显或非阻碍性的特征，与景观和谐共存。[16] 这里的居住环境显然十分舒适，"依偎于一片绿意盎然"且"即使在炎热的日子也如同沐浴在清凉当中。"[17] 然而，这个舒适环境却隐藏了一位悲剧的艺术家。他过着与世隔绝的生活，逃避着他耳聋的事实，或许也是沉浸在他自己的恐惧之中，与一位比他年轻 32 岁的年轻女子莱奥卡尔迪娅（Leocardia）为伴。据说莱奥卡尔迪娅的女儿玛丽亚·德尔·罗萨里奥（Maria del Rosario）是戈雅的女儿，而不是同她丈夫所生。[18] 在这个与社会孤立的天堂，他在居住的房间的墙上绘制了令人毛骨悚然的"黑色绘画"（Black Painting）系列作品。[19] 几乎无可争辩的是，任何一个有理智的人都不会觉得住在一座黑色和棕色加深的房子内部，周围围绕着怪物、巫婆、魔鬼、被斩首的尸体、《农神吞噬其子》（*Saturn Devouring His Son*）等神话人物的场景会感到舒服。人们不禁会好奇，居住在这栋房子里的年轻的莱奥卡尔迪娅感受是如何，而之所以以这位艺术家能够绘制出农神吞噬自己孩子的作品，或许是他因自己私生女而饱受精神折磨的结果。

尽管很多戈雅的传记作者努力对那个时期戈雅的内心世界进行"精神分析"，但这永远都只能是一个谜，除非我们愿意通过一个全新的、对创造力的独特态度去看待他。而这种态度，在我看来，是西班牙独有的。

当时的戈雅的确曾经诉求于撒旦主义中的超自然能力，并创造了一个必然会让他人感到恐惧的内部环境，这是事实。但同样是事实的，是西班牙的创意之人，歌手、舞蹈家和画家，都是通过倾听邪恶妖魔（diabolical duende）的神秘声音，而不是缪斯来进行创意的表达。"妖魔"（Duende，也有"精灵"的意思——编者注），与文艺复兴时期的古代冥想缪斯和天使不同，是一个挑战"死亡"的小恶魔，而不敢挑战死亡"在西班牙是被鄙视的。"[20] 洛尔卡（Lorca）在他的文章《妖魔的理论和功能》（*Theory and Function of the Duende*）中论证了这一切。[21] 西班牙这一独特的对创造力的态度，即通过恶魔去挑战死亡，甚至被天主教思想家，如哲学家米格尔·德·乌纳穆诺（Miguel de Unamuno）发扬光大，他们甚至把"嘲讽"（ridicule）作为西班牙佬不朽的手段之一。他同意折磨是永生和蔑视死亡的一种手段："愿上帝不予你和平，但予你荣耀"是他的《悲惨的人生感悟》（*Tragic Sense of Life*）一文中最后一句话。[22] 这或许也解释了毕加索的创造性天赋，同时也使毕加索对戈雅的亲和力有了合理的解释。两者的笔触，都像安达卢西亚歌手的歌声一样，被赋予了妖魔的黑暗之声。

在这段个人痛苦的时期，戈雅内心的折磨和他自己的恐惧，显然并没有阻止他通过艺术创作来自我救赎，创作那些骇人的作品。而这些作品在某种程度上，不过是他对生活的可怕社会、对教会的虚伪、对宗教裁判之恐惧的评论和抗议，而更有可能的，是这是使他摆脱自传式折磨，通过对自己的生活方式和脑子里的秘密进行惩罚，而求得赦免的方式。他所有的痛苦加上他通过小妖魔获得的灵感，使他成为作为社会注释艺术评论界的先锋，成为对恐惧生命和战胜死亡进行自我批评和摒弃的先锋。他的"黑色绘画"是毕加索《格尔尼卡》的前身，而毕加索在他的职业生涯早期也同样经历着绝对逆境的生活。

戈雅显然知道他与善恶势力的战争，也知道他住在一个完全不被普通社会接受的房子里。由于他早与宗教法庭结下的仇怨，在迫于担忧被没收的情况下，他在 1825 年把房子送给了他的侄子马里亚诺（Mariano）。[23] 最后房子被卖给了德朗热（D'Erlanger）男爵，而这些绘画也得到了非常小心的保护。1873 年，他从墙上取下这些绘画并将它们表了起来。这些画作 1878 年在巴黎展览后，被送往普拉多（Prado），并在那里得到了永久的展出与保存。[24]

戈雅在墙上所作并非出于绝望，而是出于内心想要与他所居住的空间融为一体的渴望。通过将自己的创作冲动或思想的折磨表现到他住所的墙壁上，他建立了一个身体、精神以及空间之间的存在主义关系。如此，他便"摧毁"了代表现状（status quo）的别墅的墙壁。"毁灭"消除过去，也创造了新的事物。从这个意义上讲，这是一种创造和自我表达的行为。这对很多艺术家而言是十分普遍的，包括毕加索。普通人不敢做得如此过火，因此他们通过能够代替自己表达的"装饰"来与空间建立紧密的关系，而使用的也通常是他人的作品、家装、用具、绘画等。画家就不必如此。毕加索和戈雅的做法一样。我们有他直接在自家别墅的墙壁上绘画的照片，也有农牧神和其他源自他想象的场景画。戈雅的房子，被称为"聋人屋"（La Quinta del Sordo）。很不可思议，这套房子在戈雅购买之前似乎就如此命名 [我很难接受马克斯·德·萨尔蒂洛（Marques de Saltillo）的说法，他说这个房子在戈雅购买之前就如此命名]。[25]

事实上，我想提出一个显得自相矛盾的解释："聋人屋"实则与其名相反。这是戈雅哭泣的声音，是他喊叫着想让每个人都听见他对时代恐怖的大声抗议。由于缺乏空间，戈雅的"聋人屋"实则并算不上是一个逆境，而是一个可以给社会其他人——无论是理智的正常人还是聋人——创造逆境的地方。我相信这是迄今为止洛尔卡"妖魔"概念最好的例子。

梵·高

梵高切除双耳后住院治疗的阿尔勒医院；现在的"梵·高空间"（L'espace Van-Gogh）1989 年重新装修
（照片由笔者拍摄）

梵·高，一个与创造力相关的精神错乱与空间逆境重叠的最佳的例证。这位艺术家在他生命中的几个时期都是完全理智的，反复将自己的大脑集中在艺术家公社的愿景和艺术家之间创造力的增强上，并反复经历紧张的空间条件、阴郁和不适的空间，以至于被人们铭记为"悲惨工作室"（Wretched Studios）的艺术家。[26]

　　在艺术生涯的早期，他反复遭受爱情的折磨，已经无法复原，越来越深地陷入自我折磨的精神世界。他的痛苦越来越深，而他绘画的色彩和表现力却越来越明朗。在体验了一系列小房间、酒店房间、偶尔租用住宅里的房间，并经历了一些极少数的幸福的事件——例如在阿尔勒的一栋黄房子中，位于有一家咖啡馆上方的房间，而不幸的是这栋房子早已不知所踪 [27]——之后，他在圣雷米（St. Rémi）一家精神病院旁边，对任何一个画家而言都十分糟糕的房间里，度过了他生命中最后的时光。他的案例可能是证明艺术创作和艺术家所处空间容器之间是相互独立的最好的例子。严格来说，大脑算得上是唯一与创作相关的空间容器。然而，戈雅和梵·高可能会认为，艺术中的表现主义诞生于经历严重个人痛苦的艺术家，而他们所生活的狭窄或不愉快的空间也是这痛苦的一部分。他们会在周围能找到的任何地方释放自己的创作冲动，包括一面墙，或是一张餐巾纸。房子的墙壁，以及在墙上看到的事物，可能成为塑造一位艺术家的基石，并可能对塑造儿童的心理素质和未来产生持久影响。

　　梵·高对于人造空间有着消极的童年经历。他"愈发地讨厌"他所出生的典型两层教区住宅当中"倾斜的天棚"。[28] 他和他的六个兄弟姐妹被困在这间房子上层狭窄的房间里 [29]，他不得不不断地在房间的墙上面对一个穿过玉米地葬礼队伍的小雕刻。这幅他后来获得的小作品的复制品，结合了最终在他自己许多画作中能找到的所有特征：荷兰的风景，以及可能引起极端心理条件、生死情感的元素和场景，从终极的悲痛到田园般的幽默，还有收割者，一个会在他的画中反复出现的人物，一个"向哀悼者脱帽的昏昏欲睡的老农民。"[30] 除了这张照片对他直接根本的影响之外，对于一个年轻人的日常经验来说，这个陪伴可以算得上是十分沉重了。在这方面，年轻文森特的经历和因保姆的疏忽而意外撞见妹妹在沃洛斯葬礼的德·基里科十分相似。迭戈·里维拉也有类似的经历，他永远无法忘记婴儿弟弟的死，这一直影响着他母亲和他的生活。

　　梵·高童年室内的压抑和拥挤而产生的不良感受，以及葬礼队伍的小图所暗示的田野和开阔的天空的对立，为孩童的他创造了对荣耀、自由和广阔户外的早期冲动。颇具象征性意义的，是他居住时厌恶的倾斜的屋顶，在作为户外景观的一部分时却颇欢迎，因为它可以引导人们的双眼看到更广阔的地平线，更开阔的田野、乡村和天空。从这个意义上讲，屋顶成了内心的折磨和不快乐，与存在于自然中的荣耀和上帝承诺之间的切线元素。屋顶是他在申根（Schengen）工作室的出路。我也相信他已经通过 1882 年 7 月完成的绘画《屋顶》[31] 表达了这一切。

　　文森特·梵·高的精神不稳定性、持续的烦躁和不可预测性，已经被他的传记作家和他的朋友高更所深度讨论，高更可以说是梵·高不可预测行为最大的受害者。[32] 梵·高的饮食方式、穿着和整体形象对他的父亲而言都难以接受。他们的关系也一直都很紧张。文森特只与他深爱的哥哥特奥（Theo）通过大量不朽的通信传达了他所有的想法，这些想法即是他内心深处的关键，也是他绘画的关键。梵·高给哥哥的信件，以及他对绘画的看法，都表明他非常依赖理念世界（the world of ideas）。除《圣经》之外，书籍是他一生中最喜爱的事物，尤其是法国文学，佐拉（Zola）是他的偶像。而且可以肯定，他的很多创作灵感也都来自书籍。正如塞兹内克（Seznec）所说，"对于梵·高而言，文学和绘画是相互关联的，而它们也平等地拥有尊严。"[33] 在与高更的关系变得紧张，进而梵·高切掉自己的耳朵后，他所受治疗并居住的阿尔勒医院的一部分，在后来被改造成一个非常重要的图书馆，这是一次对旧建筑非常愉快和大胆的、颇为恰当的建筑干预。[34] 然而，对于这项研究，非常重要的是要记住艺术家对书籍的依赖，以及他过去赋予书籍销售地点——书店的重要性。似乎除了"头脑"（mind）这个想法诞生、储存和检索的唯一空间之外，书店，是唯一以书本的形式来集中存储思想，也是梵·高表达具体空间概念的唯一空间——一个大脑和自然中间的空间。他刚从圣雷米医院获释后，便表示希望绘制一幅夜间书店的作品，同时也说明了书店是书扎根的空间。他说"橄榄树林和玉米地之间存在一个的很好的主题——书籍的播种期（seedtime of books）。"[35] 身处现今阿尔勒"梵·高广场"中阿尔勒医院改造的图书馆，我不禁反复想起梵·高关于书店的概念与理想。这是一个非常成功的建筑作品，与艺术家的大脑和欢乐的色彩无比契合。

他内心的折磨、与父母不断的内心斗争以及祖国的诱惑，使他不断往返于故乡，或偶尔拜访父母的家。在旅行期间，尤其是在荷兰，他来到了其他画家都没有刻意到过的地方。这与他自己内心的精神，即"书/大脑"的空间没有任何关系，而是为其他人的需求和效应而准备。他看到了开阔的田野和美丽的大自然，在那里人类以耕种为生。他拜访了农民的小屋和穷人的住所，并为他们绘画。他看到矿业小镇里人们的辛劳，并在压抑心灵的矿井里获得了第一手的空间体验。说到逆境，没有哪个人类空间可以与博里纳日（Borinage）黑暗肮脏的泻湖相提并论。在他探访矿区之后，他给哥哥写下了一份完整的记述："想象在狭窄、低矮的通道里用坚硬的木材撑起来的一排小隔间，在每个小隔间里，矿工穿着粗糙肮脏、像扫烟囱用的扫帚一样黑的粗麻布衣，在一盏小灯苍白的灯光下，忙着开采煤炭。在一些小隔间，矿工可以直立；而在其他的房间里，他们只能躺在地上。这种安排或多或少像蜂巢中的小格子，或是地下监狱里黑暗而阴沉的通道，或一排小活织机、农民的一排烘烤炉，抑或是地下室里的隔板间。"[36] 其他任何空间都不会给他留下这样的印象。我相信矿区作为逆境中的极端，给了他力量。他甚至因此可以忍受圣雷米镇那个肮脏不洁、不可理喻的精神病院房间，因为这里的条件就算再差，也好过博里纳日矿区里矿工的房间。无论是写作还是绘画，空间、人类的痛苦和隐喻都交织在他的描绘中。他会记录并画下从工地返回的矿工。他会在精神上共情他们的难处，并对他们的工作和痛苦同情万分。在那个时期，他发展出了自己的社会思想，他心目中在愉快的条件与和谐阳光的照耀下艺术家公社的愿景被瞬间撕碎。直到那时，只有极少数艺术家共同生活在一起，但他们总是生活在城市中那些不卫生的建筑里，这些建筑并非专门为艺术家的需要而设计，它们大多都充满了"世俗"的气息。18 世纪的卢浮宫改造了一些专供艺术家和工匠工作的房间，颇具拿撒勒人（Nazarenes）在罗马工作和生活的宁静公共氛围 [1810年他们在废弃的圣伊西多罗（Sant' Isidoro）修道院里自己修建]，也有些许聚集了一批国际画家的杜塞尔多夫（Dusseldorf）和慕尼黑当地书院房屋的意味。法国社会主义者莫里斯·拉·沙特（Maurice La Chatre，1814–1890 年）在自己的庄园里创建了一个公社，并在 1852 年计划建造一栋单间公寓的工业建筑，这个工程在 1872 年才最终完工。[37] 不过无论梵·高是否知道这些，他都有自己的梦想。这显然是他个人精神折磨、痛苦、苦难，以及他十分清楚的他人对自己的态度所促成的结果。这一切都让他感到沉重，"我在大多数人的眼里是什么？无名小卒，或者一个古怪而讨厌的人，一个没有社会地位的人，总之就是一个处在最底之最底层的人。好吧，即使这是真的，那么我也想要用我的作品来展示这样一个古怪的、无名小卒的内心是什么样的。"[38] 为了向人们展示内心深处的事物，他会记录下一切。人类的境况与空间是不可分割的。在空间、景观、建筑、建筑细节里的人，与劳作的人一样。但最重要的，是逆境给他的感受造成了负担。他的画作描绘了工厂、医院和精神病院。他痴迷于遗迹，哀叹将要拆毁建筑的细节。在纽延（Nueyen）时是他最多产的时期之一，那时他在父亲的两层长老会房子旁边有一间工作室，在那里他反复描绘了远处地平线上的一座废弃塔楼。他总是在那个地方寻找着什么，或许是寻着一个与他内心所想相契合的场所特性。但除了充足的户外和建筑细节，他同样描绘了室内空间的家具和器具，赋予它们独特的表现力。他的鞋子、椅子、床、桌子和墙上的图片以及较小的物品，都是他一些作品的主题。这些空间描绘营造了一个快乐而宁静的环境氛围，这与当时在他脑海中发生的事情完全相反。当他饱受折磨和痛苦时，他却画出快乐。当他认为自己在阿尔勒已经找到了他所寻找已久的环境和光明时，似乎感到人生的尽头也不过如此。当他想象空间之美、太阳和人类的兄弟情谊时，即当他在进行真正的灵魂反省时，他便描绘黑暗与哀伤。

　　梵·高博里纳日时期的绘画中，在人们的脸上、在人类苦难的空间中、在绘画里的器具中，都有一种戈雅式的品质。他的作品《鞋》（Shoes）和《吃土豆的人》（The Potatoe Eaters）就是典型的例子。戈雅"黑色绘画"暗沉色调的调色盘是一如既往的。暗沉的色调代表的是灵魂的苦难。多年以后，这一"调色盘"被另一位饱受内心苦楚的虔诚教徒马克·罗思科（Mark Rothko）所继承，他最终以自己的悲剧结束了他的搜寻。只是，罗思科以及 20 世纪的其他以自杀为结局的美国艺术家（即杰克逊·波洛克和戴维·史密斯等），绝非是在压抑空间条件下创作。[39]

　　梵·高所经历的折磨与空间及当中的容器有着最明确的相互关系。这影响了他在个人空间的生活习惯，以及在共享空间中对与他人共同生活的态度。

他的工作室里堆满了物品。孩子们已经学着把他们能够找到的所有东西都带给他，包括在他不能在户外工作时用作静物的鸟窝。阿尔勒非常美丽，只是除非曾在那里生活，否则很难描述出乡村周边春天会刮起的恼人强劲的西北风。梵·高不得不与这些风和偶尔的春雨做斗争，搭建临时支架将画架固定在地上以便保护他的的画布。[40] 但尽管如此，很多次他还是不得不待在家里。肆虐的风和他内心的折磨，迫使他不时在室内进行创作。因此，他迅速在室内积累了一切能想象到的东西，把室内私人空间的每个角落都挤得满满当当。然而，正如斯威特曼所说："角落的杂物除了不断堆砌的画作之外别无其他。"[41]

他独自一人居住时倒还好。所有这些物品和杂乱无章的整体"氛围"是他进一步创造力的兴奋剂。然而，当他不得不腾出空间准备接待他的朋友时，所有这些都便成了一个很大的障碍，即便这是他非常渴望的一件事，却让他无比焦虑。一方面他的内心需要被个人的混乱所包围，另外一方面他想给这位拜访他并和他在阿尔勒的黄房子里一起居住的朋友高更提供一个愉悦的环境。于是，他内心的折磨变得如此激烈，以至于这件事在个人空间和领域的历史上一直极具传奇色彩。

毕加索可以和马克斯·雅各布一起住在浣衣坊，在一个小小的房间里安排自己的生活，甚至能够和马克斯·雅各布一起共用室内唯一的床位。而梵·高不是毕加索。事实上，他甚至一想到要整理高更的床铺就感到害怕。他曾在给哥哥的信中写道，如果高更来到后决定住在这里，他希望花一法郎来请的每周打扫两次房间的女佣，也能顺便帮忙整理下床铺。[42] 显然，梵·高希望能让朋友感到宾至如归。毕竟，即便阿尔勒这间黄色房子在二战时期不幸被毁，但这也是他所拥有的最大最敞亮的房子，而且在这里，他也几近实现了希望能吸引众多的艺术家聚集在周围交流艺术思想以及分享生活方式的梦想。然而，当一个人的梦想和愿景，遭遇每个人对个人空间、隐私、安全空间、领域、个人生活习惯的不同独特需求时，则显得不尽人意。一个人的大脑要保持快乐，以上提到的每个个人需求标准无论如何都需要满足。每个人都需要发现自己的特质和独特之处，以作安排。所以高更到来时，也即梵·高几乎快实现他的艺术家公社梦想时[43]，他却因朋友的到来而感到急躁，且对高更试图强加于"文森特"生活方式的做法感到愤怒。[44] 梵·高和高更二人的性格截然不同，甚至相互排斥。梵·高是思如泉涌类型的创造者。他反应迅速，可以随时开展工作。而高更刚好相反，他需要时间酝酿。对高更而言，梵·高周围的一切"都是惊人的混乱不堪，他的绘画箱显然不足以放下他大量总是忘记封口的颜料管。不过尽管所有的一切都是这般混乱不堪，他画布上的一切却都熠熠生辉。而他的言辞亦是如此。"[45] 贝克尔（Becker），高更早期的传记作者之一曾写道，梵·高在他黄色房子里做的唯一一件有条理的事，就是他在自己卧室墙上，每幅画的中间都画上了栩栩如生的向日葵图样。[46] 然而这唯一代表条理的画，却在梵·高绘制卧室内部景画时被修改了（见梵·高的卧室，1988 年 10 月）。高更对梵·高的烹饪、他们试图在家中运行的角色模式、他的想法、他的语言表达、他在墙上的写的文字，甚至是他一切都颇有微词，除了他的画。高更后来到海地和巴黎的私人工作室都能够证明，他与梵·高二人对个人空间的态度完全不同。高更对个人空间的氛围十分"精打细算"。简单、有序、和谐，以及有内涵，整个空间需要超越他绘画的构图，延伸至他的个人空间。高更在黄房子留宿过后的第六年，他在蒙帕尔纳斯（Montparnasse）的工作室被描述为一个"自我宣传的展示"，承载了所有他对室内设计的搭配。他把墙壁漆成了明亮的铬黄色和橄榄绿色，并在窗户上绘制了一些以爱为主题的场景 [*Te Faruru*（Here We Make Love）[47]]，他用自己喜欢画家的原作与复制品装饰墙壁，同时把从所参观的世界各地获得的器物和器具摆放得井井有条。他的工作室极具异域风情，充满个性却颇为有序。因此，梵·高和高更不仅是两种完全不同的类型，且他们的空间偏好也是互不相容。只是他们对彼此艺术相互欣赏和吸收。高更的空间态度必定是让梵·高感受到了压迫，这是他在饱受折磨的一生中经历过的最强烈的情绪之一。他甚至差点杀死自己的朋友，而最后则以割掉自己的双耳为结局。[48] 这或许是迄今为止整个艺术史上，因受到另外生活方式的明显影响，且在欣赏和处理现实空间以满足现实生活需求方面有不同态度而导致的事件中，最为骇人听闻和也是最具创伤性的合住案例。

如果高更无法生活在梵·高的杂乱中，那么我也有理由相信文森特不可能在紧凑内饰的环境下创作。他需要他曾拥有的个人空间和领地，然而随着他朋友的到来，这些都荡然无存。斯威特曼认为，画面上出现在阿尔勒入口处拉马丁黄房子的房间里的整洁，以及在阿尔勒市内的论坛广场上咖啡厅露台的宁静之美，与那段时间艺术家的感受恰好相反。这是一个艺术家在逆境和煎熬时期反而表现和平宁静的明显例子。前面提到的这些绘画都非常清晰地描绘了他对被孤立、再次获得隐私，甚至是在公有领域中拥有个人领地的渴望。

一幅画换一瓶酒或一盘豆子：无家可归者

下一个关于创意和逆境的例子，是关于莫迪利亚尼和希腊原始主义（primitivist）画家西奥菲勒斯。尽管他们二人的性格和整体教养完全不同，但他们却都具有不时"无家可归"的特点。他们不断在咖啡馆和餐馆中游荡，为一杯苦艾酒或一盘豆汤而作画。

莫迪利亚尼的个人空间

莫迪利亚尼生而神智健全，并享有高贵的教养。他的童年是在家乡里窝那

（Livorno）一些最精致的住宅区 [例如罗马大道（Via Roma）34 号，德勒·维尔大道（Via delle Ville）4 号，马真塔广场（Piazza Magenta）3 号，朱塞佩·威尔地大道] 中，许多著名的房子里度过。西奥菲勒斯则被认为是"光明"的一方，他的教养相当谦逊。

莫迪利亚尼在巴黎的一个三层小木屋里结束了他的生命，而西奥菲勒斯则是在希腊莱斯沃斯岛（Lesvos）的小房子里（一个拥有两室和一个走廊的房子）离开人世。莫迪利亚尼具有很高的文学素养，也许是德拉克鲁瓦之后的画家中最有文化的一个。出生贵族的他无论是在世时还是死后，都深受女人的喜爱。西奥菲勒斯是一个粗鄙的文学模仿者，他甚至通过混合学术希腊语（katharevousa）与希腊普通话创造了他自己的语言。

左：莫迪利亚尼在威尼斯的住宅和工作室，右：他在蒙帕尔纳斯法尔吉埃（Cité Falguiére）的住所
[左、中照片由法菲尔德提供，1976 年；右侧照片由笔者提供，纽约，1967 年]

莫迪利亚尼长相俊朗，被认为是蒙帕纳斯最帅的男性人物，而西奥菲勒斯则不具备这个外在条件。晚年的莫迪利亚尼厌恶社会及其标志，而他的弟弟梅内（Menè）则演变成一位著名的社会主义者。[49] 而希腊的西奥菲勒斯在社会中运作，提醒着人们他们的标志和过去。尽管莫迪利亚尼与西奥菲勒斯有着本质的区别，但是他们都在各自的艺术上饶有成就，而从我们的角度来看，他们还都有着不断移动和"无家可归"的经历，都从没有属于自己的家。

在 20 世纪的明星艺术家中，莫迪利亚尼的生活是最悲惨的之一。他的个人生活和个人环境与他的艺术演变成反比。作为一个艺术家，他从无名到声名鹊起，再到去世后声名显赫。但作为这个地球上的空间居民，他却竟从宫殿搬到了布袋中！他周而复始地搬迁和他的生活条件，被威廉·法菲尔德（William Fifield）详尽地记录在 20 世纪最好的艺术家传记之一当中。他生活的脚步不仅将他从一座城镇带到另一座，还使他逛遍了巴黎的咖啡馆和不幸之人聚居地，这当中包括了我们在艺术空间上册中谈及的拉胡石居（La Ruche）。他从意大利老家富丽堂皇的住宅，搬到了位于滨海卡涅雷诺阿别墅精致花园旁的简陋小屋。而在反复徘徊于意大利、瑞士和巴黎之后，他最终来到了蒙帕尔纳斯。后来，他经常把自己喝得烂醉如泥，最终死于结核性脑膜炎。他身无分文，甚至无法买到一杯苦艾酒和一双鞋子，从来没有自己的落脚之处。他生命尽头的最后时光，与让娜·赫布特恩（Jeanne Hébuterne）住在一起，他们的工作室位于大茅草屋（Grand Chaumière）三楼的一个小木屋，而让娜正是在这里跳到外面的人行道自杀身亡的。莫迪利亚尼去世三年后，后来的租户如此描述这个工作室："那是一个像蚂蚁身体一样的双人工作室"，里面有"一个罐头焦炉，一个蓝色的煤炭箱子，一个棕色的木箱子，棕色的地板配上栗色的门，上面镶嵌着一块玻璃，白色的墙壁刷着边缘不规则的粉红色作为背景，一个大型的绘画工具桌子还有一个画架，除此之外别无其他。"[50]

莫迪利亚尼必定是遭受了莫大的痛苦！他显然十分憎恶"成功艺术家"这种劣等想法。他同样憎恶成功的标志，比如成功艺术家的住宅和工作室，即便他口中的这些艺术家可能是罗丹或雷诺阿。[51] 莫迪利亚尼和毕加索都是传统空间与舒适的最大"嘲讽者"之一。尽管毕加索曾经在房屋的墙壁上、别墅和他所占据的城堡上绘画，但是据他的朋友奥斯特林德（Osterlind）所说，莫迪利亚尼曾"把他的口水"吐在卡涅的一栋古老别墅的白色房间内墙上，因为他想"看他可以吐多高。"[52] 这栋别墅毗邻雷诺阿的别墅，莫迪利亚尼在 1919 年访问卡涅斯时也曾在那里住过一段时间。他还曾拜访过雷诺阿的住所克雷特庄园。这里正如我在本书前面所提到的，在我看来是一位画家所能够创造的"最丑陋"、空间最混乱的别墅之一。莫迪利亚尼显然是被主人的傲慢、房子本身以及房子所象征的贪图享乐所刺伤。尽管就住在雷诺阿隔壁紧邻的工作室，他却再也没有拜访过他。[53] 莫迪利亚尼的离开并没有错，因为这种"睦邻友好"的负面"共鸣"是相互的；雷诺阿对于那些在心情不悦或不舒畅情况下进行创作的画家和如此创造出来的作品皆颇有微词；他认为艺术家创作的作品，应该展示艺术家创作时的喜悦与欢娱，而显然莫迪利亚尼并非此类。他曾在与安布鲁瓦兹·沃拉尔的交谈中表达了这样的观点，也因此他认为梵·高并非一位伟大的画家。[54] 然而如果雷诺阿的观点如今盛行的话，我们当今的博物馆将有一半是空的。

且不说莫迪利亚尼对富裕空间和中产阶级氛围的嘲笑行为，尽管他不得不生活在逆境中，但他还是设法创造了一种独特的艺术，这是他内心挣扎、绝望和对社会不断发展的批判性痛苦的结果。他不得不努力消除他社会成长中的所有符号和标准，在生活过程中，他也不得不像他的朋友苏蒂纳在职业生涯早期所做的那样，在他最终成功之前不断地自嘲，并"把自己分解致死"。最具讽刺意味的是，这两个否定现状之人最终的"成功"和国际认可，来自同一位赞助人，巴恩斯博士（Dr. Barnes）的宣传，而这位美国收藏家，却最终成了最保守、最邪恶现状的代表和缩影。[55] 但无论是苏蒂纳、莫迪利亚尼，还是他们的朋友，那位将自己立体主义雕塑卖给巴恩斯博士后再也不知它们去向的雅克·里普希茨[56]，都对巴恩斯博士的情况一无所知。尽管巴恩斯博士对艺术的评判和评价能力被一再质疑[57]，但有一点可以确信：他对艺术家的贫困有敏锐的洞察力，并成功地进行了投资。

莫迪利亚尼确实是现代艺术的真正开拓者，他是通过感觉和个人的痛苦，而不是通过逻辑、科学、学校教育和理论规则来追求美。他拒绝承认统治阶级的价值观，而是通过个人的牺牲、逆境和否定，来使自己远离他们。马尔罗曾说："没有围墙的博物馆不会成为公认的现实，直到现代艺术将这一谎言打破。然而，在司汤达（Stendhal）的理想之美与巴雷斯（Barrès）的激情之美之间，发生了一件前所未有的事件：真正的艺术家已经不再承认统治阶级的价值了。"[58] 而莫迪利亚尼早已做到。

莫迪利亚尼在世时从未取得过所谓的成功，但他独特的绘画方式却开辟了一个，在当时只有极少数志同道合的灵魂才能有所领会的新视野。毕加索在临终前徘徊于生死之间时，只会说出两个名字，阿波利奈尔（Apollinaire）和莫迪利亚尼。[59]

西奥菲勒斯

西奥菲勒斯·哈兹米哈尔（Theophilos Hatzimihail）是特里德亚发现的希腊天真派（Naive）画家，身着希腊国服，右侧是其代表性绘画作品
[照片由梅加洛科诺诺欧（Megalokononou）提供]

1867 年，西奥菲勒斯出生在莱斯沃斯岛的瓦里亚（Varia），家境卑微。他不断地从城镇搬到城镇，从一个餐馆搬到另一个餐馆。从希腊神话、希腊历史英雄到希腊革命，他不断画出自己的原始主义愿景。他与特里德亚出生在同一座村庄。特里亚德是 20 世纪最伟大的艺术出版商之一，出版了一些有史以来印刷得最好的书籍，为毕加索、贾科梅蒂、马蒂斯、夏加尔、米罗等现代艺术巨头提供了表达和推广的机会。在西奥菲勒斯生命的最后几年，也曾受到过他的支持。只是尽管如此，在相当长的一段时间里世界公众仍然对西奥菲勒斯几乎不为所知。[60]

1961 年，在艺术家去世近三十年后，特里德亚组织了西奥菲勒斯的第一次展览，而展览所在，正是卢浮宫。这位希腊艺术家，其国际地位可以说与卢梭不相上下，亚历山大大帝（Alexander the Great）是他心中的英雄。在节日和特殊的日子里他都会身穿亚历山大的衣服以表庆祝。[61] 他是一个具有传奇色彩的人物，总是沉浸在自己的希腊古代世界和希腊历史中，喜欢讲故事，并创作自己的小说和自己的个人神话。他喜欢那些追随他的孩子，那些孩子也喜爱他，并且很乐意穿上他为他们绘画和制作的希腊英雄服装和武器，并作为他演出中的演员，为他在经常拜访的邻里小镇的街区里进行即兴表演，而他便以次谋生。虽然在他一生中鲜少有有收入的工作 [例如他说他曾经是希腊驻伊兹密尔（Izmir）领事馆的门卫]，但他通过在餐馆和房屋的墙壁上绘画，以交换面包和他崇拜者的慷慨解囊来谋生。[62]

"发现"了西奥菲勒斯的特里德亚，一直在他的画家好友乔戈·古纳罗普洛斯（Giorgos Gounaropoulos）[63] 和扬尼斯·沙鲁修（Yannis Tsarouchis）的建议下收集他的作品，他还确保了必须在他自己位于米蒂尼的庄园内建造一座西奥菲洛斯博物馆。[64] 只是在死后终于获得了属于自己博物馆的西奥菲勒斯，在青年时期和充满创造力的漫长流浪岁月里，却没有歇脚之地。他最后在位于迪洛斯大街（Delos Street）27 号的一个小房子里死去，这个房子位于米蒂利尼圣潘泰莱蒙墓地（Cemetery of St.Panteleimon）的低收入社区。我去拜访时房子还在，不过已经完全风化了，也早已没有了灰泥和窗户。透过墙上的空洞看向内部，惨状可想而知。从邻居的露台上，可以看到墙壁上的壁炉和壁橱，而在 1995 年我拜访时，有一位接近百岁的老妇人坚持说，她年轻时曾因为里面的老人送食物而进去过。她坚持认为他"疯了"，因为"他在厨房里用尿液稀释他的颜料。"[65] 她说的那段时间是 1932–1934 年，当时艺术品经销商发现了他，使他终于有机会不再画墙壁，而改为在画布上创作。他曾经没日没夜地在他的小房间里工作，"不是在日光下，就是在灯光下。"[66] 所有人都忽视他，除了像巴拉斯卡斯（Balaskas）所记述的那样，"一个有爱心的邻居，时常让她的小女儿给他送食物。"[67] 这个"小女孩"，有没有可能是我在 1995 年见过的那位老妇人？她曾见过西奥菲勒斯作画，并如此形容："他微微向左侧弯下腰，像拿着圣杯一样紧握画笔。"[68] 这段时间，这里不时会"有一位肚子肥胖，穿着白色西服的绅士来拜访，他会留下空白的画布，并带走完成的画布，而西奥菲勒斯却始终都目不转睛地盯着油画。"[69] 特里德亚、贾科梅蒂、

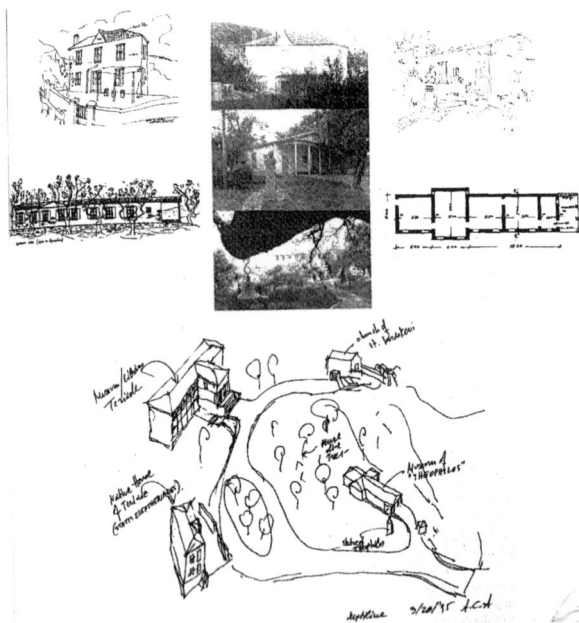

上：从米蒂利尼港看向瓦里亚的景观，下：特里亚德庄园里的西奥菲勒斯博物馆

[照片和素描由笔者提供，西奥菲勒斯博物馆的规划和正面图由博物馆的建筑师，已故的乔戈·扬努利斯（Giorgos Yannoulis）提供]

西奥菲勒斯在米蒂利尼最后的房子

（草图由笔者绘制，1995 年 3 月 23 日）

勒·柯布西耶、奥德修斯·埃里蒂斯以及其他很多人，早已很好地意识到西奥菲
勒斯的价值，并且为我们提供了如今展出在米蒂利尼里亚特里亚庄园里，西
奥菲勒斯博物馆的大部分作品。但他伟大的艺术却是终生苦难和空间苦难的产物。
西奥菲勒斯最后几年居住的小房子，自 1934 年以来荒废遗弃至今，现在仍然在
附近，甚至没有一个标志来纪念这个大多数人，甚至是邻居都不知道的伟大画家。

扬努利斯·查勒帕斯

爱、空间不适，以及专业嫉妒，一直被认为是希腊雕塑家扬努利斯·查勒帕
斯疯狂的原因。[70] 他的苦难是巨大的，与梵·高几乎相似。但与后者不同的是，
查勒帕斯这位 19 世纪末到 20 世纪初最重要的希腊雕塑家并没有留下任何信件，
甚至格外惜字如金。在他精神错乱的时期，他忘记了许多早年的事。因此研究他
生平的学生很难得出结论。他的创作活动历经了三个时期，精神错乱前、精神错
乱后在科孚岛精神病院十四年的监禁，以及在这之后的时期。过度劳累的习惯、
嫉妒、意难平的爱情、幽闭的小工作室，以及无法找到足够工作空间的无奈，都
是他痛苦的一部分。他不得不向黏土模型和研究妥协，并因为不能满足他大规模
工作的愿景而感到极度不悦。

1851 年，生来神智健全的查勒帕斯诞生于蒂诺斯岛皮尔戈斯（Village
Pyrgos，Island Tinos），这座岛因绿色大理石和大理石雕刻师而闻名。[71] 后来他在
雅典理工学院和慕尼黑学院学习了雕塑。在德国赢得了比赛后，他抱着伟大大规
模作品的愿景于 1851 年回到了希腊。不幸的是，他被迫与父母同住，邻居则是
蒂诺斯的大理石雕刻师。这些淳朴的大理石雕刻师为雕刻大理石梳妆台和住宅建
筑细节献上了自己的一生，面对这些邻居，他不得不时常与各种"临时"工作室
和空间逆境相抗衡。在这里，他没有任何可以交流的人，也没有他的工作空间。
于是他封闭了自己，变得格外性情不定。在创作《欧里庇得斯的美狄亚》（*Medea
of Euripides*）时，他迎来了"疯狂"的首次爆发。作品完工在即，他却忽然拿起
一把锤子将其粉碎，但即刻，他又被悲痛所占据。他不再吃东西，也不再和任何
人说话。在这个过程中，暴力占据了他，并成为他的全部。变得精神错乱时，他
只有 24 岁。而这一疯就是十四年。在此期间，他至少一次企图自杀[72]，并表现出
反社会的暴力行为。这些破坏性的爆发，立刻被创造性冲动的瞬时所取代。

在他家里人采纳了每个可以承受的建议后，再加上拖延时间待在这个让疯子
变得更疯的不能接受精神错乱的小社区让他们实在感到非常尴尬，他们便将他带
到了意大利（佛罗伦萨、罗马和庞贝）接受治疗，并尝试改变一下周边环境。

母亲在这位艺术家的生活中起了关键作用。她是他身边永恒的天使，带着他
去到乡下和岛上的修道院游览。他在短暂的清醒时期，便沉迷绘画创作，然而也
有人认为，即使是这些转瞬即逝的清醒创作期，也是出于他对"过度保护"的母

亲的憎恨。[73] 1902 年他从精神病院获释后，又回到了蒂诺斯皮尔戈斯父亲的家中，并一直由母亲照顾。接下来的二十五年他便一直待在这里。在此期间，他完全康复，并制作了一些特殊的样本，展示了他早先饱受折磨的生活的概念。

　　他的名声越来越大，在他的母亲去世后的 1930 年，他搬到了雅典，并在吕卡伯托斯山丘（Lycabettus）脚下的达夫诺米利（Dafnomili）大街 21 号，他侄女的家里待了两年。在这个房子后院的洗衣房往下走两个台阶处，他有一个很小、很不舒适、天棚很低的工作室。[74] 由于夏天的高温和冬天的寒冷，十五年前一直在创作全尺寸作品的他在不得不与微小的黏土模型抗衡中不断崩溃。在这个不卫生的工作室里，他经常在烛光下工作到深夜。[75] 如今当时的这间房子和工作室已无迹可寻；现在原址上是一栋三层公寓。他的问题很快就得到了解决，在街对面，他找到了一个更大的工作空间。在那里，他安装了一些大理石切割机，将他的泥塑模型转换成大理石雕塑。这条小小的街道成了艺术家的根据地，在他死后多年邻居们仍然纪念他。1932 年，他搬到侄女的新房子，距离老房子只有几个街区。这栋房子是由他的建筑师侄子扬尼斯·查勒帕斯（Ioannis Chalepas）设计。这位年迈的雕塑家在他生命中的最后六年里，再次在一个位于院子里的小工作室里工作。他在大客厅里生活和创作，时常在这 20 世纪 30 年代时看起来便显然十分安逸舒适的室内来回走动。虽然有一张照片显示查勒帕斯在这间房子外面的花园里工作，看起来相当开心，但我认为这可能是一个错误的印象。房子和工作室都不属于他，尽管他的侄女和后来成为非常重要雕塑家的她的女儿卡捷琳娜·查勒帕·卡萨图（Katerina Chalepa Katsatou）都很爱戴他，但是他可能从来没有宾至如归的感觉。[76] 没有合适的个人工作空间，显然是这位伟大艺术家终其一生的困扰。他一直希望国家给他提供一间工作室，但这从来没有实现。

　　他的空间逆境是缺乏适当的工作空间和时常缺席的大脑。父亲在皮尔戈斯的两层房屋对他的康复起了重大贡献。在他母亲去世后，这座房子成为一个新生的子宫，他的余生从这里释放，从此回归社会。

查勒帕斯在雅典的临时住所
左: 达夫诺米利大街 21 号的侄女家; 右: 同一条街租的工作室
（照片由笔者拍摄）

这是一座典型的独立式"半两层式住宅，主要房屋在地上，地下拥有一个辅助性空间。"[77] 雕刻家只使用地下室作为工作室。好处是可以保持泥土湿润并避免了他小雕塑的损坏。房子的主要空间对他来说没有太大用处。在大多情况下，他在地下室无休止地工作，并经常睡在里面。

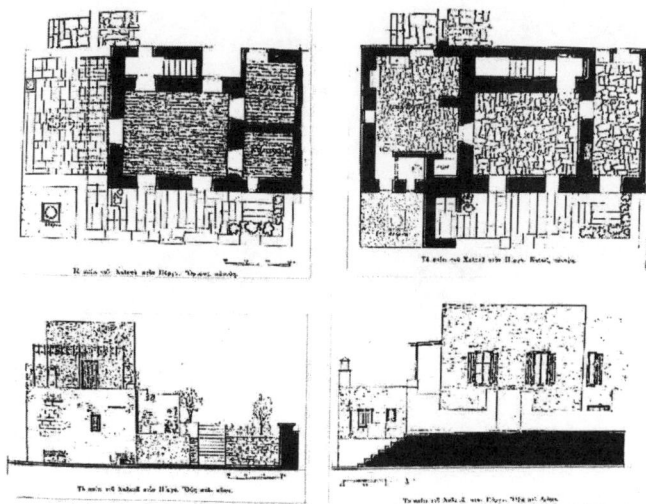

约尔丹·季马科普洛斯书中测绘的位于皮尔戈斯的查勒帕斯住所

查勒帕斯独自生活时，他没有时间或精力去关心礼仪和秩序。在这方面，他就像毕加索以及很多其他艺术家，他们的创造力和工作永远都是第一位重要。[78]他在皮尔戈斯精神错乱间隙的作品尺寸都较小。这些作品都是些他用手和橄榄树枝雕刻而成的黏土雕塑。由于没有纸张可以用来作画，也没有大空间可以用来刻凿大理石，于是他便专注于黏土。而关于为什么他从科孚岛（Corfu，克基拉岛的旧称）的精神病院获释后没去雅典，他的回答是："当我从科孚岛回来时，他们没给我留下任何可以歇脚的房间。"[79]有趣的是，艺术家从没有要求住宅或工作室。他已经完全习惯于仅需要"一个房间"。在他的一生中，空间的可用性是最关键的。希腊没有大型的艺术家工作室，一切事物的规模都很小。这对于习惯了慕尼黑广阔空间的人而言一定痛苦万分。巨大的雕塑不可能诞生于农民生活的小空间，也不可能出现在浴室的梳妆台前。

约尔丹·季马科普洛斯（Jordan Dimakopoulos）测量并出版了一本小专著，是关于查勒帕斯在蒂诺斯的家。他还准备了一份艺术家在那里完成的作品目录。值得注意的是，这位饱受折磨艺术家的住宅是有史以来保存最完好的艺术家家庭工作室；如果世界其他地方艺术家的家庭工作室也能如此完好，将对我们的研究具有极大的帮助。

有人认为，查勒帕斯最著名的作品《沉睡者》（*Kimomeni*），即作品中描绘的雅典第一公墓中躺着的美女索菲亚·阿芬塔基（Sophia Afentaki）是他早期精神痛苦的根源。[80]

位于雅典第一公墓中的《沉睡者》
（照片由笔者拍摄）

然而情况并非如此。他从德国回来后，便立刻爱上了同村的一位 16 岁美少女。但由于社会严谨的道德秩序，他只在梦和想象中与她共同生活。他曾经向他的兄弟透露过他的梦境，在梦里，空中的缪斯被鲜花环绕，前来迎接他。[81]他对这个女孩的爱并没有被他的传记作者进一步求证。[82]梵·高和查勒帕斯都是爱和社会道德的受害者；如果说，梵·高住所橱柜里的死人骷髅才刚刚被发现，那么查勒帕斯的情况便是还没有完全清理干净。[83] 虽然他曾经承认自己经历了爱情抑郁症，但是他精神错乱的原因大多是由他的捍卫者、他从别人那里感受到的嫉妒，以及他辛苦疲惫的工作所引起的（1877-1878 年，他曾经每天工作 20 个小时[84]）。我认为更重要的是因为缺乏适当和足够的空间。他一直没有找到合适执行他想象力和宏伟愿景的场所。对于一个拥有伟大而不朽作品梦想和愿景的艺术家来说，出于限制不得不做一些小尺寸的泥塑一定是一个极大的折磨。甚至在自己家里他也一定觉得如同流亡。不过尽管如此，他的创造力与冲动从未远离，他不断创作，直到他生命的最后。

隐私和流动性：在旅途中创作

出于对流动性的需求，确实有很多艺术家主动选择了小空间。如果一个风景画家不能用雨伞来保护自己，那么他就很难在雨天工作。如果特纳（Turner）不能亲自观察自然现象，就不可能获得对雾和其颜色的个人欣赏。因此，必要性，使一些画家选择了可移动工作室（mobile studio），伞、小船、驳船，甚至吉普车。获得了巨大的财富并启发了约翰·罗斯金（John Ruskin）的特纳，就曾时常把船开到泰晤士河上，以近距离观察、素描、绘画。早在 1808 年，他就在"泰晤士河上或沿河"绘制水彩画和油画。[85] 树木和绿叶、船只与河流、交织在一起的云层和天空，他所捕捉到的场景就如同近在眼前般栩栩如生。河流、乡村道路、山脉和云顶，都已成为他户外的工作室。

我没有权利展示特纳在《欧洲大河》（*Great Rivers of Europe*）系列中的日落，所以在该书启笔的十八后，我向你们展示，左：那里"天空中"的蜘蛛，她的网在两棵相邻的树上延伸；右：希腊海德拉岛日落
（照片由笔者拍摄）

在随后的几年，户外变成了印象派的工作室。他们也被称为外光派（Plein-Air/Plein-airisme）。[86] 伴随着美景，外光派艺术家身不由己地前往邂逅大自然的独特气质。而一场简单的雨却可能会摧毁一切。由此，雨伞便成了早期风景画家最不可缺少的工具，而在临时庇护所的即兴创作则是不期而遇。莫奈（Monet）非常擅长和这些逆境做斗争，他以在奥赛博物馆（Musée d'Orsay）的两幅画《女人向右》（*Woman Turn to the Right*），《女人向左》[87][*Woman Turn to the Left*，这两幅画是莫奈创作的，现今藏于美国华盛顿哥伦比亚特区国家画廊的《撑阳伞的女人》（*Woman with a Parasol-Madame Monet and Her Son*）之外的另外两幅]，使雨伞变得永垂不朽。坚持在户外工作风景画家的"艺术空间"，是雨伞的边缘、眼睛正面看所见的事物，以及无垠的天空。伞对图卢兹·劳特累克（Toulouse Lautrec）而言不可或缺，对多年以后的乔治娅·奥基夫也是一样。萨尔瓦多·达利（Salvador Dali）也曾光荣地向雨伞致敬。在他那如狂欢节般的乡村探险期间，他的助手为他背着一个直径 20 英尺的巨大塑料雨伞，保护他免受太阳的照射。

笔者速写：
左：莫奈的两幅画《女人向左》《女人向右》的素描（于奥赛博物馆，1995 年夏）
右：爱德华·马奈（Edouard Manet）描绘"莫奈在他的船上作画"的草图（来自关于莫奈的书）

紧跟着"把雨伞和画家的腿作为工作室"，我们有"最小可移动的工作室"——船或汽车。它们为画家提供了必要的保护，并帮助他们在偏远的山水中捕捉场景，且不会有人用好奇的眼光干扰他们的工作。阿姆斯特丹和塞纳河的峡湾里遍布着艺术家漂浮的家庭工作室，旧金山附近迷人的索萨利托（Sausalito）拥有最大的艺术家漂浮城市。船和肮脏驳船的逆境及时地被改造成田园诗般的浪漫。按照时间顺序排列，最引人注目的艺术家是威廉·特纳（William Turner），夏尔－弗朗索瓦·杜比尼（Charles-Francois Daubigny，1817-1878 年）、克劳德·莫奈（Claude Monet）和乔治娅·奥基夫。

小的移动工作室，保证了绝对的隐私，只有极少数人能够访问。刻画作品《工作室里的艺术家》（The Artist in His Studio）展示了在漂浮工作室内工作的夏尔 – 弗朗索瓦·杜比尼。这是由他的儿子巧妙地将自己的驳船为他的工作室需求改装而成的。内部配备了画架、画布、书架和烹饪设备，而挂在墙上的一些鲱鱼是为用餐准备的。墙上的鲱鱼似乎与外面宁静和美丽的大自然颇为矛盾。然而，就像特纳偶尔喜欢在他的作品中描绘垃圾一样，为了唤起所有的感官，并通过视觉产生一个真实的环境记忆，杜比尼也这样处理他的鲱鱼。一个巨大的伞靠在杜比尼船的另一面墙上，这表明外面在下雨，画家已经回到屋里。扎孔（Zakon）认为，杜比尼的船／工作室是他的"家船"，一个永久的住处。在他在瓦兹河畔欧韦（Auvers-sur-Oise）建造了吸引了许多画家来拜访的大房子之前，艺术家这段时间一直生活在这里。景仰杜比尼的梵·高也曾在他最后的两幅作品之一《杜比尼花园》（Daubigny's Garden）中，用极其抢眼的绿色对其进行了描绘。[88]

左：蚀刻版画《工作室里的艺术家》中所描绘的是杜比尼驳船的船舱内部
右：莫奈自己位于马恩河上的《工作室小船》（The Studio Boat）

真正擅长并开拓了户外油画创作的先驱画家，是莫奈。他自己的工作室小船在马恩河（Marne）上静谧的孤独中永垂不朽。马奈也画了一幅美丽的画，描绘了在阳光明媚的日子里，莫奈在他的船背面的船舱外，由画布保护着，悠闲地作画。这艘船高得有些不协调，使得船甲板上方的房间高度足以满足艺术家站立，且更重要的，是能容纳画架和大画布。很显然，艺术家宁愿在阳光充足时在外面的帆布保护下工作，而内部是用来储存东西、防止突然下雨，以及天气不好，而艺术家想要捕捉风景中光线的变幻无常时，用于偶尔的全天工作。在这种情况下，艺术家可能会使用船后方的大开口作为窗户。莫奈小船的侧窗相当小，艺术家必须站起来才能素描捕捉到一个快速的变化。尽管这是一个"逆境"，但"小船工作室"

带来了自由，为印象派提供了新的活力，使得他们可以快速地以素描捕捉不断变化的自然现象。因此，船可以说是风景画家在雨伞和摄影机之间的过渡工具。或许正如邓奇廷（Dünchting）所认为的，小船是莫奈现代性的一个象征。在来到阿让特伊（Argenteuil）后，他在马奈的建议买下了它，随即便调整成了河边小城的生活方式。两位艺术家和他们的妻子都在这艘船上进行了许多小时的交往，互相讨论艺术和绘画。在独自一人时，莫奈完成了他关于阿让特伊的作品集，当中包括他在 1872 年创作的著名作品《帆船比赛》（*Regatta*）。如果没有移动的工作室小船，这将是不可能完成的。[89]

另外一方面，尽管沙漠非常壮观和富有魅力，但乔治娅·奥基夫不得不与这巨大的沙漠，一个潜在的危险景观作斗争。没有船只或驴子可以抵达她的目的地，只有她自己的双腿和汽车可以。自 1931 年以来，福特 MODEL A 成了她移动的工作室，带她去远征绘画和发现景观。她会把后排乘客的座位留在小屋里，卸掉驾驶位的螺丝后旋转座椅，然后把绘画的帆布放在后座上。汽车的高窗让她能够享受到充足的光线，而汽车的高顶则足以容纳 30 英寸 ×40 英寸的大型画布。[90] 后来，她买下了一辆吉普车，这辆车增加了她的行动力，却限制了她的工作空间。奥基夫的吉普车最接近于一个"移动工作室"，与艺术家的"个人空间泡泡"一样大，这个个人空间保证了绝对的隐私，同时也是一种探索和抵达遥远风景的方式。

艺术家的流动可谓是千里迢迢，跋山涉水。这个过程非常艰辛，始于马背，米开朗琪罗离开佛罗伦萨去征服罗马时就是如此。而在当下的日子里，包括建筑师、作家、摄影师、专业人士和业余爱好者在内的许多艺术家，则都可以通过舒适豪华的游艇来实现。水上滑翔和工作，更激发了他们的想象力。这对于许多北方的艺术家而言尤其如此。阿尔瓦·阿尔托、克里斯蒂安·古利克森（Kristian Gullichsen）以及约兰·希尔特（Göran Schildt），他们的很多灵感都来自船。建筑师拉尔夫·厄斯金的船是一个完整的建筑办公室，也是同类建筑中规模最大的。它可以容纳整个办公室，不断地将假期和工作完美结合。

厄斯金的船艇工作室[91]，是一个避风港，是创造力的来源，也是一种生活方式。逆境空间在 20 世纪末，已经成为是一个从传统中彻底解放的空间，它远离琐碎，保证绝对的隐私，带来灵感和创造力，使工作转变为"玩"和不断的休假。画家也在这方面影响了建筑师，从特纳到厄斯金都是如此。

小隔间，圣礼容器和华盖：个人空间，个人圆顶，空间里的空间

小隔间（cubicle）是一个通用的分子空间。它通常是一个更大整体的一部分。它与圣礼容器（ciborium）和华盖（baldachin）这些更古老的空间类型密切相关。

寺院的房间是小隔间类型，监狱和精神病院的病房也是如此。酒店房间也是一种小隔间，只是少了负面含义。相反，它保证了"自由"，正如我们前面所看到的，

它在 20 世纪的艺术发展中发挥了非常重要的作用。

与小隔间相关的空间条件——"空间内的空间"，对使用者有着非常特殊的心理影响。在另一个较大的空间内"漂浮"或"游泳"的较小空间更接近使用者的"个人泡泡"，从而提供了人与空间更亲密的关系。这可能最接于近子宫内的安全感。在这个小的空间里，使用者感觉到全然的安全，并与空间融为一体。他可以触摸它的细节，可以转动，并控制周围的一切。总之，这样的小空间和人的尺寸最接近，同时也可作为与更大空间关系的过渡。

圣礼容器和华盖是隔间类别中最早的例子。我们可以在宗教建筑或室外结构中找到它们。圣礼容器显然是历史最悠久的。它被作为地球上基督坟墓的象征性代表。它空灵轻盈地表达了基督升天的可能性。它通常是一个正交的实体，底部有一个非常低的墙基，屋顶下面的四个角必定会有柱子支撑，在最好的情况中，会是一个覆盖着十字的圆顶。它是时常被安置在建筑中教会的微型代表，通过教堂更大的空间，成为信徒与天堂之间过渡的代理。圣礼容器的进一步缩影还包括教堂里的器具，如可以用手捧起的、通常是和其他圣器如汤匙和圣杯放在圣坛上的小型建筑模型。圣礼容器作为空间中的空间，与"个人空间泡泡"的概念最为接近，也时而会被用于地基的目的，用以标记如圣像的发现地点，或圣人、主教或教皇的埋葬地。从这个意义上讲，圣坛旁边便是教堂中最神圣的空间场所，这里是介于世俗与神圣的中间空间，公众可以接近它们，甚至进入内部，而这对于圣坛而言是不可能的。在许多早期基督教巴西利卡教堂中都可以找到圣礼容器，其中最早也是最出名的，是位于希腊塞萨洛尼基（Thessaloniki）的圣德米特里教堂（Basilica of St. Demetrius）。而最辉煌的，是意大利的城外圣阿格内塞圣殿 [Basilica of St. Agnes Oustside the Walls（Sant'Agnese Fuori le Mura）] 的圣礼容器。它金碧辉煌，有着抛光的黑色大理石柱和令人印象深刻、有着迷人比例的圆顶。

后来，大理石雕刻的圣礼容器扮演着街头家具的角色：以大理石柱做支撑，标志着圣地之所在，或指引着宗教纪念碑与教堂的方向。许多人或许会想到在罗马标记着圣彼得墓地的建筑结构，这一由贝尔尼尼（Bernini）修建的精彩的空间内的空间，正是圣礼容器。不过笔者认为它并不符合此类空间，因为它可以容纳很多人，这违背了个人空间的概念。此外，它的形态让我们联想到了"华盖"，一个由丰富材料和织物（巴格达的丝绸布）制成的仪式顶篷，供户外使用和仪式使用。

圣彼得大教堂的青铜祭坛大华盖（Baldacchino），不仅从其整体设计和装饰来说非常出色，而且其基本结构的材料也与众不同。它巨大扭曲的柱子以青铜铸造，其中一些来自贝尔尼尼的万神殿（Pantheon）。[92] 而普通的华盖，大多因其"人类的尺度"而有别于其他，因此，它代表了早期基督教教堂，即圣彼得大教堂祭坛大华盖中"熟悉的建筑元素"。通过获取已知熟悉形式的形象，但夸大其尺寸，使之成为定义上人类尺度之外的元素，正是这种尺度的"游戏"，才使得其整体成为宏伟壮观的建筑。也正是如此，华盖不应与圣礼容器相混淆。

"隔间"本就是一个非常清晰的空间，充满了圣礼容器的空灵感。它的侧面相对是牢固的实体，更不易于照明和交叉通风。典型的隔间之一，就是天主教堂里的忏悔室。小隔间虽然拥有幽闭恐怖的空间氛围，却同时可以为里面的使用者提供绝对的隐私。值得注意的是，在过去，特别是中世纪时期的女士们，她们就是通过由仆人抬着的小隔间在城里"走来走去"。

隔间也与宗教用途有关，偶尔，它被描述为一个保护冥想中圣徒免受沙漠侵害的独立石屋或小屋。验证这一描述的一个很好的例子，是《底比斯之战》（Thebaid）的画家 [保罗·乌切洛（Paolo Uccello）意大利文艺复兴时期画家] 描绘的恶劣沙漠景观中的圣人社区。[93]

作为收容和保护圣人的空间，隔间本身通常相对更加密闭。然而，它为冥想者在逆境中提供了安全之所。因此，它具有"体量"的建筑语言，一个完全围合的空间，只有少许阳光可以照射进来。室内，圣人的床通常是铺在地板上厚度适中的床垫；在严酷的气候里，他们勤恳学习、工作。

这些场景，都来自亚洲和东地中海沙漠的小隔间的现实，通过拜占庭和文艺复兴时期画家的作品，以及最终进入天主教教堂和 20 世纪艺术家的"小隔间"而得到印证。

艺术历史上一个有名的小隔间，是被艺术家反复描绘的圣哲罗姆（St. Jerome）的房间。阿尔布雷希特·丢勒（Alrecht Dürer）的作品是他自己的房间和阁楼，我们在先前的章节已详细介绍。然而，这个"空间中的空间"系列中最著名的，来自安东内洛·达·马西纳(Antonello da Massina)对圣哲罗姆研究后的描绘。它是对沙漠小隔间大众语言的改造和阐述，在去掉三面墙以后，向我们展示了室内圣人学习的空间。它就像一个舞台设计，矗立在教堂更大的空间中，当中主导的人物——圣人学者，宁静并专注地从事着他的研究。特别的人需要特别的地方，达·马西纳对此的构图也十分精妙。这幅作品显然是受到同时期荷兰室内风格的影响。正如我们从圣徒的生活中所学习到的，圣杰罗姆在许多方面都是个例外。出生于公元 329 年的达尔马提亚（Dalmatia），并被送到罗马的学校学习。他非常热爱书籍，并在最优秀的大师门下学习，也经常旅游。这位圣人后来被教皇从叙利亚沙漠召到罗马，他曾在那里冥想沉思，用他的希伯来语和经院哲学修改拉丁圣经。退休于他心爱的伯利恒（Bethlehem），在生命的最后三十年，他在一个孤独的房间里写出了一系列如光般夺目的著作，这些著作，都是基督教世界的礼物。[94]

莱昂纳多孤独的洞穴中经常会描绘圣哲罗姆。这也许是因为他与这位圣徒有着相似的学术兴趣。文艺复兴时期伟大的艺术家中，乔托（Giotto）、范·戴克

左上：阿尔布雷希特·丢勒的"小隔间"从他在纽伦堡
（Nurenberg）的房子的屋顶结构中突出出来

右上：他的圣哲罗姆版画

[上图由笔者和利托（Litho）提供，UTA 稀有书籍典藏]

左下：安东内洛·达·马西纳研究中的圣哲罗姆；空间内的空间（UTA 稀有书籍典藏）

右下：维罗纳街道上的圣礼容器

（照片由笔者拍摄）

（Van Dyck）以及凡·艾克（Van Eyck）创作了许多具有代表性的"小隔间"。

弗兰克·劳埃德·赖特于 1929 年在亚利桑那州建造的奥卡蒂拉营地（Ocatilla Camp）是对艺术家小隔间群的当代诠释，可以让人联想到安东内洛·达·马西纳画作的沙漠氛围。在这个示例中，独立的隔间采取十五个小屋的组合形式，用脚柱架起。通过可控制的遮阳装置和白色帆布，每个客舱都有丰富的光线。在学徒和当地木匠的帮助下，赖特在短短的两周内就建成了这个营地，使之成为"建筑师瞬息万变的营地。"[95]

赖特奥卡蒂拉营地里独立建造的"小隔间"
（资料来源：建筑论坛，1938 年 1 月，ACA 档案）

在马丁角拥有一个"小隔间"的勒·柯布西耶也有一个梦想，就是把它扩展成一整个大院，为自己的助手和客人增加隔间。显然，他并不像在亚利桑那州的赖特一样有那么大的决心。

杰克逊·波洛克在经过越野探险和数次兄弟和朋友提供的住宿后，他非常愉快地在法国小镇新泽西以每月五美元的价格从一个农民那里租来一个小房间，在自我强加的流放中变得格外有成效。[96]然而这种状况并没有持续太久，因为这里实在"太冷了"。

当今的隔间获得了"功利主义"（utilitarian）的目的，如"电梯舱"、用于装卸集装箱和其他货物的起重机指挥舱、医疗机动诊所，以及"太空船舱"。在 20 世纪的艺术史中，电梯舱就已经存在。马塞尔·杜尚先生在凯瑟琳·S. 德赖尔（Katherine S. Dreier）的房子里用树叶和鲜花来绘制电梯舱，以匹配她在康涅狄格州米尔福德（Milford）房子的墙纸 [布里奇波特邮报（Bridgeport Post）的照片，1946 年 6 月 23 日]。我们在许多精彩的建筑物里都能看到堪称艺术品的非凡电梯设计。然而，即使在这些出色的设计里，幽闭恐惧症也永远存在。

作为创造性空间的隔间的最差形式，或许就是病床或轮椅了。弗里达·卡罗的床、马蒂斯的床和轮椅以及雷诺阿的轮椅，是最近艺术家使用最接近"圣礼容器工作室"的例子。

这些都是深度身体痛苦的例子，这些断断续续的疾病很可能威胁甚至消灭艺术家所有的创造力。事实上，马蒂斯也曾抱怨过这种情况。[97]但事实上大多数情况却与此相反。个人逆境被认为是解毒剂，激发了人们的精神慷慨和分享事实的需要。对弗朗索瓦丝·吉洛而言，残疾的马蒂斯已经成为她体验到精神慷慨和真理的舞伴。[98]

《梦》（*The Dream*），弗里达·卡罗，1940 年 [引自埃雷拉（Herrera），私人收藏，纽约，1991 年]：画家的床，一个"活的圣礼容器－工作室"，创造力的摇篮，死亡梦魇的解药

对创意的渴望可以克服每一个逆境，不仅赋予新作品生命，也赋予了艺术家生命。在所有被限制在床、病床或轮椅上创作的艺术家中，弗里达·卡罗的情况最为悲惨。雷诺阿则是因为年迈和关节炎，马蒂斯是因为肝脏问题和肾脏手术留下的后遗症。然而弗里达·卡罗自生病开始，就一直受到小儿麻痹症（脊髓灰质炎病毒攻击）的困扰，而一次她在墨西哥城搭乘有轨电车时，一辆汽车撞伤了她，又进一步恶化了她的病情。为了活下来，她做了十六次手术，一直忍受着痛苦。手术台上、支撑束腰和床铺的限制，在她生命的最后几年一直伴随着她，从未离去。

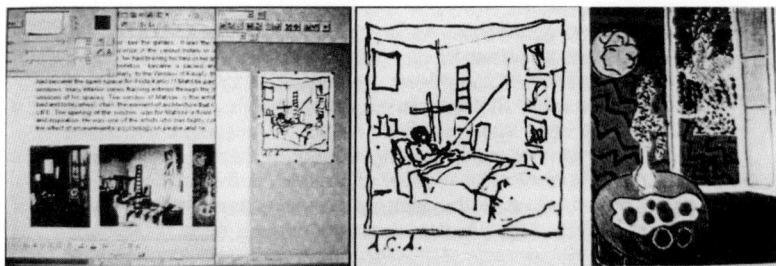

左《窗口》（*The "Window"*，电脑屏幕）是一种摆脱"床"之悲剧的方式，马蒂斯躺在尼斯公寓的床上，卧床时窗户主题的创作，中：旺斯的起居室，右：工作室外的场景
[照片由笔者提供，1947 年在用电脑上查找早期蓝色桌子上的静物手稿后，引自贝尼耶，1991 年]

　　大部分人都认为她已经放弃，不得不在床上一直躺着，所有爱她的人都尽可能让她在卧床时能感觉好受一些。她的床有四条腿和一个华盖，这反映了她对古典家具的喜好。床上安装着一个特殊的活动画架，这样卧床的艺术家就可以按照自己的工作需求操控它。镜子放在床的顶棚上，以便她能看到花园外面，通过床的天棚和两侧，她可以看到旁边最喜爱的工具、珍贵的物品、偶像和她正在创作的犹大（Judaces）。她卧床的情况在一定程度上影响了她作品的尺寸，也就是不得不小一点，因为这样她才能够较为轻松地将其掌控。

　　马蒂斯的情况也是如此，因为禁锢在床和轮椅上，而不得不寻求其他表达方式。躺在床上时，他做剪纸，并用剪好的纸进行拼贴的创作。当他坐在轮椅上时，他可以进行更大范围的活动。用一根长棍子就可以画出更大的作品，于是他便把大部分时间花费在旺斯玫瑰经教堂（Chapelle du Rosaire de Vence）的设计上。两位艺术家对户外都有需求。弗里达曾让迭戈腾出她二楼卧室前厅的空间，这样她就可以在那里随意移动自己的床，以便看到花园。这也和马蒂斯相同。当他在各家酒店和后来尼斯与旺斯的家中疗养时，他一定要把床或轮椅移到窗边。因此，窗户成了这些艺术家神圣的建筑题材。与卡瓦菲（Kavafy）的窗户类似，窗户已经成为弗里达·卡罗的开放空间！马蒂斯画了许多窗户，内部景观通过空间中偶尔出现的窗户构成了外部景观。马蒂斯的窗户，是他床和轮椅的解药，是构成他生命的建筑元素。窗户的开启，则是为了让马蒂斯的幻想和灵感迸发。他是高度意识到环境心理学对人的影响的艺术家之一，他清楚地知道他称之为"治疗性匮乏"（therapeutic absence）的注意力集中的效果，以及通过敞开的窗户，让艺术家感受到生命的释放的重要性。他曾经提醒他的采访者："特纳曾住在地下室，每隔八天他便会打开遮光的窗帘，随后看到的便是火焰、是闪耀、是宝石！" [99] 街头的生活和户外的奇迹得以回归于颇具创造力的艺术家，并不仅仅是因为他们看到了这些情景，更是因为手上握着画笔时他或她的与众不同。他们的双手必须去感受，并通过画笔将创意的火苗传递到画布或刻板之上。对此，马蒂斯认为没有比雷诺阿更为恰当的例子。他写道："老雷诺阿的例子给我留下了深刻的印象……在他生命的最后几年里，经历的只有无穷尽的痛苦。他们推着他的轮椅四处移动。他曾经像具尸体一样跌落在地。他的双手被绷带包裹起来，关节炎严重折磨着他的手指，它们像树根一样，僵硬得根本无法握住画笔。他们曾经把画笔穿过绷带放在他的手上。第一次移动的尝试让他痛苦万分，面目狰狞。在努力了半个小时后，这位死者终于复活了；我从未见过如此快乐之人……" [100]

　　创造力是解决痛苦最好的方法，弗里达·卡罗则拥有许多这样的经历。

　　马蒂斯知道，通过移动他所占据空间中的事物，会赋予它们一个新的角色。就像给自己注入创造性的试剂一样。他曾经常改变他工作室内部的布局，这样他就总是可以重新开始。[101] 笔者把他的例子传达给自己的学生，要求他们每学期改变自己房间家具的布置三次，并记录下他和他的朋友们的变化。这个练习的结果令人着迷。

不论是稳定还是移动的小隔间，都是最接近艺术家个人空间的工作室。它的安全性帮助人们把注意力集中到自己的内在深度和宇宙的奥秘上。今天的隔间就是我们的电脑屏幕，但正如我在其他地方所论证的那样，最后和永远的隔间都将是我们自己的大脑……

总结

上面我们所考察的所有艺术家，即使在最不利的条件下也能够表达自己，创作绘画，这是一个逆境对创造性人物的创造冲动没有任何影响的有力证明。与之相反，对于真正的探索性思想和奋斗型人格，唯一重要的空间就是大脑空间，以及它的自由运作。在一个孤独的房间，无论是圣人的小隔间，还是牢房，无论是否有书籍，人的大脑都可以穿越于思想的世界。甚至可以在微小且逆境的空间中找到完全的自由，如小船或吉普车的内部。在那里，空间逆境将成为生活和创造力的工具。

多么美丽或富丽堂皇的氛围，都无法与自由之下的大脑空间相媲美。即使在最不人道的环境压迫下，人类也创作了交响曲、写下了歌曲、画出了伟大的作品。当我们个人的空间、隐私和领域的需求被侵犯时，创造性和艺术表现便可能会受损，甚或无法创造性地与他人共同生活。但即使在最不利的空间条件下，如果我们控制了我们大脑的空间，那我们也可能创造出任何物理空间。

伟大的艺术、美丽、喜悦、爱情和对生命的承诺，已经从矿山、流亡者、监狱牢房和精神病院中诞生。如果书、"书店"或"图书馆"是思想存储的空间工具，那么大脑实际上就是创造者的终极空间、实验室和祭坛。他们为了创意而活，并渴望对他的同胞们而言大有益处。正如梵·高所说："让我们牺牲自己吧，让我们为他人而活，让我们对其他生物有所益处。"[102] 为了在这场斗争中取得成功，即使只有大脑的空间也是足够的。

逆境与创造力

在结束发言前，我想谈谈近年来我个人已经意识到的另一个问题。正如我在其他地方提到过的，随着年龄的增长，空间的概念也在发生变化。我们会毫不犹豫地爬楼梯、攀丘陵和登山脉，或在清澈的海水中潜水、在海洋的洞穴里沐浴；然而我们的审美与生命一样，各个阶段也各不相同。因此，我们年轻时，可能会设计像杜斯堡或唐纳德·贾德那样的"Z"或"T"型的胶合板方形家具、椅子和座椅组合，可能多年都不会感觉到这些"艺术品"对我们的脊椎和身体造成的不适或潜在的不良影响。我们可能会睡在地板上的床垫上，也可能根本不会去想这并不会长久。然而随着年龄的增长，我们发现放弃青春时期的创造和美学非常困难。在许多情况下，这样的青春创作会折磨我们多年，实际上，他们可能会更多地折磨它们的创作者，甚至长达整个余生；多年来，我都无法放弃我2英尺×4英尺的胶合板椅子，就像蒙德里安永远不会放弃他非笛卡儿式的理想，或杜斯堡可能也永远不想听到有关他在默东的房子里，均匀的直线墙后陡直楼梯的谈论。同样，即使多年遭受由湿度造成的湿气和脚下的大海的折磨，米洛斯（Milos）渔村捕捞小船坞的所有者，例如克莱马（Klema）和菲罗波塔莫斯（Firopotamos），也不会想要放弃这不卫生的地方和年轻时许下的打鱼承诺。当一个问题在青年时期就有了空间上的解决方案，而没有考虑到以后的生活阶段，那么这将成为持续一生的虐恋。

对大多数人，特别是对那些无力雇佣船上专职医生也没钱翻新船的"一无所有"（non-haves）的人来说，青年时期的审美都会最终成为一种生活上的折磨……很少有人能够负担得起。由于这种高度个人化和莫名其妙的困境，在我们生活中的逆境时期（流亡、学生贫困、监狱等）为适应我们的需求而采用或创造的空间解决方案，有时会伴随我们一生，有时还会吸引其他人前来观看和欣赏，但无论他们拥有怎样的活力与年轻美丽，在后来的使用过程中总代表着折磨和麻烦。

除了上面提到的"财力"方面外，这样的空间实例，构成了美的人造案例，是笔者所谓的"潜在的受虐狂"DNA细胞的结果，在生活中被我们无法解释的幼稚顽固所保留。这是只有整形医生时而才能治愈的病症。尽管如此，作为我们集体记忆和青年活动的一部分，我们尊重、保存甚至还原这种逆境空间；还原流亡、监狱或集中营的空间便属于这一类，不过笔者个人更喜欢用更少的非人道条件来为自己的灵魂充电，比如通过对克莱马和菲罗波塔莫斯拜访的回忆……

米洛斯克莱马（Klema，Mílos）
（照片和十字绣由笔者提供）

笔者用丙烯颜料绘制于玻璃砖

参考文献及注释：

1. 法菲尔德（Fifield），1976 年，第 6 页。

2. 奥利维耶，1965 年。

3. 霍尔（Hall），1990 年，第 4-5 页。

4. 帕纳古利斯（Panagoulis）的诗歌，见法拉切（Fallaci），1981 年；帕佐利尼（Pazolini）对皮耶尔·保罗（Pier Paolo）的引用，无日期。

5. 法菲尔德，1976 年，第 156 页。

6. 同上，第 155-156 页。

7. 更多关于杰克逊·波洛克（Jackson Pollock）生活方式的记述，以及有关他时常不得不经历的空间多样性，见奈菲与怀特·史密斯，1989 年，全文；关于精神科门诊的内容，第 317 页。

8. 苏珊·瓦拉东（SuzanneValadon）是玛丽·克莱芒蒂娜（Marie Clementine）的生母，瓦拉东后来改名为苏珊·库洛（SuzanneCoulaud），见法菲尔德，1976 年，第 91 页；及斯托姆，1959 年。

9. 见法菲尔德，1976 年，第 100 页。更多关于郁特里罗（Utrillo）以及他传奇般的贫穷经历轶事，见霍尔，1990 年，第 151-157 页；斯托姆，1959 年，通篇，这里面包含了与这位艺术家母亲珊·瓦拉东的传记有关的艺术家生活的丰富信息。

10. 利伯曼（Liberman），1988 年，第 80-81 页。

11. 埃尔加（Elgar），1958 年，第 13 页。

12. 马尔罗（Malraux），1967 年，第 33 页。

13. 同上。

14. 见桑切斯（Sanchez），1989 年，第 66 页。

15. 阿布鲁泽塞（Abbruzzese），1967 年，第 9 页。关于对戈雅在这个时期苦难的精神分析探讨，见瓦伦丁（Vallentin），1949 年，第 284-334 页。

16. 见加塞尔 / 威尔逊（Gasser/Wilson）中图片，1971 年，第 313 页。

17. 瓦伦丁，1959 年，第 298 页。

18. 关于在这间住宅内生活方式的细节，以及戈雅和他女儿一起的时光，见瓦伦丁，1949 年，第 298 页；及奥尔维茨（Horwitz），1974 年，第 158 页。

19. 更多相关内容，见阿布鲁泽塞，第 13-14 页；及桑切斯，1989 年，第 130 页。

20. 更多记述见贝尔根（Bergen），1989 年，第 38 页。

21. 见洛尔卡（Lorca），1960 年；及贝尔根，1989 年，第 38 页。

22. 乌纳穆诺（Unamuno），1954 年，第 330 页。

23. 阿布鲁泽塞，第 14 页。

24. 同上。

25. 即见阿布鲁泽塞，1967 年，第 14 页；及桑切斯，1989 年，第 130 页。

26. 见马尔罗，1976 年，第 69 页。

27. 这间黄房子在第二次世界大战时被损毁。它就坐落在梵·高旅馆的街对面，现如今是交通枢纽坐落的绿地，在阿尔勒入口处的火车站背后。

28. 斯威特曼，1990 年，第 13 页。

29. 同上。

30. 同上。

31. 已出版的画作，见 G. 勒南（G. Renand）的收藏，巴黎；及埃尔加，1958 年，第 13 页。

32. 与此相关的示例，见保拉·高更（PolaGauguin），1988 年，第 124-125 页。

33. 塞兹内克（Seznec），1950 年，第 283 页。

34. 这家医院如今被改造成为一所成功的文化 - 社区中心，以艺术家的名字为名。老露台明艳的黄色得以保留，与艺术家在世时如出一辙。尽管无人知晓这位艺术家曾经居住房间的具体位置，但笔者想，很可能就是在整栋房子中心，如今被改造为图书馆的位置。

35. 塞兹内克，1950 年，第 283 页。

36. 斯威特曼，1990 年，第 103 页。

37. 布莱格伦德（Blaugrund），1987 年，第 75 页。

38. 见给特奥（Theo）的信件，"哈格，1882 年 7 月下旬"（"The Hage, Second Half of July 1882"），

于罗斯基尔（Roskill），第 155 页。

39. 关于罗思科（Rothko）的自杀，见塞尔迪斯（Seldes），1979 年，第 1–9、111 页等。

40. 阿尔勒的田野因被一排排高大紧密排列、独特的土地划分树木所遮挡，从而免受了风的侵袭。当它们在风中弯下腰，会给观者留下深刻的印象。我曾多次在大风天气体验过这种视觉享受。

41. 斯威特曼，1990 年，第 174 页。

42. 见梵·高给特奥的信，阿尔勒，1888 年 7 月中旬；及罗斯基尔，1991 年，第 269 页。

43. 见梵·高给特奥的信，阿尔勒，1888 年 5 月 1 日；及博纳富（Bonafoux），1992 年，第 87 页。

44. 斯威特曼，1990 年，第 174 页。

45. 加香（Cachin），"高更对文森特·梵·高的评价"（"Gauguin on Vincent van Gogh"），1992 年，第 153 页。保拉·高更，保罗·高更的女儿在她关于自己父亲的书中曾提及这位艺术家自己对两位艺术家不同性质的描述。高更将他们二人描述为："一个人是普通的火山，另一位则是沸腾的火山"。见保拉·高更，1988 年，第 121 页。

46. 引文同前，第 115 页。

47. 见加香，1992 你那，第 96 页。

48. 法菲尔德，1976 年，第 22–23 页。

49. 法菲尔德，1966 年，第 64 页。

50. 法菲尔德，1976 年，第 279 页。

51. 同上，第 139 页。

52. 同上，第 168 页。

53. 法菲尔德，1976 年，第 268–269 页。

54. 见博利亚尔对沃拉尔的引用，1960 年，第 94 页。

55. 见格林菲尔德，1987 年，第 81 页。

56. 见帕泰，1961 年。

57. 格林菲尔德，引文同前，第 36 页。

58. 见马尔罗，1967 年，第 22 页。

59. 由 Cd. 皮埃尔·贝尔纳尔（Cd. Pierre Bernal）见证，见法菲尔德，1976 年，第 285 页。

60. 有关由于艺术史写作缺乏包容性而忽视了西奥菲勒斯（Theophilos）的详细内容，见哈齐尼克劳（Xatzhnikolaou），1976 年，第 54 页。

61. 有一副扬尼斯·沙鲁修（YannisTsarouchis）的美丽画作，描绘的西奥菲勒斯穿着亚历山大大帝的制服，这幅画现在在特里亚德博物馆，米蒂利尼瓦里亚（Varia, Mytilene）。

62. 关于西奥菲勒斯传记的信息，见佩特里斯·乔治（Πετρήςγιώργος），1978 年，第 13–36 页；关于对他作品及他在艺术中的地位的最好的审美分析，见奥德修斯·埃利蒂斯（Οδυσσέαελύτης），1973 年。

63. 是古纳罗普洛斯（Gounaropoulos），首次向特里亚德告知了西奥菲勒斯的存在，见埃利蒂斯，1973 年，第 60 页。

64. 更多细节，见萨瓦基斯（Σαββάκης），1993 年。

65. 这位从未透露姓名、提供了生动的第一手资料的女士，也曾试图描述西奥菲勒斯住宅的平面图，1995 年 3 月 28 日，米蒂利尼。

66. 巴拉斯卡（Μπαλάσκα），1993 年，第 25 页。

67. 同上。

68. 同上。

69. 同上。

70. 祖卡斯（Δουκας），1978 年，第 25 页。

71. 关于查勒帕斯（Chalepas）的出生日期和事迹年表存在很多争议。显然，在笔者看来当中最靠谱的是来自祖卡斯，1978 年，第 57 页。

72. 有人曾说他也曾两次试图自杀。

73. M. 卡利加斯（M. Kalligas），《扬努利斯·查勒帕斯》（YannoulisChalepas），希腊商业银行版，祖卡斯，1987 年，第 176 页。

74. 描述出自祖卡斯，报道了一个参观了查勒帕斯最后一个工作室的人。

75. 祖卡斯，1978，第 64 页。

76. 以上所有信息出自笔者和查勒帕斯孙女，雕塑家卡捷琳娜·查勒帕·卡萨图（Katerina Chalepa–

Katsatou）的访谈，雅典，1994 年 3 月 7 日。我很欣赏卡捷琳娜·查勒帕·卡萨图的作品，并视她为"小亚细亚的母亲"（Μικρασιάτισσα Μανα/Asia Minor Mother）

77. 迪马科普洛斯（Δημακοπούλος），1971 年，第 10 页。

78. 同上，第 10 页；及祖卡斯，1978 年，第 46–47 页。

79. 祖卡斯，1978 年，第 47 页。

80. 同上，第 22 页。

81. 同上，第 27 页。

82. 同上，第 24 页。

83. 有关画家姐姐莱斯（Lies）悲惨的丑闻，她曾与一个垂死女人的丈夫生了一个私生女，以至于她需要去到阿默斯福特（Amersfoort）附近去喂养这个孩子。见贝利（Bailey），1994 年，第 8 页。

84. 祖卡斯，1978 年，第 25 页。

85. 林赛（Lindsay），1985 年，第 47 页。

86. 桑格·邓奇廷（SangerDünchting），1990 年，第 31 页。

87. 同上，第 145 页。

88. 关于杜比尼（Daubigny）的住宅，见斯威特曼，1990 年，第 XVI 页图片；关于对画作的评论，见第 325、338、339 页。

89. 桑格·邓奇廷，引文同前，第 67 页。

90. 利勒，1980 年，第 250–251 页。

91. 小船的画作，曾发表在《建筑设计》（*The Architectural Design*）杂志。

92. 同上，第 78 页。

93. 见普拉姆（Plumb），1961 年，第 126 页。

94. 关于圣哲罗姆（St. Jerome）的详细信息，见谢伊（Shea），1894 年，第 499-500 页。

95. 赖特，1938 年，第 64–65 页；与约翰逊，1990 年，第 17 页；更多相关信息，见安东尼亚德斯，未出版的调研与原创照片，于《弗兰克·劳埃德·赖特到元资本社会主义的环境设计》（*From Frank Lloyd Wright to Meta–Capitalsocialist Environmental Design*），以希腊文出版，由作者翻译，自由出版社（Free Press），希腊雅典，2010 年，第 139 页。

96. 奈菲与怀特·史密斯，1989 年，第 295 页。

97. 吉洛特（Gilot），1990 年，第 105 页。

98. 同上，第 322 页。

99. 蒂斯，于《L'Allonge 对亨利·马蒂斯的拜访》（*L'Allonge–Unevisite a Henri Matisse*），（Candide），1943 年 2 月 24 日；及马蒂斯，1990 年，第 164 页。

100. 同上。

101. 马蒂斯给安德烈·鲁韦尔（André Rouveyer）的信件，1947 年 4 月，马蒂斯，1990 年，第 270 页。

102. 贝克尔，1931 年，第 102 页。

© 安东尼·C. 安东尼亚德斯

艺术空间：
艺术和艺术家对建筑学的贡献

精神的现代性

安东尼·C.安东尼亚德斯

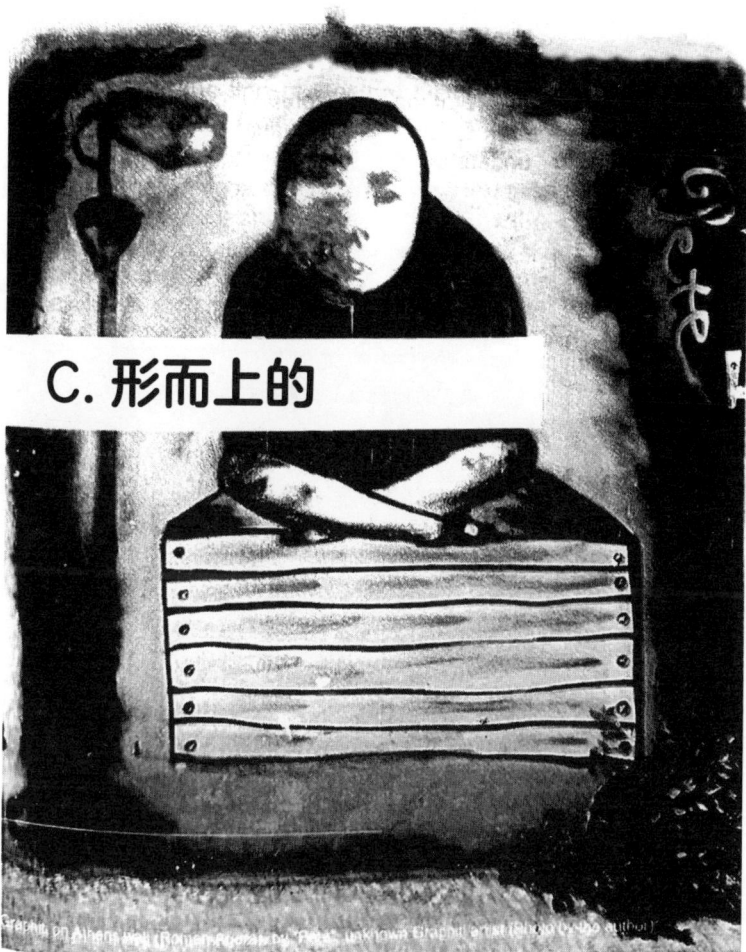

C.形而上的

第16章 精神的现代性：艺术与建筑领域中的邪教与神秘主义

当康定斯基和蒙德里安使用纯色时，他们便是依赖于对色彩的精神性（spirituality）和道德（morality）的大量关注。这是一条以牛顿为开始的探究路线，由提出了"光的道德论"[1]（Moral Theory of Light）的歌德（Goethe）进行了进一步的发展，并最后以罗斯金的"现代画家"的"色彩道德理论"[2]（Moral Theory of Color）为结束。歌德花了二十年来进行色彩的研究和实验，甚至已经达到认为自己获得的知识比作为诗人的意义更重要的地步。他把这项研究视为为了了解"人类原始真理"[3]（Original Truths of Mankind）所出的一份力。他为了解自然客观规律及这些规律对颜色的影响而进行的观察，反过来也影响了他的诗意精神。对他来说，色彩不过是人类灵魂对自然之体验而产生的印象。他将蓝色视为"冷色"，黄色视为"暖色"（Warm），绿色视为"中性色"（Neutral）。他的诗性最终得出结论，为了表达和谐，颜色应该以对立的方式相互作用。他在绿色中看到了来自植物界的自然和谐，而这不同于紫色，后者是人类寻找和谐的颜色。歌德试图把客观事物与感觉联系起来，他发现了植物的"感觉"，看见了颜色、植物和人类之间的相互关系，这便是这位诗人内在的神秘维度。众所周知，植物知识在传统上是由神秘学成员共享和沟通的。这一维度显然是吸引了鲁道夫·施泰纳，他和其他神秘主义者一样，也是在前辈介绍下，来到了植物"语言"的世界。[4]

　　罗斯金在他不朽的作品《现代画家》（*Modern Painters*）中仔细研究了特纳的绘画，从自然道德（morality of nature）和风景道德[5]（morality of landscape）中发现"特纳光"[6]（Turnerian Light）。他将色彩视为太阳与大自然作用的结果，是在云和山脉的影响下，太阳从水面及薄雾中升起，以一种偶尔试图变得科学的方式产生。在某种程度上，罗斯金绝对和歌德的想法一致，尽管前者是试图发展画家的美学理论，而后者想要发展诗歌的美学。

　　当神智学家[7]（Theosophists）尝试将颜色的理解从物质的实体层面上升到不可见的潜意识、梦境以及幻想层面时，他们所使用的正是歌德的理论背景。他们暗示，颜色是一种自由漂浮在"星光层面"[8]（Astral Plane）的形式（以一种思维的形式）的总和，它正是构成围绕冥想者的"光环"的两个元素之一。牛顿、歌德、罗斯金和所有的神智学家，都由鲁道夫·施泰纳所掌控。施泰纳因作为歌德科学著作的编辑[9]而受到他的极大影响。然而同时，他却没有承认对如贝赞

在多尔纳赫附近巴塞尔的鲁道夫·施泰纳学校的建筑物
（照片由笔者拍摄）

特（Besant）和利德比特（Leadbeater）等神智学家的引用和借鉴[10]，尽管他对安妮·贝赞特（AnnieBesant）和她"纯洁和高尚的思维和生活方式"有一些友好的评论。[11] 施泰纳在 19 世纪 80 年代首次接触维也纳神智学会[12]（Theosophic Society in Vienna），随后，他就变得对 1875 年首次在纽约成立的神智学会的创始人 H.P. 布拉瓦茨基（H. P. Blavatsky）和 H.S. 奥尔科特（H. S. Olcott）所组织的整个运动变得异常挑剔。[13] 因为，正如他所说，布拉瓦茨基的解释是对神秘奥秘"真相"的歪曲。[14] 他与布拉瓦茨基神智学会的意见不一，导致了他们最终的分离。[15] 他选择了自己进一步探索神智学的前进方向，发展了结合他所解释的神秘玫瑰十字会（Esoteric Rosicrucianism）和现代西方的唯物主义科学（modern west materalistic science）的，以基督为核心人物的人智学（Anthroposophy）。[16] 这种分歧可能是为什么他在后期写作中，既没有承认，也没有将布拉瓦茨基领导下的作家收录在他作品索引中的一个原因。[17] 布拉瓦茨基的学派包括安妮·贝赞特和利德比特。[18] 施泰纳显然与早于他的神智学者互不相容 [即布拉瓦茨基夫人的《伊西斯的秘密》（Isis Unveiled），出版于 1877 年，而施泰纳的《歌德世界观中的知识论》（Theory of Knowldege in Goethe's Conception of the World）一书在他 25 岁的 1886 年出版]。这里存在着一个具有非常重要学术价值的灰色地带，因为施泰纳的演说和著作的持续再版一直非常具有影响力，于是他从关于颜色的辩论中消除了以前的神秘学和神智学家的影响，并转而宣传歌德，随后通过四部主要著作将其色彩理论进行了阐述和传播。[19] 施泰纳学生中的一些艺术家，也撰写了关于他们老师和歌德色彩理论的文章，贝赞特和利德比特的努力在 20 世纪的大部分时间里完全脱离他人的关注，直到 20 世纪 80 年代中期，通过几位学者的笔记和脚注才重见天日。这些学者在 1986 年洛杉矶举办的《艺术精神：1890–1985 抽象绘画》（The Spiritual in Art: Abstract Painting 1890–1985）展览的精美目录上写下了相关评论。

风格派、蒙德里安、康定斯基，以及其他一些影响力相对较低的人或学派，必定会在色彩的理解和意义的历史演变中清楚地被看见，因为它们会通过歌德的时代被传达给我们；在那个时代，诗人努力尝试看清世界，并试图找到能将其表达的普世原则，从而把人的心灵和灵魂融合于审美情感。根据这些人，现代性需要对客观性的理解，因为只有通过这种客观性才可以产生个性与真实性。渴望理解这些规则，或试图通过集体和坚定的努力来理解目标，意味着许多艺术家必须联合起来，分享经验，交流自然规律，共同生活并进行实践。由此才会产生领袖且"邪教"才得以发展。处于整个运动中心的，如神智学、人智学和基督教哲学，所有这些都有不同程度的神秘主义特点，并且有许多成员会不时对炼金术、命理学、占星术和神秘主义等产生平行兴趣。正式通过这些"邪教"，许多 20 世纪颇具影响力的艺术家得到了滋养，或是在他们推进自己最终的个人立场和形象化他们的想法之前，在寻找真理并支撑自己的信仰的过程中，受到了这些"邪教"颇为深远的影响。[20]

　　需要注意的是，我们在这里对它们的审视很重要，不仅是因为我们要公平对待灰色的、有时模糊的探究领域，而且是因为一些建筑风格、颜色偏好和特定时期内部空间组织，还有现代禁欲主义、极简主义，以及当代人类禁欲特征的背景，都深深扎根于它们的影响之中。

邪教－神秘学－神秘主义与建筑

**19 世纪和 20 世纪许多著名艺术家深受邪教—神秘学和神秘主义的影响；
伯纳德·肖（Bernard Shaw）是布拉瓦茨基夫人圈子的核心人物**

　　几位早期的作家小心翼翼地提及了神智学对蒙德里安艺术的影响。在那个世纪的很长一段时间里，都没有强调精神对其他艺术家和建筑师的影响。神秘主义对建筑学的影响，与艺术和艺术家对建筑学的影响一样，并没有得到历史的认可，而唯一的例外，是弗兰克·劳埃德·赖特、奥尔基瓦纳·赖特（Olgivanna Wright）和乔治·葛杰夫（Giorgi Gurgieff）。尽管事实是，过去几个世纪中的许多艺术家都归属于某个教派或"邪教"，甚至不时沉迷于神秘学，并将此作为一种获得创意的手段，或出于更深层次的内在需求。而所有这些都超出正规学术建筑学的界限。那么，让我们来看看其中的一些：本韦努托·切利尼（Benvenuto Cellini）曾为了挽回失去的爱情而寻求了巫术（necromancy）的帮助，那是一位被母亲从他身边带走的西西里女孩。他的巫师帮手是一位拥有隐藏巫术证书的牧师。切利尼对神秘学的追捧并非出于寻求灵感，然而，他的巫师却觊觎于这位当事人的天赋。[21] 他曾请求切利尼帮他将一本书献给魔鬼，只是这一提议切利尼从未兑现。[22] 那是一个十分骇人的仪式，切利尼显然受到了惊吓并再未参加过类似仪式。然而其他许多艺术家自愿投身于神秘学，出于艺术的理由或更深的内在需求。戈雅和提埃坡罗（Giovanni Battista Tiepolo）是其中最著名的艺术家。[23]

从中世纪手册到当代室内的骨架和人体元素
[位于迪普埃卢姆的酒吧（Bar in Deep Ellum），达拉斯，图片来自德国]

埃尔·格列柯（El Greco）位于托莱多（Toledo）的住宅（旧明信片）以及该住宅现今作为埃尔·格列柯博物馆的平面图

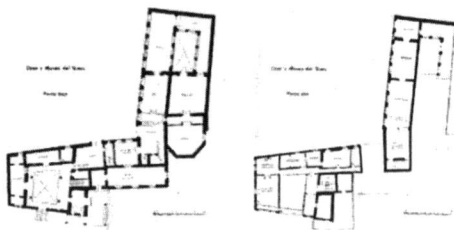

中世纪的西班牙拥有孕育神秘学的肥沃土壤。巫师、死灵法师和女巫"随处可见"。历史研究表明，14世纪为卡斯蒂利亚和莱昂国王佩德罗一世（King Pedro the Cruel）的财务大臣萨穆埃尔·哈勒维（Samuel Halevi）修建的旧房子，在埃尔·格列柯这位画家居住于此之前，属于维勒纳侯爵（Marquis of Villena），据当代编史记载，这"另一位神秘的人物"是一位巫师。[24]

格列柯一定是早已接触过神秘学，甚至在他来到西班牙之前，通过他作为提香（Titian，被证明有神秘学经历）的学徒时期，但他却从未明显沉迷于此类行为，对于他在克里特岛经历的正统拜占庭式（Orthodox meta-Byzantine）教养十分忠诚与虔诚，任凭他人一再尝试……

格列柯的住宅附近"死灵法师（Necromancer）和女巫（Witches）随处可见……附近的教堂正在举行奥尔塔兹伯爵（Count of Ortaz）的葬礼"
（照片由笔者拍摄，1969 年）

戈雅的例子可谓闻名。在他失聪后，他的不顺以及反文化的态度最终转变为自我反省。失聪也加深了他对精神和神秘学的关注[25]，也使他忘记了早期与宗教法庭的矛盾。他的失聪与神秘学使他开始绘画怪物和恐怖的主题，促使他从皮拉内西（Piranesi）的版画《创造的牢笼》[26]（Prison of Invention）中，振兴了自己的早期影响。皮拉内西的恐怖空间成为他最终恐怖和神秘话题的序曲。正如他所写，是"理性的睡眠创造了怪物。"[27] 随着他离声音的世界越来越远、年岁越来越长，而后又在 1820 年 2 月生了第二次重病，他的自我反省也进一步深化。他想要的只是被可以不断地提醒他对自己内在精神进行关注的视觉环境所包围。因此，他将自己在曼萨纳雷斯河畔的房子的墙壁上画满了他的"黑色绘画"[28]：黑魔法、坟墓、女巫、祭司和魔鬼，以及被魔鬼或其他人类吞食的被砍首尸体的场景。

他的绘画作品《女巫的安息日》（The Witches' Sabbath）和《农神》（Satan）从各方面讲都令人生惧，第一幅描绘的是一个婴儿被母亲献给魔鬼的场景，而第二幅则描绘了农神正在吞食自己孩子的场景。戈雅显然知道他的房子完全不会被社会认可。鉴于他一直害怕房子被没收，且十分清楚自己和宗教法庭的矛盾，于是在 1823 年将房子赠予了侄子马里亚诺。这栋房子在 20 世纪初被拆毁，但我们可以通过一些发表在普丽西拉·穆勒（Priscilla Muller）的作品《戈雅的"黑色绘画"》（Goya's "Black Paintings"）一书中的旧照片而对它们的位置和类型了解一二。[29]

戈雅的时代在马德里有两个主流学派：文艺复兴和巴洛克后期的"传统或学

术派画家"和"先锋派"。法庭双方都支持，而通过两派的对立，艺术活动和艺术解放应运而生。出于宗教法庭的支持，这些追求神秘学灵感的画家中的一些人得以避免遭受法庭的严酷审讯，但当中还有许多，如戈雅，为了追求绝对的安全而自愿流放。提埃坡罗在 1762 年来到了马德里，此时正值戈雅尝试进入圣费尔南多学院（Academy of San Fernando）却失败的时期，他也出于追求灵感而涉足神秘学。由此，在几世纪后从墨西哥西语艺术家中发现"戈雅的基因"也并不奇怪了，这些人有迭戈·里维拉、阿尔法罗·西凯罗斯（Alfaro Siqueiros）、何塞·克莱门特·奥罗斯科（José Clemente Orozco）和弗里达·卡罗。弗里达·卡罗的许多画作主题与戈雅惊人的相似，奥罗斯科的许多作品也是如此。迭戈·里维拉童年住在一个黑暗的屋子里，之后又在西班牙生活和学习，同样地，西凯罗斯曾在西班牙经历了可怕的内战，这两件事都很好地说明这些画家对西班牙和戈雅神秘学召唤的回应，因为它从宗教法庭时期就已延续数百年。

尽管邪教和神秘现象伴随着内在秘密的实践已经成为 20 世纪艺术和建筑发展的特征，但学生们却并没有给予其应有的重视。建筑文理学理所当然地被认为是弗兰克·劳埃德·赖特创造的塔里埃森团契（Taliesin Fellowship）、由格罗皮乌斯创造的包豪斯，以及最近的例子，由保罗·索莱里（Paolo Soleri）创造的阿科桑地基金会（Acrosanti Foundation）。人们只关注邪教和神秘学偶尔出现的极端人物和这些群体和社会之间的极端不和，而这些情况往往伴随着悲惨的结局。这种情况确实是因其中一些团体试图面对和解决的问题，与时下盛行制度（各种主义）之间发生冲突而造成的。这些事件当中最臭名昭著和广为人知的人物，是瓜拉那（Guarana）的戴维·科尔什（David Koresh）和得克萨斯韦科（Waco，Texas）的吉姆·琼斯（Jim Jones）。

邪教由选定的团体组成，以一位被认为是颇具魅力的中心人物担任领导者并负责教学，推崇某种思想、某个信念，或一种特殊的世界观。在塔里埃森团契、包豪斯和阿科桑地基金会的例子中，我们有一群人，他们的主要关注点是通过另类生活方式框架以及对精神和神话的共同追求来看待建筑。据歌德所说，神秘主义不过是"思考自然和理性的谜语"以及"通过文字和图像来解决它们"的努力 [30]，在实践中以神秘（Secrecy）为特征，毕竟这就是这个词在希腊语中的意思（Mystico，神秘）。而正是这种在他人（非邪教成员）眼中的神秘，产生了紧张感。非成员会感到害怕是因为他们无法理解。包豪斯的裸体日光浴（nude sunbathing）和混乱的两性关系（sexual promiscuity）并不能长时间保密，这显然激怒了魏玛保守派的成员。纳粹显然更要知道包豪斯人所宣扬和教导的内容，他们所看到的只是由不受欢迎的外星人和布尔什维克传播和实践的布尔什维克主义和不可接受的现代主义。[31] 另一方面，弗兰克·劳埃德·赖特的许多著作和他对社会持续地开放参与，使得他的团体逐渐变得被大众所接受。社会立即了解了他所做的和所宣扬的是什么。和社会团体交流是扩大接受面的关键。因此，神秘元素或神秘主义的神秘元素，是区分社会组织成员与邪教成员的因素。另一方面，神秘主义者经常被知识分子认为是异教徒，正如教会宣扬和当代社会所推动的那样。这些态度是完全有道理的，因为某些形式的神秘学，比如黑色艺术（Black Arts）和撒旦主义（Satanism），偶尔会以谋杀的形式来完成他们的仪式。一般来说，"神秘主义"具有负面的内涵，因为它在高度保密下实施极端神秘主义行为。

也可以说，资金由纳税人或私人提供、在现有学派的赞助下运作并实行不同程度神秘主义的"邪教"团体，也被期望具有相对的开放性并提供偶尔的报告，而他们的教师 - 领袖也与忠实的追随者和门徒一起发展、演进。

从早期的埃及人、波斯人、印度人和希腊人，到中世纪的泥瓦匠，一直到文艺复兴时期的学徒制度，过去的建筑都必定有可追溯的神秘主义、邪教与宗教起源。令人惊讶的是，建筑的神秘性被绘画和音乐在这些问题上的主导地位所掩盖。20 世纪的建筑在这些方面紧跟其后，却伴有极大的滞后。另一方面，在大部分情况中都是满足人们的直接需求而非精神需求的建筑，例如住宅和重建的城市，并不会公开赞同神秘主义哲学，甚至在大多数情况下，为了隐藏显而易见的事实，试图在视觉美学的基础上展示其对形式真理的信仰，同时掩盖了应有生活方式的更广泛的哲学框架和许多"邪教"探寻了一生的精神层面的事物。显然，有些深知这些特殊社群之教学与方法的建筑师，只是他们并不足够开放以勇敢承认。以上的一个例子，是建筑批评家西格弗里德·基迪翁（Siegfried Giedion），他起初驳斥一切不符合他逻辑模式和权宜之计的美学之事。一直以来将埃里希·门德尔松的表现主义时期蔑视为"对敌对世界的浮士德式爆发"（Faustaian outbursts against an inimical world）[32]，却在诸如布兰库西、蒙德里安、康定斯基和其他艺术家的影响下，开始欣赏精神与神智学和艺术方面的问题。他在后来的生命中，撰写了些许与"阿尔塔米拉"（Altamira）和"原始艺术"（Primitive Art）相关的书籍，他的兴趣也完全转向了艺术。约兰·希尔特是阿尔瓦·阿尔托的权威传记作家，他在莱罗斯岛（Leros）的个人采访中曾告诉我，"基迪翁关乎'时空和建筑'的严密逻辑思考，已经变成了一种以艺术、精神 / 形而上学为主导的思维，鉴于这些艺术家对他的影响，这种思维一直延续到他生命的尽头。然而在瑞士，当他在战争年代热情招待这些艺术家，而艺术家也赠他画作以表示感谢时，那时的他并不知道自己在精神上竟是如此赞同他们的想法。"[33] 希尔特也曾强调，阿尔瓦·阿尔托也相信超前性和艺术胜于建筑的先驱地位，这也是为什么他如此强调绘画的理由，"塞尚是他的先驱、一流的画家和实践者。"[34]

艺术家，特别是画家，显然不同于建筑师。众所周知，画家不需要依靠客户的预算绘画。简而言之，艺术作品的起初投资可轻易依赖于艺术家自己，比起一位建筑师为完成他自己的设计所需的投资要低得多。这对诗人和作家来说更容易，他们能用一支铅笔和一张纸创作"诗"。这种情况的极端例子：监狱牢房是写诗、歌曲创作甚至是政治回忆录的实验室。

建筑师，不得不十分小心，只有当他们极其"优秀"和"靠谱"[established，或者如同之后所知："卖座的"（bankable）]时，他们才能在自己的学校内公开推广他们的信仰，就像拥有众多信徒的精神领袖"古鲁"（guru）那样。

我相信，官方建筑和20世纪的美学早已被神秘主义深深影响。在自由、民主和个人表达的设想下呼吁民主建筑的公众，或许并不知道他们的物质世界在很大程度上归功于潜伏中的邪教习俗与实践之间的秘密与联系。"面具"（mask）已是许多这样建筑界的神秘主义先锋的暗喻或行为策略，约翰·海杜克（John Hejduk）和弗兰克·劳埃德·赖特就是其中较为显赫的。海杜克的绘画和法国象征主义画家路易丝·布儒瓦（Louise Bourgeois）[35]的绘画惊人的相似，与康定斯基的"乌贼／水母"画作也有相仿之处。海杜克就经常使用"面具"作为他提议的喻体。[36]弗兰克·劳埃德·赖特的"许多面具"，无论是用于个人、专业还是生活方式，最近才被他的传记作家布伦丹·吉尔（Brendan Gill）和梅里尔·西克里斯特（Meryle Secrest）揭露。[37]葛杰夫对弗兰克·劳埃德·赖特的影响体现在他对塔里埃森（东与西）的经营当中，而这些影响来自赖特的最后一位妻子，奥尔吉瓦娜[即奥尔加·伊万诺沃（Olga Ivanovna），在巴黎被称为奥尔加·欣策堡（Olga Hinzeberg）]，她曾是葛杰夫在枫丹白露人类和谐发展研究所（Institute for the Harmonious Development of Man）的成员和助理讲师，因此葛杰夫对赖特的影响存在强有力的证据以支持。[38]葛杰夫的学生在塔里埃森也颇具影响力；托马斯·德·哈特曼（Thomas De Hartmann）曾以"艺术间的相关性"（Interrelatedness of the Arts）为主题进行讲座，并很可能曾用塔里埃森的钢琴弹奏过葛杰夫的音乐。[39]梅里尔·西克里斯特曾详细地描述了葛杰夫对奥尔吉瓦娜和赖特的影响。她还曾进一步指出，赖特与葛杰夫是"棋逢对手"，自葛杰夫于1934年夏天第一次拜访塔里埃森开始就是如此。她还继续说道："赖特在1939年3月的伦敦曾见过葛杰夫。当时赖特说到他应该派他的一些学生去巴黎葛杰夫门下。随后说道：'等他们回来之后就可以出师（finish off）了。'葛杰夫回答道：'你才完蛋（finish off）了！你个蠢货。'随后他继续生气地说道：'你完蛋了！不！你才刚刚开始，而我早已完结。'"[40]赖特的确写过一篇有关葛杰夫以及他所赞同的后者的教学方法的文章。[41]梅尔·西克里斯特也曾表明，奥尔吉瓦娜想在塔里埃森继承她老师（葛杰夫）的衣钵。[42]

葛杰夫、赖特和奥尔吉瓦娜的性格都很强势、坚定，但又温柔。他们的神秘主义不可能造成伤害，创造的只有温柔的音乐、优雅的礼仪和弗兰克·劳埃德·赖特的伟大建筑。这个例子不但没有产生任何伤害，还带来了很多以赖特为榜样的弟子，毕竟他们无论如何都想要得到的，本就不是什么坏东西。然而并非所有神

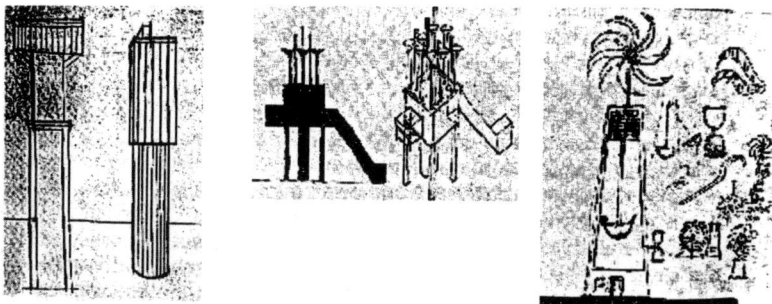

左：路易丝·布儒瓦的作品，《伍尔沃思大楼孤独的死亡》（*The Solitary Death of the Woolworth Building*）资料来源："路易丝·布儒瓦的画作"，《艺术杂志》（"Drawings by Louise Bourgeois", *Magazine of Art*，1948 年 12 月，第 41 卷，No.8，306–307 页）
中：约翰·海杜克的手绘方案：《寡妇之家》（*Widow's House*）
右：《收割者之家》（*Reaper's House*）资料来源：约翰·海杜克，《四种设计》（*Vier Entwürfe*），苏黎世联邦理工学院（ETH Jurich），1983 年

秘主义都如此平和，他者大多有着毁灭性的影响。

没有人会否认纳粹主义是一种对人类具有毁灭性影响的神秘主义。希特勒的个人美学及对建筑的热爱，使明显缺少天赋并被德国主流建筑界拒之门外的他，成为更加狂热的建筑业余爱好者，且在他执政期间反对可能产生的一切新建筑；作为自身的狂热者，他是一个提出超越人类尺度建筑提案的狂想者，一个他命名为"布尔什维克"的现代主义者的敌人。[43] 希特勒的建筑神秘主义与现代主义建筑相悖，拆除了包豪斯，甚至让密斯·凡·德·罗离开德国去寻找其他沃土以传播他对"时代精神"（the spirit of the epoch）的看法。纳粹主义是 20 世纪通过政治力量公开对抗艺术的神秘主义 / 狂热崇拜之一。类似的例子在早期苏联就已通过列宁有关艺术的政治演讲有所体现。[44] 他借此建立了自己的美学、标准，也有了自己的追随者。而通过希特勒我们可看到在圣埃利娅（Sant' Elia）1914 年的宣言中也有所陈述的、强化了未来主义美学的墨索里尼法西斯主义。[45] 拥有广泛政治基础的神秘学是 20 世纪的典型产物，但艺术神秘学中的"政治"维度和滋养却一直存在，从古埃及和法老，到希腊和文艺复兴，一直到 18 世纪法国旧政权和 20 世纪的一些皇帝和君主。这些人是品位和艺术发展的保护者，成为他们"麾下"的一位艺术家便意味着得到支持、工作和创造的机会（例如查尔斯王子和他的历史主义建筑团队）。

尽管艺术神秘主义时常受到反对，但如果批判地实践，那么它们在艺术演变中便拥有健康有益的一面，然而这完全取决于它是否采取了"迫害"的手段，这必然是完全有害的，而这也是基于政治的艺术邪教所通常实践的。

对于这点，我们或许应当说，也许所有的神秘主义 / 邪教的起初都源于高尚与善意。但它们却很容易演变成压迫和独裁。很多时候，异教领袖都变成压迫追随者的人，成为危害全人类的独裁者。我们必然会首先想到希特勒，而费德里科·蒂诺科（Federico Tinoco），一个接受过牛津大学教育且十分富有的哥斯达黎加国会（Costa Rican Congress）成员，一位激进虔诚的神智学者，他竭尽一生去维护神智学，却也最终变成了哥斯达黎加的独裁者。[46]

20 世纪繁荣兴旺的事件很多时候都是 19 世纪事件的延续。20 世纪有很多拥有伟大遗产的 19 世纪工业巨头的后代，他们成天无比自由且无所事事。这些 20 世纪早期的"嬉皮士"们习惯于优越的生活环境，有着良好的教育和文化背景，想要创造属于他们自己的快乐和世界并流芳于世。随着民众的觉醒以及生产活动被机器取代，父辈和祖辈留下的工厂、体力劳动和其他形式的劳动不再是必须。殖民活动开辟了新世界，最初以消遣为目的的殖民活动使他们接触到了新人类、异国的思维和生活方式。在民族主义德国，一切都是由内发展而来。歌德和尼采（Nietzsche）向陈旧的思维方式发起挑战并一直致力于追寻"新人类""新德国人"。歌德通过批判一些过去的理论甚至是牛顿的理论明确地表达了他新颖的观念和现代化构思。经过多年的探索，他发展了自己独有的光学色彩理论。而尼采也创作了他的作品《查拉图斯特拉如是说》（So Said Zarathustra），书中的查拉图斯特拉其实是一个隐喻的人物，他住在德国山中的洞穴里和茂密的森林中，每天四处游走教导民众，并一直期望能塑造出一个追随他且不墨守成规的人……这就是查拉图斯特拉。外来文化对德国民众的觉醒和走向现代化的进程并不是必不可少的。歌德和尼采的"现代性"对于希特勒来说已经足够"德国"。[47]通过新的平面与构图观念，包豪斯对现代设计的发展以及对新型材料、适宜的建筑方式和住宿风格的探索，都不被布尔什维克所接受。[48]与此同时，在希特勒之前，德国正处于更新歌德理念的艰难时期，英国也正处于进军殖民印度的时期。而法国还没有过多的参与，因为在革命之后，这个由民众接管的国家对于旧政权依旧记忆犹新，以至于他们还无法接受新的领导人。最终，美国这个集民主和多元化的国度，自然而然成了供众人进行实践探索的宝地。美国成为来自世界各地宗教团体的最终接收者，在这块土地上，每一个受到政治信仰迫害的领导人和信徒都能找拥有共同信仰的伙伴，找到能接纳自己理想追求的家园，他们不时地会传道，践行他们的信仰，并以此为生。像格罗皮乌斯、密斯·凡·德·罗这样的领导者也发现了这片沃土，此外还有他们也更加崇尚自由的前辈，例如布拉瓦茨基夫人、安妮·贝赞特以及他们所挖掘的克里希纳穆提。

毫无疑问，如果没有美国现代艺术，现代建筑绝不会达到被国际所接受的水平，具有全球影响力。这个国家有利于公共关系的发展，拥有对所有事物都开放（心态）的环境。新的事物永远都能开辟新的市场，而这在资本主义和消费主义看来都是极好的。

然而，所有的一切实则都是作为俄罗斯／英国的神秘主义组织以及德国之间的某种"先进事物"（evolutionary thing）发源于欧洲，伴随着他们不时的斗争与漂泊，并在他们的追随者到达美国后，他们被赋予了多重的迷幻色彩，影响由美国东岸到西岸，并最终扩展到全世界。

在这个进程中，俄罗斯／英国关系的代表是 H.P. 布拉瓦茨基和安妮·贝赞特，代表事件是神智学及其学会的建立。在德国，歌德和尼采是奠基者，鲁道夫·施泰纳是发扬者，后来的格罗皮乌斯和包豪斯则在施泰纳理论的基础上进行了更深的推进。即便没有通过文字记述或口口相传的方式，也从表面或总体上进行了传承 [例如，保罗·克利从没有买过鲁道夫·施泰纳的《人智学》[49]（*Anthroposophy*）一书]。在美国，神智学会以及它的分支有最直接的影响，而通常对艺术而言，产生直接影响的还要数康定斯基[50]和蒙德里安[51]，尽管一些批评家花了很多笔墨想要掩盖这个事实并表明这只是一个观点的巧合而非直接影响。[52]康定斯基在他的作品《艺术中的精神》（*Concerning the Spiritual in Art*）中给予了布拉瓦茨基夫人很高的评价，因为她将原始派和当今的社会文明紧紧地联系在了一起，此外，康定斯基还在她神智学的运动中发现了"真正精神层面的运动在学术氛围中有着一股很强大的力量……解放了绝望的灵魂被暗夜所掩盖的声音"。[53]勃克林对康定斯基的影响也很大，在康定斯基的一些浪漫主义作品中，我们能够发现他在寻求一种"外部形式的内在含义。"[54]

然而蒙德里安被认为是对 19 世纪中期和之后的建筑学家影响更大的艺术家。在荷兰，他偶然从他自 1909 年加入的神智学组织中受到了神智学的影响。尽管他声称贫穷，而这一点也成了他一直没有结婚的理由，值得关注的是他对婚姻的态度和那些不赞同他观点的神智学者的态度是一致的，尤其是和那些被要求禁欲，追求更高境界的学者一样。[55]蒙德里安作为建立者之一在荷兰发展的风格派运动，也受到了神智学教义的影响。

蒙德里安在纽约的出现，正式地将贝赞特色彩理论的影响带到了美国。

从歌德到蒙德里安

歌德将对色彩学全身心的研究，作为一种获得美学客观知识规律的途径。他更乐意透过画作来探索美学，因为"他实在是太喜爱诗歌，以至于很难客观地对其进行学习。"[56]他对牛顿学说中关于光和色彩相互关系的理论提出质疑，并诗意地总结道："色彩是光的功绩与苦难。"[57]歌德出生在魏玛，也是在那里离开的世界。有趣的是，歌德的家乡和它的文化成为格罗皮乌斯创立的包豪斯学院的摇篮，而尤其通过鲁道夫·施泰纳，歌德的影响远远超越了魏玛这座城市。鲁道夫·施泰纳

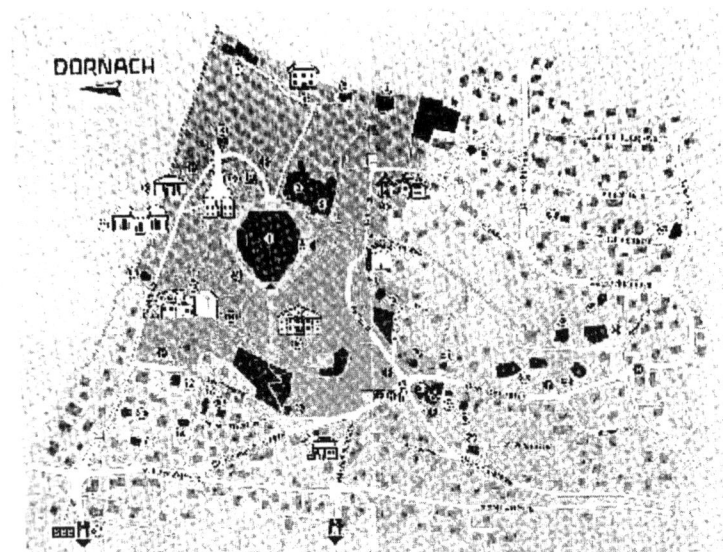

多纳赫歌德讲堂社区总体规划（上图）
在歌德讲堂（底部左下）和歌德讲堂建筑，外部景观，内部楼梯和休息室
（照片由笔者拍摄）

在建立自己的哲学之前，一直在研究歌德，整理建立了相应的档案，广泛地撰写相关文章并发表演讲（施泰纳在二十五年间做了 6000 次演讲[58]）。由于施泰纳并非专业建筑师，因此很长一段时间都被建筑方面的批评家和史学家所忽略[如在尼古劳斯·佩夫斯纳（Nikolaus Pevsner）的著作中从来没有提及和引用过施泰纳]，但他依旧是向建筑学发起挑战的最根本的人物。他在巴塞尔（Basel）附近多纳赫（Donarch）设立并建造的歌德讲堂（Goetheanum，第一座和第二座分别建造于1913–1920 年，以及 1928 年），是作为早期平面空间（planar space）必要对应物的，他关于飘渺空间（etheral space）哲学概念的象征性有形证据。平面空间与飘渺空间都与几何学的概念有关，飘渺空间是对宇宙秩序天堂般的（celestial）欣赏，这对于"人在他的思想、灵魂及身体在世界的各个方面之间都保持平衡"的均衡世界而言不可或缺。[59] 歌德讲堂，特别是第二歌德讲堂的简单而明显的物理特征是之质量（mass）的提取与表达，而通过空间的提取，则最能体现"飘渺"之所在。而这也为后来伟大的建筑师，如安东尼奥·高迪（Antonio Gaudi）、埃里希·门德尔松和埃罗·萨里宁，他们所遵循的意义和表达提供了指引。[60] 对比人更伟大事物的坚信，是创造超越转瞬即逝作品的先决条件。

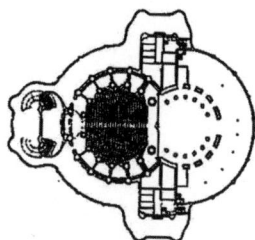

平面图

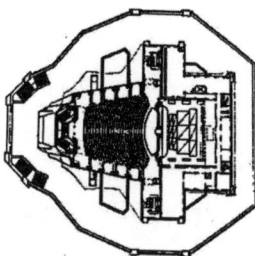

平面图

纵剖面
第一歌德讲堂

纵剖面
第二歌德讲堂

鲁道夫·施泰纳的第一和第二歌德讲堂建筑（左图和右图）

　　歌德讲堂（第一和第二）是施泰纳教授他关于人类学方法的学校，也是他沿着非教条智慧和科学理想主义的概念，通过对来自不同文明时代和民族的重要历史人物的研究，通过对基督教和耶稣基督的形象进行过滤的生活方式和对生命的探索。在研究了歌德的色彩理论之后，施泰纳发展出了自己的色彩理论，并向弟子宣讲。

　　安妮·贝赞特是施泰纳的追随者之一，在她与其他追随者一同前往东方的旅行之后，他们发现，基督式滤镜下的施泰纳教义并不够广泛，我们应当在 1875

上：歌德讲堂。左下：门厅与礼品店下面。右下：楼梯到大厅
（照片由笔者拍摄）

年在美国创建了神智学会的布拉瓦茨基夫人更加包容的学说滤镜下检视人类古老的智慧。神智学者在探索真理的过程中，不仅接受了过去文明的智慧，还看透了不少所谓的宗教领导人，从古埃及神灵到佛祖释迦牟尼，再到耶稣基督，一直到那段时间隔三岔五就会出现，甚至是由这些宗教领导人所凭空创造出来的所谓救世主弥赛亚。对神智学者安妮·贝赞特来说，这位"救世主"就是印度男孩克里希纳穆提。[61] 他们将这个孩子带到英国，给他提供英国式教育，并且通过英格兰向他展示了印度。[62] 克里希纳穆提最终成为美国神智学会的领袖，只是后来又从中分离，并成为自己——一个更加张个人主义人物的信徒，他信奉禁欲和独身主

义，同时却从不拒绝富裕、豪宅和豪车等奢侈品，这些他在全球的追随者和支持者都渴望为他提供的事物。[63] 这当然很好，但是仍然会在几乎所有的人类狂热信徒的最基本的层面上引发很多质疑。

从我们个人的角度以及对于20世纪艺术发展来说最有意义的事，事实上就是安妮·贝赞特和欧洲神智学会的联合创始人C.W.利德比特（C. W. Leadbeater）一起在她职业生涯早期就关注并接受了施泰纳的色彩理论。由此，以歌德的光学研究为伊始的探索，被鲁道夫·施泰纳推进为具有更广泛含义的问题，后来，又由贝赞特和她的合著者在1901年进一步优化，进入更深层次的精神领域。在他们的著作《思想·形式》（Thought-Forms）中，贝赞特和利德比特尝试将色彩相关的知识推进至超越物理学界限之外，并在无形和形而上学层面和他们定义为"星光层面"的幻觉领域探索未知。"星光层面"和"心智层面"共同构成了"云状物质"（cloudlike substance），即他们所宣称形成一个人光环的事物。[64]

左：安妮·贝赞特和他的朋友们
右："色彩意义的关键"（Key to the Meaning of Colors）
（出自安妮·贝赞特和C.W.利德比特的《思想·形式》）

作者以表征的困难的假设为起始，而后继续尝试探索诸如物质与精神之间的内在关联、通过思想"促使身体（精神体）产生一系列振动（vibration）进而产生一系列美妙绝伦色彩游戏"的崇高智慧光环等格外复杂的问题。[65] 贝赞特提出了一种沟通理论，我们可以将其简单地理解为说话者和聆听者之间的"共振"（vibes）。根据她的说法，人们的思想会产生振动，而那些思想运行于相似"星光层面"的人能够互相理解，而那些有着更高思想振动频率的人，也许没有办法和他人沟通，因为他们的理智体在其他琐碎的层面上运作，例如缺乏"超然华丽的商业。[66] 正如她所说，"思想的特性决定了它的颜色"…… 为了和谐的生活，人类必须研究和尝试理解思想振动的颜色和形式，以便更好地相互交流和理解。根据她的说法，神秘学的学生能够理解这种共同语言，当他们振动或试图达到共振时，便可以彼此理解。他们的目标显然是想要直接将人的思想或感觉与他人的思想与感觉联系起来，在这种情况下"思想-形式的结果向被传达之人移动，并在抵达他的星光和理智体时自动释放。"[67] 这是神秘学的学生所试图达到的：接触星光层，在我们所理解为"相同波长"的范围内运作。据贝赞特所说，神秘学的学生对这些观点都十分熟悉，而其他的人显然并非如此；因此，神秘学的学生更接近与生命的意义和起源相关的问题，也更趋近于所谓最终的和谐的共存。也正是在这一点上，通过 20 世纪的神秘学，特别是通过贝赞特和利德比特的《思想·形式》，一种作为人类交流媒介的色彩理论进入了艺术领域。[68]

值得注意的是，很长一段时间蒙德里安的学生都没有提及蒙德里安的调色盘，尤其是他后期使用三原色的、在笛卡儿坐标系构图绘制的作品，与安妮·贝赞特和利德比特《思想·形式》之间可能存在的联系。然而几乎在所有研究蒙德里安的学者笔下，都出现了将其和神智学会联系到一起的内容，以及他对真相的探索，无论是通过"荷兰加尔文主义（Calvinist）传统中精确且合乎逻辑的知识表述"，还是在自己的著作中也呼吁建立一个观察世界基本原则的基督神智学者 M.H.J. 舍恩梅克尔斯（M. H. J. Schoenmaekers）。[69]

没有人能够否认蒙德里安和神智学社群的关系。一些学者指出，蒙德里安的日记里记述了一些能够体现尤其是布拉瓦茨基夫人对他深刻影响的内容，但这些学者却又立即指出"蒙德里安的想法不仅是因神智学的单一影响演化而来"[70]，且提出蒙德里安对于绘画的发展理论和对世界的看法"显然都是他自己深刻的认识。"[71] 在韦尔什（Welsh）对蒙德里安和神智学的研究中，他们并没有提及贝赞特或是她的作品《思想·形式》和当中的神智学色彩理论。然而蒙德里安是一个承认自己希望获得"神秘领域知识"的人 [72]，此外，韦森比克（Wijsenbeek）曾强有力地提出，1902 年时，蒙德里安就已经"想要寻找可以分享他精神冒险的志同道合之人。"[73] 此处我们必须清楚的是，安妮·贝赞特和利德比特的《思想·形式》首次发表于 1901 年，而除去布拉瓦茨基夫人在 1877 年发表的《伊西斯的秘密》，韦尔什关于蒙德里安和神智学的研究没有任何参考文献是在 1905 年前出版的。贝赞特和利德比特的书必然是蒙德里安神智学奖学金多年来的缺席者，尽管韦尔什在他两篇不同的随笔上做了不同的脚注，但显然是故意想要将这本书排除在外。[74] 在蒙德里安发展出与神智学家相似的"个人"观点之前，安妮·贝赞特和利德比特的《思想与形式》或许他来说是一本很好的书。此外，我们必须要再次强调，正如霍尔茨曼所证实的那样，蒙德里安曾带着克里希纳穆提和鲁道夫·施泰纳 [75]——即安妮·贝赞特创造的"救世主"和传播与贝赞特相似色彩理论之人[76]——的作品一同游历世界。

1985 年在洛杉矶举行的《艺术之灵》(the Spiritual in Art)展以及那段时间的学术著作，都毫无疑问地证明了神智学不仅影响了蒙德里安，还影响了其他很多人。然而，他们中的首位，已经深深地融入了神智学思想和生活规律，做练习和冥想，甚至撰写了一篇从未发表的关于艺术和神智学的文章。[77]仅凭这点，就应当能够在他学生们的耳边敲响质疑的警钟，要是他想出版这篇文章，就不得不给贝赞特的色彩学理论作脚注。他的计划可能更远大。所有的一切都需要记录在他的日记里，这样才能及时使自己的画作转变成他对艺术的个人贡献。在我看来几乎毫无疑问的，是最终在 1909 年 5 月 25 日加入神智学会的蒙德里安显然知道贝赞特和利德比特当时已是第二次印刷的书著的存在。蒙德里安很可能早已研究过神智学者分配给不同色彩的图表和含义。

我们也知道蒙德里安当时一直在读克里希纳穆提的著作。这位备受争议，被神智学者从印度带回来的宗教领袖，宣扬独身和终极的个性，阐述了将基督教的"灵魂"等同于"自我"的神智学概念[78]，向人们传达让他们摆脱自我强制（SELF-IMPOSED LIMIATIONS）并可以宣称"整体存在"(total being)的信息。这位影响了许多美国艺术家的人[79]，最终也脱离了更加"群体"导向的神智社会，这是任何个人主义者如蒙德里安，都会选择的方式。

同样加入了神智学会，并在 1914 年还提及自己的想法与神智学联系的康定斯基[80]，也曾在他非常有影响力的著作《艺术中的精神》[81]（Concerning the Spiritual in Art）中，表达了对布拉瓦茨基夫人的赞赏，此书在字面上似乎更直接地受到了贝赞特的书中所暗示的生物形态的影响。他可能就是贝赞特曾提及的那位送给他画作且坚持要匿名的朋友。[82]书中所展示的一些图画的构图和颜色，与后来康定斯基作品中描绘的变形虫、胚胎和水母有惊人的相似之处。此外非常有趣的，是这些特别的作品都影响到了后来具有心理、超现实主义和超验倾向的艺术家，如汉斯·阿尔普（Hans Arp），霍安·米罗和马克斯·恩斯特。[83]但如果《思想·形式》中的这些自由形态、萌芽状态（Embryonic），以及它们的象征和单细胞变形虫与康定斯基和他的追随者的渴望相一致，那么蒙德里安保留的便只有色彩。

因此我认为，是因为贝赞特和利德比特的书，以及蒙德里安对"个人特性"的内在探寻这两个最关键的原因才使得他要去追求一些"别的东西"。舍恩梅克尔斯在他的《人与自然》(Man and Nature/Mensh and Natuur)一书中所讨论的笛卡儿形式和抽象的几何构图也许与个体创造力，即一个既想要得到群体的支持，又想成为独一无二个体的人来说更加吻合。安妮·贝赞特图表的色彩，好像从颜料管里流出来的一样纯粹。它很适合蒙德里安使用，但脚注却似乎显得没有必要。蒙德里安需要给予安妮·贝赞特的赞许，很好地体现在了韦尔什的脚注中："因此，蒙德里安的表现手法显然不仅来自施泰纳的著作"，就像鲁道夫·施泰纳本人一样，他从未承认自己那些来自《思想·形式》的想法。[84]蒙德里安也同样如此。韦尔什尝试着分析了几个蒙德里安在加入神智学会后的作品，尤其是他的《虔诚》（*Devotion*），在他看来，"这幅作品集合了蒙德里安想要表达符合神智学初始阶段'星光'色彩，能给人以深奥和洞察体验的艺术形式的尝试。"[85]在贝赞特的书中我们可以发现与《虔诚》当中所使用蓝色相似的色调。深蓝色是虔诚掺杂着热爱，浅蓝色则是对崇高思想的虔诚〔见贝赞特和利德比特，"色彩意义的关键"（"Key to the Meanings of Colors"）1925年和1971年〕。施泰纳在对色彩的探究中汲取了相同的含义。在进一步地分析中，韦尔什提及了布拉瓦茨基夫人关于几何的运用的著作，该文章讲述了三角形、圆形、椭圆形、水平和垂直，最终形成十字架相关的内容。据布拉瓦茨基夫人所说，所有的形状都有相关的含义，它们都可以用生命的十字概括出来。它的四个顶点，以生命之轮为界，分别代表着新生、生命、死亡和不朽。[86]正如韦尔什所指出的，上述对蒙德里安影响最显著的体现，是他的作品《圆的组合：教堂的立面》（*Circular Composition：Church Facade*）。"生命"及其起源还有"死亡"，对所有人来说都是极其重要的，康定斯基甚至花费很多时间去研究我们现在所看到的胚胎的模样，他反复研究，并最终在自己的画作中以抽象的形式表现出来。

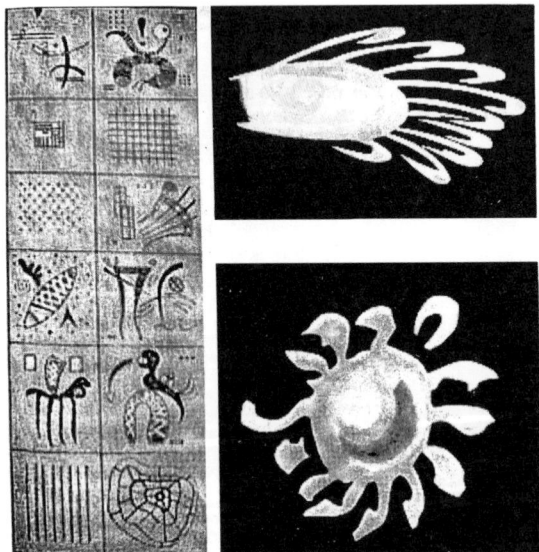

左：瓦西里·康定斯基的画作《各自为己》（*Each for Himself*）
右：是一位不知姓名的艺术家的画作，他将这些画贡献给了《思想与形式》这本书

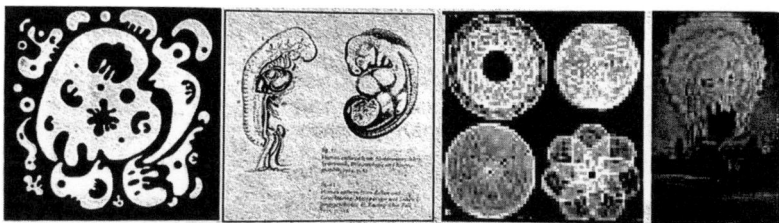

左：康定斯基的作品《白色上的黑色形式》（*Black Forms on White*），紧挨着的右边是他对胚胎的研究；左三、左四：《思想·形式》中的几何插图，右边作品的执行方式太过幼稚，显然不是康定斯基的作品

　　凭借与几何形状相关的神智学学说，莫德里安逐渐远离最初神智学中"星光表达"的影响，并转向更切实的表达方式，这是几乎所有人都能看到的。生物形态的任意性和有洞察力的描绘将会被摒弃，取而代之的是不可否认的几何形态。然而，显然总是需要有人与他分享观点的蒙德里安，在显然偏爱直线和几何使用的舍恩梅克尔斯的著作中找到了强大的力量。毕竟蒙德里安本人在很久以后也说过，"曲线是有限制性的，不会产生平衡的位置关系。矩形的位置作为不可变的表达，是新造型主义（Neo-Plastic）的核心。图像的力量和平衡都源于此。"[87]

　　韦尔什就神智学理论对蒙德里安的影响进行了全面的分析。他的研究是基于蒙德里安的描述和画作以及布拉瓦茨基夫人的作品。安妮·贝赞特的《思想·形式》虽然未被学者所承认，但在我看来，它对蒙德里安来说也许和布拉瓦茨基的著作一样重要。然而这一切的结果，事实上是画家在他生命阶段的早期所创作的，是他所做的形形色色的事物（即字面上的意义），而随着他变得更加成熟，即在他与神智学建立联系，并努力对人类"普世"的全球视野进行分享的过程中，他的作品也愈发抽象起来。在团体中，他始终都感到自信与舒适。就这层意义来说，神秘学对他的影响重大，然而作为一个画家，他很可能被认为和克里希纳穆提一样，曾经高贵又一如本来的样子，以作为一个团体的成员和领袖开始，很晚才找到真正的自己并开始宣扬个性和独身。

　　所有的这一切也许最终能解释蒙德里安的小居室公寓。即使是在一个很小的空间里他也感到舒适，他要将这个小小的空间变成一个宇宙，一个"个性的宇宙"，属于完整和谐的一统体系的一部分。这位从异教中跳出来的个人主义者终将成为他自己的领袖。这确实是蒙德里

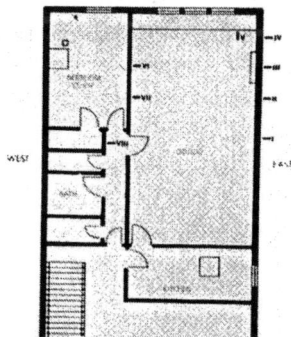

蒙德里安在纽约设计的小公寓

185

安的情况，他是建筑师模仿的对象，20 世纪五六十年代的家具和室内设计师则称他为"存储单元和设计的代言艺术家（patron artist）……"

20 年后对于上述结局的附录

……这同样适用于 21 世纪所有风格的建筑师和设计师，从图形设计师到工业设计师和品牌设计师，尽管他们当前在哈迪德和盖里的成就中漂浮不定，但他们仍旧想跟随赖特式的观念和蒙德里安式的创作规则，虔诚地在和谐整齐的节奏中创作，在笛卡儿坐标系中，在构图与色彩平衡的整体氛围中创作……

（ACA，2014 年 6 月）

参考文献及注释：

1. 见莱勒（Lehrs），1958 年，第 299–310 年。

2. 见罗斯金（Ruskin），《现代画家》（Modern Painters），1913 年。

3. 引文同前，第 286 页。

4. 即见斯坦纳（Steiner），1984 年，1913 年。

5. 罗斯金，1913 年，第 267 年。

6. 罗斯金，1886 年，第 4 卷，第 34 页。

7. 关于"神学"（Theosophy）的介绍性的，以及其他关于灵性运动和组织的延伸阅读，如人智学（Anthroposophy）、卡巴拉（Cabala）、赫尔默斯教派（Hermetism）、神秘主义（Mysticism）、新柏拉图主义（Neoplatonism）、神秘学（Occult）、玫瑰十字会（Rosicrucianism），见加尔布雷思（Galbraith），1986 年，第 367–391 页。

8. 身体的情感、欲望和激情的平面，与精神身体一起，创造了神智学所说的围绕人类物质身体的"光环"。见，同上，第 390 页；及贝赞特与利德比特（Besant&Leadbeater），1901 年 &1971 年，第 2、8 页。

9. 关于斯坦纳对歌德（Goethe）作品的编辑以及相关作品，见艾伦（Allen），于斯坦纳，1960 年，第 10 页。

10. 关于不可承认的内容，见韦尔什，1971 年，脚注 20，第 39 页。

11. 斯坦纳，1984 年，第 21 页。

12. 斯坦纳，1984 年，第 15 页。

13. 见沃什顿 / 罗斯（Washton / Rose），1980 年，第 22 页；及内瑟科特（Nethercot），1960 年，第 1 页；及贝赞特，1893 年及 1908 年。

14. 斯坦纳，引文同前，第 21 页；关于布拉瓦茨基（Blavatsky）夫人对东方神秘主义的信仰，见布拉瓦茨基，1946 年。

15. 谢泼德（Shepherd），1959 年，第 70–71 页。

16. 沃什顿 / 罗斯，1980 年，第 15 页。

17. 关于不可承认的内容，见韦尔什，1971 年，脚注 20，第 39 页。

18. 事例见斯坦纳，1960 年，第 243–253 页。

19. 关于斯坦纳有关歌德色彩理论的书籍，见斯坦纳，1984 年，第 401 页。

20. 杰克逊·波洛克始于他与克里希那穆提（Krishnamurti）一同修行的少年时光的对人生意义的漫长探索。奈菲与怀特·史密斯，1989 年，第 343 页。

21. 见切利尼，1956 年，第 121–124 页。

22. 同上，第 123–124 页。

23. 康纳，1989 年，第 140 页。

24. 法雷拉斯（Farreras），第 34 页。

25. 阿布鲁泽塞，1967 年，第 9 页。

26. 见桑切斯，1990 年，第 68 页。

27. 康纳，第 140–141 页。

28. 阿布鲁泽塞，第 13–14 页。

29. 感谢阿方索·E. 佩雷斯·桑切斯（Alfonso E. PerexSanches）博士对这些信息的研究成果，关于与作者的个人访谈交流，见信件，马德里，1994 年 3 月 26 日。

30. 斯坦纳，1960 年，第 12 页。

31. 见霍克曼，1989 年，第 85–87 页。

32. 贝斯（Bayes）于哈伍德（Harwood），1961 年，第 165 页。

33. 笔者与约兰·希尔特（Göran Schildt）的采访，莱罗斯（Leros），1994 年 4 月 4 日。更多关于吉迪恩对相关主题态度的证据内容，见吉迪恩，1966 年，第 78–91 页。

34. 同上。

35. 与布儒瓦（Bourgeois）的绘画作比较，1946 年，第 307 页；及兰斯特 / 汉诺威化装舞会项目（Lancster/Hanover Masque Project），1982–1983 年，见海杜克（Hejduk），1983 年，第 67 页。

36. 即见海杜克，1985 年，第 440、442、444、447 页；及海杜克，1983 年。

37. 关于个人、专业寄生活方式的"面具"，见吉尔，1987 年；关于赖特的态度和他受到女性的影响，见西克里斯特（Secrest），1992年。

38. 即见奥尔吉瓦娜·劳埃德·赖特（Olgivanna Lloyd Wright），1960年；吉尔，1987年；西克里斯特，1992年，第291、326–327、336、419–420、496页；德·哈特曼，1983年，第177页。有关塔里埃森团契的邪教维度、奥尔吉瓦纳作为"杀掉周围所有人的'女王蜂'"的角色，以及葛杰夫（Gurdjief）在知名杂志中公开讨论的影响，见伯恩斯（Burns），1998年，第214页。

39. 见德·哈特曼，1983年，第xxv页。

40. 西克里斯特，1992年，第431页。

41. 同上。

42. 同上，第511页。

43. 霍克曼，1989年，第84页。

44. 见莱宁（Lenin），1978年。

45. 更过相关内容，见卡德尔纳（Caderna），1979年，第16页。

46. 关于蒂诺科（Tinoco）的转型，见菲尔德，1989年，第5–12页。

47. 关于希特勒接触神秘学以及他的名字与通神论者和其他团体的精神追求的不幸联系，见塔奇曼（Tuchman），1986年，第18页。

48. 霍克曼，1989年，第84页。

49. 见克利（Klee），1964年。

50. 康定斯基受到通神论者的影响，以及他随后对他的学生如汉斯·霍夫曼（Hans Hofmann）的影响，见坦嫩鲍姆（Tannenbaum），1950年，第291页；及沃什顿／罗斯，1980年，第14–15页。

51. 有趣的是，像盖伊这样的批评家试图淡化神智学对蒙德里安的影响。关于盖伊对韦尔什关于蒙德里安以及神智学的研究的评论，见盖伊，1976年，第258页。

52. 即见韦斯（Weiss），1979年，第6页。

53. 康定斯基，1969年，第59–61页，由笔者翻译。

54. 见罗塞尔（Roethel），1979年，第21页。

55. 见菲尔德，第98页。

56. 与此相关以及关于歌德色彩理论的细节，见莱勒，1958年，第288页；莫里森（Morison），1961年，第153–162页；及威尔逊，1961年，第141–152页。

57. 莱勒，引文同前，第293页。

58. 见斯坦纳对艾伦的引用，1960年，第11页。

59. 亚当斯（Adams），1961年，第140页。

60. 对于这些建筑和斯坦纳在12世纪建筑中的住所，见贝斯，1961年，第163–178页。

61. 关于贝赞特与利德比特对克里希那穆提的发现，见勒琴斯（Lutyens），1975年，第21–57页；及坎贝尔（Campbell），1980年；菲尔德，1989年。

62. 证实这些评论的事实，见菲尔德，1989年。

63. 贝赞特与利德比特1971年，第2页；及加尔布雷思（Galbreath），1986年，第390页。

64. 贝赞特与利德比特，1971年，第8页。

65. 皮尔逊（Pearson），1971年，第146页。

66. 引文同前，第16页。

67. 同上。

68. 韦尔什，1971年，第36页。

69. 韦森比克，1971年，第26页。

70. 同上。

71. 韦尔什，1971年，第39页。

72. 韦森比克，1971年，第26页。

73. 上述证据见脚注第20号，以及参考该书的19荷兰语译本——韦尔什显然没有参考该书的早期英文译本。关于脚注第20号，见韦尔什，1971年，第39页；对于第二个佐证实例，见韦尔什，1986年，脚注第97页，第63号，这当中蒙德里安宣称自己反对模仿"星光色"，这个术语暗示了蒙德里安对贝赞特与利德比特作品的了解。

74. 韦森比克，1971年，第26页。

75. 见勒琴斯，1991年。

76. 见韦尔什，1971 年，第 36 页。

77. 见皮尔逊，1971 年，第 146 页。

78. 即弗雷德里克·基斯勒（Fredrick Kiesler）、路易丝·奈维尔逊（Louise Nevelson）等，见利勒，1990 年，第 67 页。

79. 关于康定斯基对神智学影响的相关事宜，见韦斯，1979 年；及沃什顿/罗斯，1980 年，第 14、40 页等；在这里还值得注意的是康定斯基与奥尔加和托马斯·冯·哈特曼的友谊，后者后来加入葛吉夫并随后写了一本关于他的书。关于他们的关系，见霍伯格（Hobberg），1994 年，第 80、125 页。

80. 他曾于 1910 年写作的一本书，在 1912 年首次出版。关于对布拉瓦茨基与神智学的引用，见康定斯基，1969 年，第 59-60 页。

81. 见贝赞特，1925 年、1971 年，前言。

82. 关于此，见巴内特，1985 年，第 61、63、65、68、71、75 页。

83. 韦尔什，1971 年，第 39 页，脚注第 20 号；更多相关证明，见斯坦纳于斯坦纳，1960 年，甚至在索引中都没有提及布拉瓦茨基、贝赞特或神智学的内容，见第 243-253 页。

84. 韦尔什，引文同前，第 43 页。

85. 韦尔什，1971 年，第 49 页；更多关于神智学符号意义的内容，见霍德森（Hodson），1955 年，第 16-17 页的表格。

86. 蒙德里安，"新造型主义：它在音乐和未来戏剧中的实现"（"Neo-Plasticism：Its Realization in Music and in Future Theater"），于霍德森与詹姆斯，1986 年，第 156 页。

87. 纳尔逊（Nelson），1949 年，第 115 页。

© 安东尼·C. 安东尼亚德斯

17

D. 总结孵化期与进化

艺术空间：
艺术和艺术家对建筑学的贡献

结论与结语

第17章 结论与结语

我们之前介绍的艺术家的房屋和工作室的证据以及随后出现的关于心理和精神问题的讨论，产生了一系列关于艺术家、空间和建筑之间内在关联的结论性意见。首先，也是最重要的，是"艺术空间"作为艺术家创作的摇篮，并不适合广义的三维分类。正如我们所看到的，艺术家能够在各种环境条件下创造出各种各样的空间，从宏伟壮观的宫殿式空间，到酒店房间和监狱牢房等逆境空间。

显而易见，艺术与建筑之间有着非常独特的关系，有时是相互支持和共生的，有时则不是。然而，接连不断的发现表明，艺术是为建筑的演变持续作出贡献的，特别是在住房类型（housing typology）和社会居住模式（social habitation model）方面；单间公寓/工作室公寓（studio）和夹层公寓（mezzanine）就是通过艺术来到建筑当中的。

这项研究发现，艺术家对建筑的态度与建筑师对艺术的态度大多截然不同。通常，艺术家倾向于过去而非他们所生活时期的建筑风格。这与他们自我艺术的先锋追求形成了鲜明的对比，也反映了那个时代的焦虑和技术，他们显然并不欣赏建筑师调色盘所创作出来的事物。至于建筑师，他们对于艺术领域的潮流和领先事物充满热情，经常将其用于建筑，但却几乎从未因他们从中学到的事物而给予艺术家应得的荣誉。"画廊绘画"（Gallery Paintings）和艺术家工作室的空间质量成为开放平面的先驱之一。建筑极简主义以及从"柔和色调"（Patel Tone）发展到"白色"（White）的室内氛围的美学，即是起源于艺术家喜爱的空间形式。主要是由蒙德里安、古斯塔夫·克里姆特（Gustav Klimt）和奥赞方（Ozenfant）等几位艺术家传播并演进的美学思想，随后才由建筑师挑选并发展。几次艺术运动 [工艺美术运动（the Arts and Crafts Movement）、分离派（the Secession），以及风格派] 在随后建筑的演变中都产生了举足轻重的影响。客观证据表明，艺术在传播和推广最终影响环境和空间的思想方面处于领先地位。此外，对艺术家的空间和居住偏好的研究也引出了建筑设计中需要考虑的问题，例如以"生命阶段"的概念作为设计前提。艺术家联系着 20 世纪一些有影响力的精神运动与建筑；他们在很大程度上是艺术和建筑设计得以具有意义、精神性、神秘和超自然因素的原因。

艺术和艺术家因其显著的开创性作用和对建筑的贡献而理应得到称赞。**建筑历史和关键文本的修订应当反映这种亏欠……**

总之，"艺术空间"更多的是一种概念和一种"心态"，而不是一个三维实体；

它是艺术创作和美学的舞台，始于艺术家在大脑空间中的创造性冲动，伴随着当地和偶尔的全球性后果，最终蔓延成为文化的心态。

在以上所有内容中，需要通过努力解决的最重要的问题，是一直以来艺术与建筑之间关系的特殊性。笔者认为它代表了这个问题的核心，并将"艺术空间"的概念作为对创意和生活质量的"概念"影响全球。这是笔者在后记中讨论的最后一个主题，笔者在20世纪末和21世纪的前15年就"艺术空间"提出了这个问题。

艺术与建筑的独特关系

事实上，许多艺术家以非常积极和理解的方式谈论建筑，欧仁·德拉克鲁瓦（Eugène Delacroix）就是这方面最好的例子。事实上，一些艺术家确实在建筑方面作出了巨大贡献，并有意或无意地改进了建筑氛围，如马列维奇和乔治娅·奥基夫。另外，一些建筑师之间的合作，无论成败，他们的一些见解，对建筑都有积极和辅助作用。巴内特·纽曼就是此类的一个绝妙的案例。然而，所有这些情况都有例外。艺术家对建筑的欣赏，可以通过他们努力"提升"生活条件以获取他们的"梦想之家"的事件有所体现，但这与建筑师一直试图推广的"建筑"并不同步。

艺术与建筑之间的特性和偶尔的紧张关系受到了一个巨大矛盾的影响。艺术家，作为一个群体贯穿历史，他们代表了自己艺术中的新颖和潮流，不断在美学、解决方案和类型学引领着建筑师，而他们当中的大多数，则通常更倾向于将以前时代的空间和建筑作为自己的栖息之所，那才使他们感到更加舒适。这些旧时代特征的建筑，则无法全然地代表他们所处时代最具代表的建筑成就。对于20世纪初的大多数著名艺术家来说这是事实，而对于20世纪的许多普通艺术家来说，情况也是如此。

在这种关系中，当然在两个方向都有区别和层次。历史上曾有艺术家支持或试图支持创新和实验性的建筑，例如拉斐尔。即使他更喜欢"复古风格"的别墅以满足自己对生活的渴望，但却仍然支持伯拉孟特对新技术的探索。新建筑的艺术家支持者的数量微不足道。大多数艺术家对建筑的态度，与大多数人对艺术创新的态度一样，正如奥尔特加·Y.塞特（Ortega Y. Gasset）在他的文章《艺术非人化》（*The Dehumanization of Art*）中所论述的那样，"他们不喜欢是因为他们不理解。"[1]

我们可以看到，"河流"（river）类型极富创造力的艺术家（即多产的艺术家），如毕加索，倾向于蔑视任何他们所处的空间，很快，他们就会用自己的作品将它淹没，嘲笑他们所生活的建筑空间，但同时又将这种蔑视转变为生命：他们稍纵即逝的存在与他们永存的作品，为他们曾经所占据的建筑外壳赋予了生命。我们也看到，在这些艺术家年轻时，他们更倾向于选择中性的、开放式的空间配置。这是必要的，因为这种类型不会妨碍他们的创造性活动，尤其是在他们生命阶段的早期，即他们探索立体主义等教条抽象，或进行心理实验时，他们格外偏爱这样的空间。在这种情况下，现实的混乱局面得以被抑制，他们喜欢的空间必定是中性且隔绝干扰的。这和抽象艺术与开放式工作室的白色氛围并行不悖。

其他如"蒸馏"（distillation）型的艺术家（即非多产随机艺术家），即使是在年轻时，也能习惯小型公寓的生活，并感觉良好（例如纽约马塞尔·杜尚的公寓，或是非常细致，对所有事情都有记录的保罗·克利的公寓）。当然，不仅"蒸馏"型艺术家可以在城市公寓里依旧感觉良好，极端的"河流"类型的艺术家，如早前的马蒂斯和年轻的安迪·沃霍尔，从未将"当代"建筑或作为艺术对象的建筑用作他们的个人居所。马蒂斯会选择尼斯、巴黎或其他类似地方的古典酒店，而他生命最后阶段的个人住所，则是一栋早期建筑风格的古典别墅。20 世纪 60 年代"河流风格"最前卫的艺术家安迪·沃霍尔（Andy Warhol），从未将任何"建筑师设计"或任何"当代"建筑空间用于他的个人居所。他总是喜欢纽约上流社会类型（brownstone type）的豪宅，或新英格兰风格的别墅。[2] 不考虑临时建筑的外观，他仍然会偶尔为他的临时"工厂"布置古典家具。例如，他在麦迪逊大道的最后一个"工厂"，他让建筑师尽可能地尝试加入当时任何流行的时尚元素，而最后这些也都已过时，成为后现代的历史。如果不是后现代主义的历史主义结晶，笔者相信他或许永远不会接受"当代"的解决方案。另一方面，笔者相信沃霍尔对于他在匹兹堡本地的后现代博物馆感到非常满意，那是该镇工业部门旧工业建筑的翻新／扩建工程，由理查德·格鲁克曼设计改造。一个再利用的现成品，一个点缀着些许光鲜精致现代性的古老建筑，却异常符合这位经常在艺术与生活中将截然相反的神圣与世俗相结合（例如把汤罐放入一个画廊，重复一张现有的照片并制作成肖像，穿无尾礼服和蓝色牛仔裤进入白宫）的艺术家的心意。

大多数艺术家，无论他们是"河流"型还是"蒸馏"型，在他们生命阶段的后期有能力拥有自己的住所时，便都会如好似有既定规则一样地选择一栋具有特定时期风格，大多是过去风格的房子或别墅。在某些情况下，出现了一些突出的矛盾，不禁让人好奇艺术家在艺术中传播的创新在多大程度上是诚实的。人们很难相信，像亚历山大·考尔德和亨利·穆尔这样支持机器和现代主义，也通过他们的艺术创造了抽象的艺术家，会在不得不付钱且不理解他们作品的纳税人中间引发争议和仇恨，而在决定他们自己的最终住房时，也会选择欧洲或新英格兰连绵起伏的丘陵和乡村地区的古老别墅，或风景如画的城堡。实际上这在雕塑家和画家中都十分普遍。罗丹和毕加索，选择了辉煌时期的庄园。事实上，毕加索选择了乡村真正的城堡，或者巴黎的时代公寓；他的许多行动和做法，始终都保持着这种偏爱。在毕加索的许多动作中，甚至没有任何一处与"当代"建筑有所关联。

相反，他自己所有住所都与18和19世纪最保守资产阶级，即他最为厌恶的阶级的品位如出一辙。当马克思·恩斯特谈及自己的艺术时，似乎使自己的大脑感受到了很大的困扰，他显然是在寻找一个新的审美，并通过绘画表达内心最深处的想法。他自己设计并明显为之感到骄傲的自宅，看起来却是一栋糟糕版本的古典别墅，甚至用钢筋混凝土建造了18世纪风格的拱。分离派的先锋领袖古斯塔夫·克里姆特，曾在维也纳与奥尔布里希（Olbrich）等其他前卫建筑师合作，他自己本身也是一位建筑装饰师，而他个人的居所则根据他自己的生活习惯，选择了不能代表他所生活时代的特殊时期风格的别墅和家具。在其他国家有很多像他这样的艺术家。这个名单很多可以一直列下去。

至少德·基里科是诚实的。在他的一生中，没有任何时期表现出对代表他那个时代的建筑的任何倾向。他总是喜欢早期的建筑。在他的例子中，显而易见且具有决定性的是社会因素，以及影响并塑造他对空间个人喜好的宫殿般的意象。他用尽一生的努力去将其实现。这更像是一种社会和心理状态，老德·基里科试图满足心中那个背负着许多不好回忆的孩子，想向他证明在成年后，他也可以像曾经父母的房屋主人一样，住在宫殿般的房子里。

然而，艺术家对当代建筑的消极态度，源于一些更根本的问题。事实上，若是说起20世纪90年代建筑中的钢铁和建筑运动，必然会想到考尔德的动态雕塑。然而，人们很难相信，当谈及有关个人居所的问题时，考尔德实则早已受够了这些钢铁和建筑运动。

除了选择了伯拉孟特，并将最先进的建筑作为自己居所的拉斐尔，还除了雅克·里普希茨、奥赞方、皮特·蒙德里安和迭戈·里维拉，这些似乎喜欢或理解他们所在时期前卫建筑的20世纪艺术家，大多数其他人显然对此毫不关心，甚至十分厌恶。里普希茨、里维拉、勒·柯布西耶和胡安·奥戈尔曼为他们设计了现代风格的房子，而蒙德里安，尽管他十分清贫且收入微薄，却努力将自己对艺术和美学的信仰付诸实践，在巴黎和纽约以"新造型主义"的实践，塑造了自己的个人空间。蒙德里安是自己的建筑师，当然有人可能会争辩说，建筑师自然不得不喜欢他们为自己修建的房子。

剩下的，似乎只有里普希茨非常感激并喜欢勒·柯布西耶为他所做的。而奥赞方显然因为创作者身份的个人问题而感到不是滋味。显然他认为这是他的作品，而里维拉，则从未正式提及过奥戈尔曼为他设计的房子，最多也只是轻描淡写的掠过。

艺术家和诸如库克和迈克尔·斯坦（Michael Stein）等美国艺术收藏家，是如何可以选择并让勒·柯布西耶为他们建造当代风格的住所的？还是他们把自己的房子视为艺术投资，只是他们没有花时间去对此大做文章，就像格特鲁德·斯泰为她藏品的艺术家所做的那样？部分原因必定可以由艺术和建筑之间存在的基本差异作为解释，就像艺术品被创造之初，与它们最终被公众接受的时差如出一辙。事实上，建筑师是在活着的时候成为的"伟大"建筑师。私人客户和机构，尤其是后者，会尤其注意建筑师的"可贴现性"（bankability），他们会将自己的佣金交付到最具"可贴现性"的建筑师手中。近来一些专门设计收藏家住宅、博物馆和艺术画廊的建筑师，都在瑞士拥有办公室和银行账户，而他们最直接和最信赖的联系人，却通常是银行的低级别人员。这是一个非常敏感的问题，进一步的阐述会把我们引向完全不同的另一个主题。然而，以"别人的钱"为基础创作的建筑师，可以在有限的生命中，得到甚至是立刻"满意"的回报。而艺术家，这一我们经常会发现影响了建筑师、并用作品堆满自己居所的群体，尽管他们总是可以用最有限的资源立即进行创作，甚至少数可以在有生之年变得异常富有，但他们的"满足"却总是迟到，且大多是在他们离开这个世界之后。精明的收藏家和一些臭名昭著的艺术品交易商，可以非常容易地看到建筑师的"可贴现性"和建筑师与银行家之间的关系，这对于他们房屋的佣金授权而言异常重要，而他们对艺术承诺也有着同样敏锐的洞察力，并愿意为此投入并等待。对"即时"与"未来"现实时差的接受，在很大程度上被艺术交易的利益所操纵，带来了艺术与建筑之间潜在的对立因素，这是人性的一部分。在 20 世纪后期，艺术与建筑之间的这种务实的对抗关系成了一种显而易见且难以掩盖的意识形态，并一直延续到 21 世纪。

然而，除了上述时常将艺术家引入绝望，甚至是自杀（如马克·罗思科）的残酷现实之外，会不会就像大多数人不懂艺术一样，是艺术家不理解他们时代的建筑和建筑美学？但正如我们所发现的，美国早期的艺术家并非如此。第十大街单间公寓（the Tenth Street Studio）的例子，和单间工作室公寓类型（Stuido Aprtment）的演变，就是由专门为艺术家需求而设计的公寓（纽约）演变而来，这向我们展示了欧洲和美国在这方面的巨大差异。美国艺术家和普通大众对建筑的态度更加开放和包容。进一步的证据，是英国唯一支持当时的开创性建筑的艺术家，是惠斯勒———一个美国人。这项调研让笔者不禁认为，大多数欧洲艺术家与其他并不了解艺术家艺术的普通人并没有什么不同。除了一些不得不与建筑师合作的艺术家，其他的大多数可能对建筑和美学的贡献都没有任何概念。正如我们所知，许多画家都不读书，而且他们中的大多数都反对批判与关于美学和写作的作品。那些阅读和写作的人，如德拉克鲁瓦和巴内特·纽曼，对建筑有着非常不同的态度，并最终促成了它的演进。巴内特·纽曼自身甚至协助创作了不少伟大的建筑作品。他的重要著作和他在 35 号工作室（Studio 35）的研讨会足以证明他是截然不同的另外一种画家 / 雕刻家，是一个可以与建筑师合作的人，他的公寓必须是"现代"的，也正如他的居所那样。罗思科与建筑存在一些矛盾；这可以从他在纽约购买了一栋好似中世纪风格的豪宅，而非纽约现代公寓的做法中得到印证。

让我们暂且相信艺术家不懂建筑，也不懂 20 世纪早期的建筑师。如果确实如此，这将是建筑的悲剧之一，因为这些与建筑师最为相近的志同道合的灵魂，本应当是最可能了解建筑师作品的人，却不理解。

如果艺术家不了解大部分是在绘画创新和对蒙德里安和范·杜斯堡等艺术家的理论探索之后发展起来的现代建筑的主张和产品，那么可以假设，这些艺术家确实是虚伪的，他们对自己美学的所有大惊小怪不过是一种自我推销，一种市场驱动的销售手段：由艺术品经销商、艺术出版商以及艺术产业和机构所支持的，用以开辟新市场的理论和美学。由于艺术作品与建筑相比小许多，不需要建筑的初始投资，由此艺术可以继续编写它的自我推动课程、写书、发表宣言、组织展览等，而建筑，无论是前卫还是现代，通常都是基于艺术发展而演进，却依旧被忽视、误解，并被贴上标签（玻璃箱等），而艺术的发展则蒸蒸日上。

然而，可能将错误完全归咎于建筑，尤其是现代建筑的不同解释。

建筑和建筑美学是大脑和双手所创作的艺术品，建筑传达了大脑的思想，但它们依旧必须服务于人类的物理天性。一幅画可能会产生负面的心理效应，但如果你闭上眼睛，它便不会对身体的物理机制造成伤害。一幅画可能会留下一段不愉快的记忆、一种我们无法理解的感受，但它不会让我们的背部感到疼痛，也不会让我们的身体感到不适（或许除了头顶上米开朗琪罗的画作）。与此相对的，许多建筑师，尤其是一些著名的建筑师，都是在"自恋冲动"（narcissistic impulses）和自负（ego）的驱使下工作。这些建筑大多是为了吸引眼球，很少能解决建筑物的固有功能和使用者相关的问题，尽管他们的说辞与此相反。

画家或任何其他人的大脑，可能无法理解所在时期的美学本质或建筑探索，尤其是 20 世纪，但身体却可能会感知到这些建筑所带来的舒适或不适。身体总是会倾向于舒适，选择"尽可能少的运动"的状态，就像阿诺尔德·舍恩伯格（Arnold Schoenberg）曾经所描述的"舒适"那样。[3]

功能主义（Functionalist）的建筑，只有在它可以作为一间工作室，一个没有装饰的大空间时，才会被欣赏；因此，许多艺术家对中性风格的工作室感到舒适。然而如果"功能主义"建筑不能让身体感觉舒适或放松、不能提供一个遮日躲雨的角落、在不需要阳光时仍然日照强烈，或在一般的居家生活中不能满足身体的基本需要，那它就失去了功能性。大部分新造型主义、密斯、蒙德里安的笛卡儿哲学，以及包豪斯和勒·柯布西耶，除了偶然非常昂贵家具的可塑性之外，完全不可能与身体的要求相竞争，特别是生命晚期的人类需求。这时，可能是建筑不能像身体一样提供让人满意机能的情况，这也是使得许多人和艺术家转而另寻其他环境和居住地的原因。

因此，最终使建筑作品变得容易被包括画家在内的其他人接受的原因，是"能否有让人感到舒适的元素"，即人类尺度的问题。人们无法预测未来，无法判定建筑师的建议是否会与自己的需求相契合，这才导致了他们的不安。现代运动中的"功能主义"建筑，因范·杜斯堡和蒙德里安这样的明星艺术家所推崇的拥有呆板线条的家具（如 Z 办公椅），以及像瓦西里椅这样的不舒服的家具，而获得了一个"无功能"的坏名声。事实上，如果我们增加了许多房屋的层数，那仅对小孩子和年轻人来说是件好事，但这对于许多人，包括画家在内的人的后期生活来说，都是不合适的。这是笔者认为可能是画家更喜欢现成建筑外壳的原因；如果它们看起来熟悉，他们就会搬进去，这保证了家具、平面和布局的舒适，就像他们以前可能看到或体验过的那样。而新的事物是未知的、陌生的，这只适合大胆的人。

所有这一切都说明，当艺术家谈及建筑时，就像所有其他的人一样，对建筑学的新事物总是持有相似的保留意见。此外，当艺术家在晚年获得他们的财富时，他们会选择住在有大片庄园富丽堂皇，被赋予平静、舒适和安逸生活的住宅。

对使用的人来说，建筑需要被赋予人性，不能变得抽象。只有当建筑拥有可以自然地传达于他人，"它不仅仅是一件艺术品，无论理解与否，它都是可以让人安心居于其中、可以生活、休息身体、舒展双腿、放松思考和燕好的容器"时，它才会被人选择并接受。即使是被称为"不朽艺术作品"，目的在于用独特性、建筑技术和未来主义的存在来激发民族自豪感的建筑，如果不具备服务人类的元素，它便也只是一个不受欢迎的冰山。在所有这一切中，建筑的艺术角色是十分悲惨的，因为建筑的艺术维度，并不一定具有"正式"身份，也很难进行沟通、传达和推广。好的建筑，有它视觉美学的敌人，除非建筑师强烈地认为"人的尺度"而不是"形式"才是建筑美学的本质，否则人们和画家都不会接受它开创性的努力。

然而，如果说艺术空间代表了艺术与建筑之间的一种二分法，那么艺术家偶尔推出的建筑创新便会立即被建筑师所接受，并用于进一步的建筑创新中。其中最好的例子就是为适应良好光线和可以在大型艺术品上进行雕塑和绘画而设计的夹层式艺术空间。这种类型最终被建筑师所采纳，并被大众所接受为颇受欢迎的单间工作室公寓。在编写本文之前，这种创新并没有归功于艺术家，而是由勒·柯布西耶开发，并成为他精心打造的一个完整的建筑类型学。马赛公寓的真正先例，笔者毫无疑问地相信是巴黎的拉胡石居 [La Ruche，见《艺术空间（上）》]，而单间工作室公寓和夹层公寓类型在很大程度上也要归功于拉胡石居和纽约的第十大街单间公寓 [见《艺术空间（上）》]。

此处需要强调的，是建筑对色彩与空间意义的关注来自艺术家。因为艺术家更接近于开创性的形而上学与神秘主义研究，也总是更开放地探索各种路径，尝试一切、四处倾听和吸收。

笔者坚信此项研究的最终结果会是令人震惊的，即伟大的艺术是在各种空间条件下被创作出来的，从最愉快、最富丽堂皇的地方，到最不可能和不利的地方。笔者的示例最早来自文艺复兴时期。逆境空间的环境从酒店房间，到小屋和精神病院病房的空间。因此，对于最适合艺术创作为目的的空间没有任何理论可言。事实上，每个空间都有其独特的效用，并为创意和自我表达提供了独特的动力。否则，所有的艺术品便可能都是一样的了。笔者相信，如果伦勃朗的房子有的是鲁本斯宫殿般的灯光氛围，那他的画布就不会拥有深褐色的色调和黑暗的特殊神秘感。光线如利剑划过，如闪电般进入空间，它的存在要归功于房子后面的光井，如此微不足道的光源，也弥足珍贵。

在这个意义上，艺术空间的终极外壳是艺术家的心灵。移动和工作的物理空间只是允许了艺术家的身体活动，以及将大脑的精神能量释放为有形的事物。只有在相当罕见的情况下，物理容器会在作品上留下自己的印记，继而使自己与其他有所不同。贾科梅蒂工作室的案例显然非常出色，如果他生活的状态并非那么紧张，那么我们也许就不会看到他作品中的张力了。

艺术家也是人，他们也同我们一样有欢乐和焦虑，只是他们更加敏感，也更能以我们所无法达到的方式，也是更能让我们感动的方式将此进行表达。在大多数情况下，他们生活和创造的空间与我们生活的空间别无二致。只是只有他们才能以自己在其中所作而为其赋予生命力。艺术空间和其他空间的最大区别，在于前者的生活和工作融合在同一屋檐下。事实上，也正是这一独特成分使得艺术家的住所别于他人。他们的房子见证了创造力持续的挣扎，以及在那里发生的知识和艺术诞生的持续过程。与其他只有在婴孩出生时才有新生命的房子不同，这里每天都有新的诞生。

空间作为艺术的摇篮，具有人们对诞生奇迹之尊重的增强精神的品质，这是一种创造性活动，而无论是最令人印象深刻，还是先驱的建筑空间，如果缺乏创造力的火花与对创造的渴望，那么最终都将变得死气沉沉。我们喜欢干净整洁的房子，这是女主人悉心照料的结果，是她每日的创意之宝、每天献给世界的礼物，也是她给家人的礼物。许多乡土建筑中使用者日常的创意贯注，给人以温馨、爱与美的感受。这是一个持续发生在生活的地方的创造性过程，一个即使是在最贫穷或最不利的逆境空间也能获得神圣之美的、持续不断的创造过程。这就是我们所研究的艺术家，或许也是所有有创造力艺术家的情况。另一方面，缺乏使用者创造性能量的富裕，可能会被证明是一种致命的冬眠、炫耀、甚或是颓废。

对于我们其他人来说，如果必须有一个唯一训诫，那就是要将我们生活的空间作为创造性的容器，并将创造性作为生活方式的一部分，与此同时可以容纳和表达这些创造性冲动的方式，来组织我们的个人空间。这种将建筑作为"为完成创作生活的艺术家的工作室"的概念，或许也可以为我们其他人带来艺术家的快乐和成就感。

结语：贯穿 20 世纪和当今前沿的"艺术空间"

左：阿尔弗雷德·施蒂格利茨，在这张照片
拍摄的一年后，他在他美国的 291 画廊推广
了现代欧洲艺术
（照片详情出自戴维森，1983 年，第 10 页）
右：1914 年，同一画廊展出了毕加索、布拉克
和非洲面具的作品
[阿尔弗雷德·施蒂格格利兹,美国文学协会,纽约,
1934 年，第 XIII（b）版]

麦迪逊大街上的纽约军械库
这是 1913 年著名的军械展，现代欧洲艺术
首次在美国展出
（照片由笔者拍摄）

　　20 世纪的艺术空间是通过史诗比例和状况的过程演变而来的。它源于个体想要通过艺术进行表达和求得生计的需求，它包含着偶尔对家庭和公认规范的反叛，包括从家乡搬到艺术中心和志同道合的人一起，包括偶尔的艺术教育、学徒和兄弟会，同时它受到区域、国家和国际的交叉影响，其中两次世界大战和越南战争是艺术氛围的结晶与塑造的关键。欧洲和现代性在这一切中发挥了非常重要的作用。除艺术家之外，整个过程的核心是艺术鉴赏家、艺术收藏家，甚至是政府扮演的角色。20 世纪初直到第一次世界大战期间，由于继承了 19 世纪艺术欣赏和收藏传统的神话大亨（mythical tycoons）们的参与，艺术和艺术空间得以在美国蓬勃发展。[4] 早在 1909 年，在阿尔弗雷德·施蒂格格利茨 [与爱德华·斯泰肯（Edward Steichen）合作] 的努力下，以及格特鲁德·斯泰因在 1912 年特别版《摄影作品》（Camera Work）中发表的马蒂斯和毕加索的"肖像"，欧洲艺术和现代性才得以小心翼翼地被引入美国。[5] 1913 年在纽约举办的著名的军械库展览，使得欧洲艺术开始被大众所熟知，尽管是不被公众和媒体所欣赏的。它还为律师收藏家约翰·奎因 [6]（John Quinn）和展览收藏家凯瑟琳·德赖尔提供了捍卫现代艺术的理由。后者与马塞尔·杜尚结识，在他的指导和建议下，她创立了"社会匿名有限公司：艺术博物馆 1920"（Thé Société Anonyme, Inc.: Museum of Modern Art 1920），推广展览、讲座以及现代艺术，以支持康定斯基、克利和蒙德里安。[7] 然而，总部

在东四十七街一栋房子第三层的两间出租房的德雷尔的第一个美国现代艺术博物馆，最终还是成了"大萧条"（1929–1933 年之间发源于美国，并后来波及整个资本主义世界的经济危机——编者注）的牺牲品。它于 1929 年关闭，没有"艺术空间"展示，其列表中也没有美国艺术家。20 世纪二三十年代直至第二次世界大战之前，"贫穷"成了艺术和"艺术空间"生活的代名词。公寓分享、糟糕的酒店生活、过度拥挤和个人悲剧，还是政府对艺术的支持计划下偶尔才得到改善后的条件。在罗斯福执政期间，艺术家通过一个名为"特殊计划"（the Project）的项目，每月通过绘制壁画和画架绘画，为学校、政府大楼和官僚办公室绘制装饰以获得一定的薪酬；然而，这些艺术却并没有得到赏识，由此得来的大部分作品都被忽视、损毁甚或丢失。两次世界大战之间，通过为避免纳粹主义影响而从巴黎返回美国的侨民和的收藏家，人们对欧洲艺术的鉴赏力得到了提升。这当中的核心人物，是格特鲁德·斯泰因、她的兄弟利奥（Leo）和迈克尔，以及一些欧洲艺术家，特别是超现实主义画家和艺术收藏家，如佩吉·古根海姆和贝蒂·帕森斯（Betty Parsons）。他们都为美国艺术家提供了新的想法、刺激和个人支持，并为艺术家开辟了通过直接销售艺术品来谋生的道路。这一新形势为许多艺术家提供了逃往切尔西酒店（the Chelsea Hotel）等格林威治村的旅店，以及一些在第八大街和第九大街不卫生的公寓、空间阁楼以及大型建筑中寻求住所的机会。

佩吉·古根海姆画廊位于纽约西 57 大街的这栋建筑的二层，《我们这个世纪的艺术》（*The Art of Our Centry*，1942 年）；该画廊在美国推动了欧洲和美国现代艺术家的开拓创新
（照片由笔者拍摄）

第二次世界大战之后的几年，不少美国现代艺术家从默默无闻中脱颖而出，并成为艺术世界的中心，而纽约则成了它的"麦加"。越南战争前的岁月，当时

位于纽约的切尔西酒店，是 20 世纪许多美国前卫艺术家在早期找到的价格合理的住所
（照片由笔者拍摄）

的故事、境况以及趣闻轶事，都被这一时期艺术家和艺术收藏家的传记作者反复报道，相关学者也对他们反复研究。[8] 接下来，我们将关注越南战争后和 20 世纪末期的艺术空间。

在这一时期，"艺术空间"保存了构成这一研究参考框架的过去，而这也正在被推进成为一个更广泛的现实和"理念"。在 20 世纪最后的 25 年，"艺术空间"已经超出了工作室的范围，包括"画廊""博物馆""艺术区""艺术区域""大陆"和"地球"……

从艺术家的工作室到全球

对于笔者决定要讨论的那些著名艺术家的居所和工作室，以及笔者在研究中遇到的众多无论是知名还是不知名的艺术家、某些特定有助于创造力的艺术空间类型来说，对他们并没有什么魔力。然而如果说有两件事是所有有创意的艺术家都渴望的，那就是有足够的空间可以用来堆放自己的作品，以及个人表达、生活方式和社会行为的自由。

到 20 世纪末，艺术空间已经成为一种"变质空间"（transubstantiated space）的概念，超出了没有地域限制的工作室的局限。无论是在密集的纽约、新墨西哥州、得克萨斯州的大草原、加利福尼亚州微风吹徐的海边、伊利诺伊州，还是某个遥远的希腊小岛或异国他乡，"前沿"的艺术家都成了空间的宣传和创造者。

在达拉斯的迪普埃卢姆艺术区的邻里酒（Neighborhood Bar）吧，这里还能找到酒吧 / 美术馆 / 理发店 / 洗衣店 / 古董店等
[照片由理查德·杰默尼（Richard Germany）提供]

　　大城市继续作为大型艺术舞台、艺术画廊和艺术界的中心。而穷人和后继艺术家则继续住在不舒适的酒店房间、合租公寓，他们拆掉墙壁以扩大工作空间，或者改造大阁楼，这些空间偶尔也会成为空间环境的奇迹。阁楼的大小决定了油画的大小，使城市艺术家从画架绘画中解放出来，并能够负担得起绘画工作的墙壁和地板空间。大多数城市的廉价住宅区，即所谓的"灰空间"，它们是随着小企业逃往郊区而创建的，提供了大量的空地、旧仓库和废弃的加油站，以及大型工业建筑，随时准备可以承受的价格容纳任何想要空间的人。这些后继艺术家与城市的这些特定区域之间发展出了一段特殊的"风流韵事"。在 20 世纪 70 年代，这些区域中的很多地方被改造成了所谓的"艺术区"。年轻的后继艺术家，以及向往着艺术和另类生活方式的人，成了重新激发一个已经死亡和废弃区域的主要媒介。纽约的苏活区（Soho）和切尔西区（Chelsea）、旧金山的索玛区（SoMa，即 South of Market，市场街以南的一个 80 街区）、达拉斯的迪普埃伦区（Deep Ellum），以及洛杉矶的威尼斯和卡尔弗城（Culver City），满足了创意城市艺术家的需求，在艺术方面变得声名显赫。当大型车库或废弃仓库成为当地后继雕塑家的工作室时，其中的一些，如弗兰克·斯特拉（Frank Stella）等生活更加稳定，想要在通常是遥远的乡村寻得安静与祥和的名人，则选择了真正的工厂空间作为他们的房产。布兰库西的极简主义学生卡尔·安德烈（Carl André）曾抱怨说他无法在城市里进行创作。有能力搬运和拥有财产的成功原二战艺术家，他们对自由的渴望与他们早年逃到东海岸乡村地区的成功前辈的愿望没有什么不同，也将他们到了新的偏远地区。也与在 20 世纪 40 年代中期搬到东汉普顿（East Hampton）、斯普林斯（Springs）和克里克（the Creeks）的威廉·马瑟韦尔（William Motherwell）、杰克逊·波洛克和威廉·德·库宁（William de Kooning）一样，20 世纪 60 年代中期到 70 年代的一些著名画家和雕塑家也搬到了乡村 [例如：安迪·沃霍尔在蒙托克（Montauk）购置了房产]。在乡村里有大量的谷仓，许多都成了著名与鲜为人知的艺术家的工作室。一些人甚至在他们持有的大片农村地产中建造了新谷仓式的建筑。谷仓是一个现成的工作室原型。谷仓与艺术

作品的大小 / 类型之间，也存在着如 "鸡与蛋" 问题之间的关系。杰克逊·波洛克发明的独特的可以站立着、围绕画架、甚至是躺在地板上的 "滴色画"（drip painting）技巧，这显然要归功于他在斯普林斯乡村的谷仓工作室。[9] 早期的雕塑家，如雅克·里普希茨的郊区住所，如果没有像亚历山大·考尔德和安东尼·卡罗那样分别在康涅狄格州罗克斯伯里和纽约州北部的乡村庄园建造谷仓式工作室，可能永远也无法容纳他们的那种体量要大得多的作品。

位于阿肯色州尤里卡斯普林斯的谷仓式木材仓库
（照片由笔者拍摄）

随着艺术生活在城市、附近的郊区和乡村地区变得越来越苛刻和令人不安，艺术家中的几位领袖人物，尤其是更知名和有经济头脑的几位，便都跟随了早期乔治娅·奥基夫的脚步，开始在美国和世界最偏远的区域寻求宁静和灵感 [如得克萨斯州马尔法的唐纳德·贾德（Donald Judd），和希腊海德拉岛的布里切·马登（Brice Marden）和扬尼斯·库内利斯（Jannis Kounellis）]。紧随其后的，是世界各地青年后继艺术家的艺术运动浪潮。

所有这些都与重要的文化和社会经济动态相吻合，从越南战争开始，并在之后持续加速。20 世纪 60 年代的嬉皮士一代不断探索不同的生活方式，毒品文化的激增、性革命、城市犯罪的增加，以及对战争的反对，都刺激了这种艺术运动浪潮。纽约艺术家开始前往西海岸和其他偏远地区，如新墨西哥州圣菲和陶斯、加利福尼亚州和得克萨斯州。20 世纪 70 年代初，人们对艺术家社区的建立产生了浓厚的兴趣 [如新墨西哥州的科奇蒂（Cochiti N. M.），阿尔伯克基老城，以及俄克拉荷马城的埃尔帕索（El Paso, Oklahoma City）]。随之而来的，是美国各地艺术画廊的蓬勃发展，通常在上述艺术区或其附近，而大型艺术中心已有的艺术人士也不断试图找到推广他们所代表艺术家的替代方式。在这个过程中，一场伟大的区域竞争发生了，或可以称之为斗争或冲突，主要在东海岸和西海岸之间，即纽约与靠近欧洲的地区，与太平洋和异国情调的西方联系在一起的加利福尼亚

左：布里切·马登和扬尼斯·库内利斯，在希腊的海德拉
右：当地的艺术家和匠人们带着他们的手工艺品参加俄克拉荷马城一年一度的艺术游行，1995 年
10 月埃尔帕索街道艺术中心（El Passeo neighborhood Art Center）
（照片由笔者提供，分别于约 2010–2013 年与 1995 年 10 月拍摄）

之间。如果要绘制一幅美国的艺术地图，那么中立的得克萨斯州便可以作为一个介于东西海岸之间，也是介于欧美交互影响的区域与得克萨斯西部的沙漠到加利福尼亚州美国独特艺术区域之间的分界区域。

最近二十五年最重要却最不引人注目的艺术活动，或许是由拉霍亚当代艺术博物馆（La Jolla Museum of Contemporary Art）组织的一个名为 "加州状况：怀孕的建筑"（The California Condition: A Pregnant Architecture）的展览，这个标题后来被证明是颇具预知性的。展览中所展示的事物，大约在十年后都逐渐被呈现在现实当中。除此之外同样意义重大的，还有南加利福尼亚建筑学院（The Southern California Institute of Architecture，SCIARC）的建立，该学院非常重视艺术、实验，以及对时间的探索，软硬并存，前所未有的独特。大多数作品被列入拉霍亚博物馆展览的建筑师，如弗兰克·盖里、埃里克·欧文·莫斯、汤姆·格龙多纳（Tom Grondona）、弗兰克·伊斯雷尔（Frank Israel）、迈克尔·罗通迪（Michael Rotondi）、特德·史密斯（Ted Smith）以及罗布·威林顿·奎格利（Rob Willington Quigley）等人，都渴望艺术与建筑的融合。他们当中的关键人物和启发者，是弗兰克·盖里。他们当中有几个人具有强大艺术背景，也经常与艺术家合作。其中，汤姆·格龙多纳是一位通过注册建筑师考试才成为建筑师的艺术家。这些建筑师或多或少都与南加州建筑学院的教学或学习有关，抑或作为雇主（如罗通迪、盖里和莫斯曾在那里授课，而格龙多纳则在那里学习了一段时间），接

左上：加利福尼亚威尼斯艺术家的节日场景
右上：俄克拉荷马城
（照片由笔者提供）
下：在春天的艺术游行"漂浮的面具"，新墨西哥的结果的真相
（照片由索菲娅·佩龙提供）

连影响了许多在艺术相关的建筑、艺术家住宅工作室和艺术画廊方面拥有丰富经验和专业知识的人。因此，将区域动态（regional dynamics）作为影响艺术和建筑辩论的因素，以及将艺术空间作为理念与变质空间的实体是至关重要的，而加利福尼亚州在 20 世纪末的作用则尤其独特。此外，加利福尼亚州在将建筑作为艺术品和名遍全球的本地"流行"（pop，波普建筑）的作用也是独一无二的。而谈到这点，没有比弗兰克·盖里的"全球化成功"更好的例子了。

圣迭戈（San Diego）霍顿广场购物中心（Horton Plaza
Shopping Center）的克劳迪娅甜甜圈商店（Claudia's
Donnut Shop）
由获奖的雕塑家／建筑师：汤姆·格龙多纳设计
（照片由汤姆·格龙多纳提供）

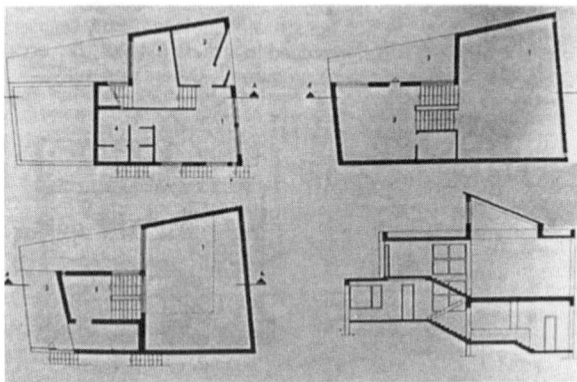

希腊安德罗斯现代艺术博物馆，是航运大亨瓦西利斯和埃利萨·古兰德里斯送给家乡的礼物，这在
任何地方都是前所未有的，由20世纪30年代移民至美国的希腊建筑师、评论家和作家，斯塔莫斯·帕
帕扎基斯（Stamos Papadakis）设计。几年后的1984年，由另外一位建筑师对此进行了扩建。扩
建的分支除了其独特的功能效率之外，还展现出一些实则有害于建筑本身真实性的传统体裁，尽
管由此而产生的差异使得这座建筑赢得了举办许多展览和演出的机会，而这些机会也使得整座岛
屿站在了国际艺术的舞台之上，但7月份在安德罗斯开幕的展览实则却只是10月份在得克萨斯州
马尔法开幕展览的"地中海"版本的复制品
（照片由作者提供，图纸由安东尼亚德斯绘制，1985年，第22页）

20 世纪 80 年代，美国经历了 20 世纪的第三次艺术市场大繁荣（即战后出现的市场繁荣）。不少 20 世纪 70 年代的前卫艺术家，在 80 年代时就已走向成熟并取得了经济上的成功，甚至在世界各地都获得了房产。许多人这么做是为了自由的生活方式和灵感，而另一些则是为了房地产和投资的目的。笔者猜测，自米开朗琪罗时代起，财务安全的痛苦就一直折磨着艺术家。偏远的岛屿和异国情调的地点成为他们夏季的居所……20 世纪 70 年代的许多商人和画廊主，与他们的艺术家一样年轻而富有革命精神。他们的客户是远方的百万石油富翁、房地产开发商、建筑公司老板、成功的律师和股票市场的弄潮儿。将驾驶私人利尔喷气式飞机前往苏荷区画廊开幕式的来自得克萨斯州阿马里洛（Amarillo，Texas）的古怪牧场主 / 银行家斯坦利·马什（Stanley Marsh），曾要求所有的人为在拍摄阿马里洛斜坡项目时死于飞机事故的雕塑家罗伯特·史密森 [10]（Robert Smithson）的遗孀撰写吊唁函。20 世纪早期冷酷无情的大亨（巴恩斯博士的类型），在 20 世纪末期从艺术收藏家和捐助者转型为具有慈善维度的艺术品经销商和艺术推广者。不少著名石油、股票、艺术交易和航运投资夫妇，在艺术中找到了合适的定位（niche），他们通过为自己最喜爱的艺术家或在家乡建造博物馆来提供服务和造福社会，如休斯敦的多米尼克和约翰·德·梅尼（John de Menil）、沃思堡（Fort Worth）的凯·金贝尔（Kay Kimbell）、圣菲的约翰·玛丽昂（John Marion）和安妮·伯内特（Anne Burnett）、瑞士巴塞尔（Basel，Switzerland）的恩斯特和希尔迪·贝耶勒（Hildy Beyeler），以及希腊安德罗斯（Andros）的瓦西利斯（Vassilis）和埃利萨·古兰德里斯（Elisa Goulandris）。[11] 个人可以收集作品并拥有一个画廊、组织展览、在买家和与艺术家之间运营批判性机制以操纵和塑造艺术家的职业、公众品味

由得克萨斯阿马里洛向西沿 66 号公路向西几英里处，半埋的雪佛兰汽车，
这是斯坦利·马什委托的第一部艺术作品
（照片由笔者拍摄）

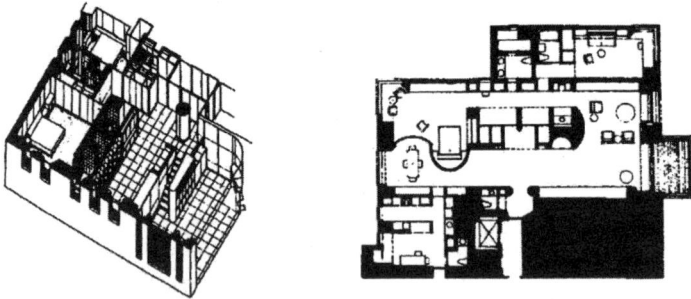

由格瓦思梅 / 西格尔建筑事务所设计的位于曼哈顿用于艺术收藏的公寓
（图片由查尔斯·格瓦思梅提供）

和艺术市场的时代已一去不复返 [例如在朋友和资助人霍华德·普策尔（Howard Putzel）、克莱门特·格林伯格（Clement Greenburg）、杰克逊·波洛克[12] 以及贝蒂·帕森斯和马莎·杰克逊（Martha Jackson）[13] 帮助下的佩吉·古根海姆]。原本由新艺术收藏家 / 慈善家组织的最高水平的年度展览和对艺术支持的工作，如今由各委员会、董事会和撰写了主要艺术论文和艺术书籍的受过艺术教育的人群接替，另外，他们还负责管理私人基金会和操纵艺术现场。这些机构的负责人成了20 世纪末的艺术沙皇；自 1988 年以来担任毕尔巴鄂古根海姆博物馆（Guggenheim Museum，Bilbao）馆长的托马斯·克伦泽（Thomas Krense）比任何为博物馆冠名的人都有资格谈论那栋建筑。[14]

随着 20 世纪 80 年代的到来，最富有的富豪和 20 世纪 90 年代后期股市繁荣时期的新贵们，也开始投资艺术。许多房屋和城市公寓都是为前者保护他们罕见的艺术品而建，这些房屋偶尔还会涉及具有艺术背景的著名建筑师，如查尔斯·格瓦思梅（Charles Gwathmey）、弗兰克·伊斯雷尔和蒂莫西·伍德（Timothy Wood）。其他人，尤其是后者当中的一些，要求建筑师进行大量设计，并以迷你博物馆的方式为他们设计建造房子。艺术家陈旧的梦想——独立艺术画廊，成为20 世纪末期建筑师为新富设计的房屋的典型特征，这是 20 世纪晚期对通常喜欢在房子里附一个画廊或偶尔也是一个小博物馆的收藏大亨习惯的复兴。[15] 还有一些人，他们喜欢附属于住宅或附近大型建筑群的艺术独立馆（Art Pavillion）。埃德·巴恩斯（Ed Barnes）、理查德·迈耶（Richard Meier）等其他许多建筑师都在艺术画廊、甚至是"艺术画廊的住宅"（residences as art galleries）所有者中占有自己的一席之地。由理查德·迈耶设计的几座这样的房子是他众多博物馆的迷你版，展示了他质朴雕塑建筑风格的所有元素，以及一项原主人引以为豪的艺术收藏；主人和客人不断在建筑学画廊的布局里移动着雕塑。埃德·巴恩斯为达拉斯一位不知名的客户设计的一栋住宅，和另一栋由理查德·迈耶为霍华德·拉奇科夫斯基（Howard Rachkofsky），一名原本是律师的收藏家设计的住宅，都是典型的拥有艺术画廊的豪宅。在艺术独立展馆的类别中，没有比菲利普·约翰逊在位于新迦南的玻璃屋建筑群中所添加的那些更声名狼藉的作品。而在旧金山，晚年的弗兰克·D.伊斯雷尔为一位未透露姓名的艺术人设计了一栋相对不为人知的杰作。

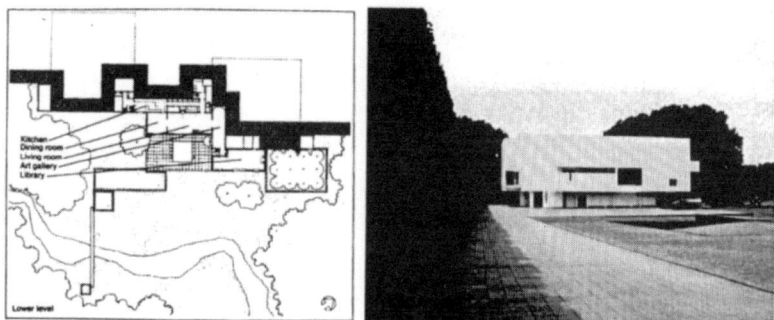

左：由埃德·巴恩斯设计的位于达拉斯的住宅的平面图，主要特点是位于客厅和图书馆之间的画廊空间
右：理查德·迈耶为一位律师收藏家设计的画廊住宅
（照片由笔者拍摄）

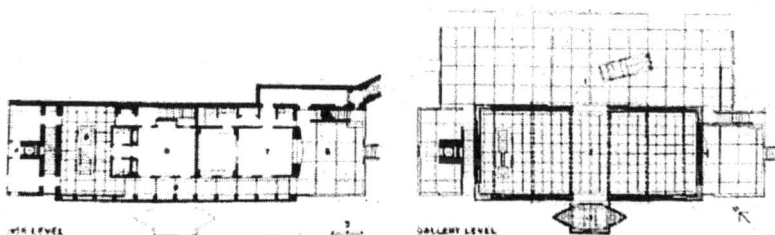

位于洛杉矶的私人画廊－博物馆，与业主的郊区住宅和谐共存
建筑师：弗兰克·伊斯雷尔

于是到了 20 世纪末，"艺术空间"从一个"理念"转变为一个基础牢固的现实，遍布整个大陆，覆盖所有地区和社会经济阶层。最早，它在城市扩散开来，覆盖艺术家可能适应的所有区域，蔓延在城市画廊的周围，从地面一直到楼顶（一些最著名的画廊在房屋的高层），它征服了艺术家可以自由工作的乡村地区，浸入大学校园，甚至渗透了富人的世界，成为群众接受的代理人，随着时间的流逝，

它最终成为政府项目的媒介，资本主义和社会主义皆是如此。在自由市场的世界里，这促成了博物馆建设前所未有的蓬勃发展，以及国家对艺术项目的大力支持（如国家艺术基金，National Endowment for the Arts）。在欧洲更受控制的经济体和社会主义国家，"艺术空间"通过欧盟"艺术首都"（cultural capitals）的相关机构而广为传播。这是一个在欧洲主要城市（不一定是行政意义上的首都）轮流举办年度艺术活动和节日的理念，主要由欧洲中央和单独国家政府资助。这些幸运的城市被要求承办文化活动，促进艺术和博物馆的建设，支持个人艺术家发展委托作品，举办大型展览，展示关于文化包容性的倡议。这些在欧洲举办的艺术活动，有时成功领先，有时则不然。从积极的一面来说，他们可以经常让艺术有机会到达以前从未抵达的地方。许多城市都获得了新的博物馆，或者开始以美国为例，将其废弃的城市区域改造为艺术区，重新焕发生机。而从消极的方面讲，这一机构在许多行政和政治权谋的影响下，往往被证明是具有煽动性和腐败的，并且会支持那些盛行党派意识形态的艺术家，进而浪费公共资金。在事发后为了澄清这些事件的丑闻和处理不当要耗费两到三年时间的事情并不罕见。[16]

在任何事件中，由克里姆特提出、并一度尝试实现的将整座城市作为一个艺术实验室的畅想，最终在 20 世纪末通过"艺术首都"组织成为现实。而这个想法的创始人克里姆特，却从来没有得到各种文化部长和行政人员的信任，因为他们认为文化只是他们政治提升的有力工具。由此可见，不幸的是，欧洲对"应得认可"（due credit）的态度一直是臭名昭著的。

20 世纪最前沿的艺术空间覆盖了全球。诸如古根海姆这样早期成立的艺术机构，将自己的职能推广到全世界，建立博物馆并尝试将艺术和建筑的潜力发挥到极致，将那个时代所能提供的艺术和设计方面的文明和技术潜能中，最具开创性和影响深远的意象汇聚在一起。

在所有这些狂热中，美国起着至关重要的作用。尽管欧洲各国政府在艺术推广上花费了大量的时间和金钱，尽管区域动态以及我们前面认识到的加州的重要作用，但没有人会否认纽约市在 20 世纪下半叶作为世界艺术中心所发挥的作用。艺术家非常清楚"想法"的诞生之所。当人们告诉弗兰克·斯特拉，1999 年将在古根海姆博物馆举办一场法国艺术展时他曾说："创意的新鲜空气来自纽约，而非法国。"除了纽约之外，没有任何一位画廊主管会为了容纳客座雕塑家的大型作品而拆除墙壁；也只有在利润导向的超级资本主义的纽约，作为文化代理的艺术精神才能在许多情况下胜过金融、房地产和利润等利益因素。

位于苏活区西南的 ACE 画廊是一座与艺术家和参观者互动性很高（Artist and Visitor Sensitive），由工业空间改造而成的艺术殿堂，当中有一件十分宝贵的永久性"地产"，是一位艺术家的馈赠，那就是位于伍斯特街道（Wooster Street）上，由雕刻家沃尔特·德·马里亚（Walter De Maria）创作的作品《折断千米》（*The*

左：纽约 ACE 画廊
中：连接正交排列、不同大小展厅的走廊；在这张照片中被占用，作品来自于扬尼斯·库内利斯
右：位于格林威治村的 DIA 基金会内部，其空间特色在于雕塑家沃尔特·德·马里亚的作品
《折断干米》
（照片由笔者拍摄）

Brocken Kilometer），这也是以上观点很好的佐证。

　　纽约顶尖的领导地位，是越战和越战后时代，社会、经济和文化动态的结果。这期间，人们被艺术家和艺术人士的倡议和催化领导所吸引，于是都参与到艺术当中。格林威治村、苏活区和切尔西区，以及附近或偏远地区艺术家的活动和生产，成为艺术创作和推广的源泉。这一始于佩吉·古根海姆 [由弗雷德里克·基斯勒（Fredrick Kiesler）设计的世纪艺术画廊（The Art of This Century Gallery）]、萨姆·科茨（Sam Kootz）贝蒂·帕森斯、利奥·卡斯泰利（Leo Castelli）以及亚历山德罗斯·约拉斯（Alexandros Iolas）的过程，由保拉·库珀（Paula Cooper）、玛丽·布恩（Mary Boone）与拉里·加戈什安（Larry Gagosian）这三位画廊主推进到了一个全新的高度。他们都是艺术和艺术空间的重要人物，与杰克逊·波洛克，威廉·德·库宁，马克·罗思科，安迪·沃霍尔，拉里·里弗斯（Larry Rivers），罗伊·里希滕斯坦（Roy Lichtenstein）等家喻户晓的艺术家，以及当时还鲜为人知的丹·弗莱文（Dan Flavin）、唐纳德·贾德（Donald Judd）、卡尔·安德烈、理查德·塞拉（Richard Serra）、罗伯特·史密森（Robert Smithson）和沃尔特·德·马里亚一样重要。海因里希·弗里德里希（Heinrich Friedrich）与菲利帕·德·梅尼（Philippa de Menil）是 20 世纪 70 年代中期建造的迪亚艺术中心（Dia Center for the Arts）的创始人。作为一位出生于德国的艺术经销商和梅尼家族的女继承人，以及后来的收藏家 - 建筑师弗朗索瓦丝·德·梅尼的姐姐，菲利帕·德·梅尼对所有艺术活动的举行、人才的培养以及对新思想的支持所作出的贡献，比所有那些家喻户晓的捐助者加起来都要重要得多。最前沿的艺术空间是狂热、名声、财富、怪癖和创造力的集合。若非文艺复兴时期以来积累的艺术家与艺术品，若非将所有人才聚集在一起的纽约和后越战时代，那么这整个"空间"就不会出现。正是 20 世纪 60 年代至 70 年代初年轻而富有，且不墨守成规的"嬉皮士"们，在吸收了过去宝贵的精神和贮藏已久的精华后，在终得掌权时将其付诸行动，并在后来还将 20 世纪 90 年代的一名示威者／吸大麻者成功地推上总统的位置（即克林顿总统——编者注）。

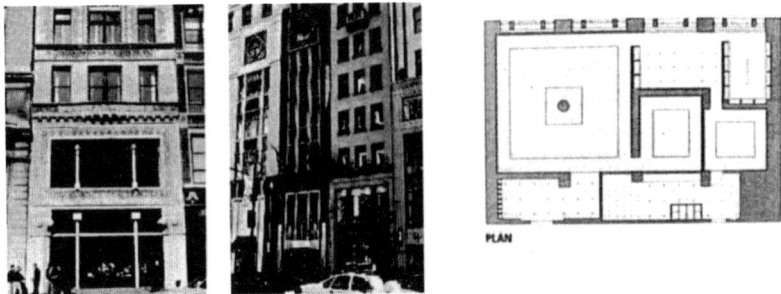

左：位于切尔西区百老汇大道上的这栋建筑的第二层便是安迪·沃霍尔的"2 号厂房"（Factory No.II）

中：商业人士和到访者可以在这栋第五大道上，通过黑色大理石装饰的高楼中找到玛丽·布恩的艺术画廊

右：玛丽·布恩艺术画廊平面图，建筑师是理查德·格鲁克曼（Richard Gluckman）

　　人与场所，都成为美国的艺术空间。这种文化在模仿的世界迅速传播。随着许多纽约画廊在全世界建立分支机构，德国、荷兰、法国、英国、欧洲其他国家和日本都开始纷纷效仿。人与艺术活动相互融合的顶尖艺术空间，就像一个巨大的地理调色板，随时准备为人们的绘画、艺术和创造力的生活方式提供色彩。在家中的创造力是一个独特的美国现象；自威廉·莫里斯时代开始，兴趣爱好和动手实践就已逐渐从欧洲消失。到了 20 世纪晚期，在欧洲紧张和不友好的条件下，已经几乎很难执行业余爱好或动手任务了。为了在墙上钉钉子，你甚至必须打电话给邻居木工才能完成。在一些国家，典型美国家庭的基本工具包的价格非常昂贵，对于一些人而言，开始实践就是一大笔投资。

　　美国广阔的地理条件与其固有的艺术活力相结合，在 20 世纪最后的二十五年里孕育并滋养了艺术的发展。纽约市、沙漠、大学艺术项目、绝佳的户外活动、被遗弃的城市、被回收的建筑物和军营、由教堂改建的画廊、谷仓、家乡高速公路旁的私人农场等，都是这些场所的一部分。

　　与美国自由市场艺术世界的这种私人和机构狂潮相平行的，是社区和机构对过去几个世纪和现在关于对艺术正式的欣赏、教育、保存和推广的担忧。在 21 世纪的第一个十年，在世界其他许多地方都发现了模仿者。在这种极致氛围的影响下，艺术与建筑都在不断地寻找自我，试图找到属于自己的表达方式和在社会中的角色，而不是他们自身的内在规律和在美学中的责任。它们都竭尽全力地尝试找到可以团结人们美学愿望的钥匙，找到人们心灵深层的和弦，进而可以使人们共同反应、鼓掌、哭泣，或为此感到骄傲。在这深度的探索中，功能和形式作为建筑师的作品的争论与考验的两个关键因素而变得极为重要。这种艺术与建筑给自我内在的探索带来了困难、逆境与冲突，有时甚至格外严重。这些困难在美国所谓的明星建筑师建造的博物馆中得到了最好的体现，尤其是 20 世纪 50 年代中期弗兰克·劳埃德·赖特在纽约设计建造的古根海姆博物馆，以及弗兰克·盖里 20 世纪 90 年代末在西班牙毕尔巴鄂设计建造的分馆。大量参考文献可以支持阿兰·施瓦茨曼（AllanSchwartzman）的观点："博物馆成了艺术家和建筑师之间创造力的战场。"[17] 这句话以最生动的方式总结了 20 世纪末期艺术与建筑之间戏剧性的关系。大多数艺术家被视为局外人和社会的批判者，他们拒绝权威，和那些导致冲突和战争的现状社会价值；而建筑师则试图充当调解人，利用他们的技术和实用专长来解决社会的社交和空间需求，充当现行现状需求的过滤器和传达者。在大众传媒、广告、电脑扩散和全球化的时代，在一个充斥着毒品、犯罪和治疗支持的时代，"艺术问题"作为"高级"与"流行"艺术之间的辩证法和组合，在 20 世纪末，逐渐演变成另一个核心问题："什么是艺术？"建筑师和艺术家都声称知道或者至少双方都在为各自认为是正确的事物而狂热地奋斗着。这种斗争，时而公开，时而潜伏，影响着艺术空间的演变。

左：扩建古根海姆博物馆的提案，格瓦思梅／西格尔的扩建计划；中：迈克尔·格雷夫斯的惠特尼美术馆扩建；右：理查德·迈耶的亚特兰大高等艺术博物馆

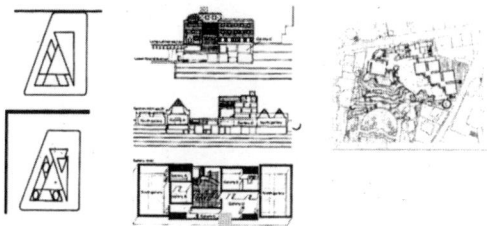

左：国家美术馆，华盛顿特区，贝聿铭。中：洛杉矶当代艺术博物馆（MOCA），矶崎新建筑师事务所（Arata Isosaki architect）；右：法兰克福博物馆，汉斯·霍莱因（Hans Hollein）建筑师事务所

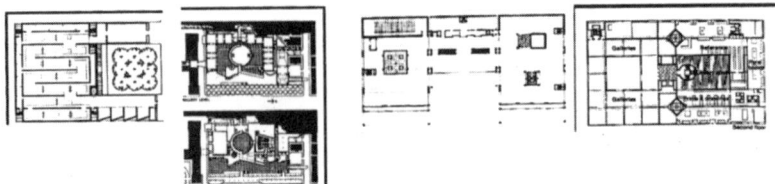

左到右：斯凯夫画廊（Scaife Gallery）扩建，E.L. 巴恩斯建筑师事务所；斯图加特新国家美术馆（Neue Staatsgalerie），詹姆斯·斯特林（James Stirling）建筑师事务所；位于沃思堡的金贝尔艺术博物馆，路易斯·康建筑师事务所；耶鲁大学英国艺术博物馆，路易斯·康档案馆

　　艺术与建筑之间历史悠久而奇特的关系，无论是爱与恨（雷诺阿）、共生与分离（德拉克鲁瓦）、相互影响和忘恩负义，还是和谐与竞争，20世纪下半叶都是十分独特的存在。通过之前的研究我们可以很清楚地了解到，20世纪所有的建筑运动都是艺术运动的后续，而这种演变的催化剂是艺术家。建筑师受益于艺术，塑造了他们自己的语言和表达方向。立体主义、表现主义、超现实主义以及形而上的艺术，影响或引发了相应的建筑运动。奥赞方、康定斯基、克利、范·杜斯堡、马列维奇和蒙德里安都对现代主义建筑（勒·柯布西耶、风格派、包豪斯）的发展发挥了重要作用，正如乔治·德·基里科之于后现代主义（格雷夫斯，罗西）、克莱斯·奥尔登堡之于波普建筑（罗伯特·文丘里），以及后来的解构主义（特别是盖里与里勃斯金）。然而，纵使有如此之多的交织影响，但20世纪的绝大多数建筑师，却从未觉得有必要给予他们曾学习的艺术家以认可（在一些不发达的"学术"国家，甚至有直接拿取 - 窃取的情况）。当然也有例外，如路易斯·巴拉甘（Louis Barragan），他在普利兹克奖获奖致辞中感谢了赫苏斯·雷耶斯·费雷拉（Jesus Reyes Ferreira），同样的还有罗伯特·文丘里和弗兰克·盖里对克莱斯·奥尔登堡的感谢。

　　尽管对艺术有极大的亏欠，但许多建筑师，尤其是许多"明星"建筑师，在艺术空间的问题上从未向艺术提供建筑师对客户应有的服务。这种错误的服务模式始于1942年，由弗雷德里克·基斯勒为佩吉·古根海姆设计的世纪艺术画廊开始。尽管当时出现了一种和蔼可亲的合作氛围和建筑领导风格，尽管建筑师对艺术具有非凡的敏感性和参与度，但空间本身与其所呈现的作品，依旧是完全竞争的关系。流体形式的雕塑会消失在同样是流动性的建筑师设计的多用途底座之上，如果需要，它们甚至可以充当椅子或画架。画作会漂浮在空间中，由 V 形绳索或金属杆支撑，从地板延伸至天棚，而荧光照明和拉伸帆布墙，以及通过按下按钮可以开启数秒对克利和其他艺术家作品之观赏的自动噱头装置，使空间本身成了一个动力学艺术品，而不是一个展示和交流艺术的圣地。毫无疑问，在笔者的脑海里这个短暂的空间必定会在参观过它的年轻建筑师的记忆里留下深刻影响，笔者强烈地认为，应当将该空间和基斯勒后来无尽之宅（Endless House）的流体形式的结合，视为毕尔巴鄂古根海姆博物馆和后来盖里各个博物馆的最早的先例，无论是在精神上还是形式上。许多后来的建筑师为艺术的需要所作的建筑都没有成功地满足艺术的内在需求。20 世纪 50 年代中期到 80 年代末，美国大多数由各国明星建筑师 [如赖特、布鲁尔（Breuer）、菲利普·约翰逊、凯文·罗奇（Kevin Roche）、埃德·巴恩斯、贝聿铭，理查德·迈耶、哈迪·霍尔茨曼·法伊弗（Hardy Holtzman Pfeiffer）、迈克尔·格雷夫斯、詹姆斯·斯特林，矶崎新等] 设计建造的新博物馆（在 600–1700 之间的任何一个）[18] 堪称建筑的展品，仿佛建筑就是艺术本身。然而，其中的一些显然如冰冷的纪念碑一般，几乎对艺术功能需求和普通大众都求漠不关心（有时甚至是蔑视），对博物馆馆长满是质疑，对展览策展人甚至堪称暴虐。[19]

建筑师弗兰克·盖里在加州威尼斯的杰伊·恰特大楼（Jay Chiat Building）
这个双目望远镜是克莱斯·奥尔登堡的作品，盖里曾与他合作，并不断给予他应得的荣誉
（照片由笔者拍摄）

纽约古根海姆博物馆狭窄的斜坡、惠特尼美术馆阴暗的室内环境和粗野主义的肌理，理查德·迈耶的许多博物馆令人讨厌的纯白色氛围，以及许多由贝聿铭设计的冰冷极简主义纪念碑式博物馆，都是这一时期最知名、又备受批判的案例。[20] 不幸的是，来自 20 世纪 90 年代的"明星"建筑师们（艾森曼、博塔、盖里和屈

米）自恋式的对建筑的"自我"赞美并没有停止如瘟疫般在各个博物馆四处传播，尽管一些博物馆反复表示（至少是在修辞上），对解决"琐碎"（但对博物馆来说不是那么琐碎）的功能问题感兴趣。弗兰克·盖里曾说："必须承认，建筑设计必须首先解决功能问题。"且事实上，几乎所有渴望获得委托的建筑师都表达过类似的内容。然而，对于任何愿意仔细阅读盖里在他们让他成为 AIA 成员时发表的声明的人来说，他自 1981 年以来的隐秘议程，至少正如他毕尔巴鄂古根海姆博物馆和首尔三星现代艺术博物馆等所证明的那样，一直都是在建筑方面实现一

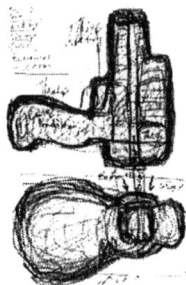

上：弗雷德里克·基斯勒"无尽之宅"的部分首批草图
左下：雕塑家罗伯特·布鲁诺（Robert Bruno）在得克萨斯州拉伯克（Lubbock Texas）的金属住宅（Metal House），显然不可否认受到了基斯勒的影响，但"未完成"的焊接金属产品只是一座会给到访者带来不愉悦与"冰冷"感的装配雕塑
（照片由笔者拍摄）
右下：弗兰克·盖里"毕尔巴鄂古根海姆博物馆"平面图
注意：因为笔者以上的评论可能会触怒一些人，笔者得补充下，基斯勒本人可能并没有反感毕尔巴鄂古根海姆博物馆或布鲁诺的住宅，因为在他与妻子的交谈中，曾说过他希望别人支持他的努力以"澄清这个问题"，在某种意义上欢迎其他人接受他的想法并尝试阐明并在实际的建筑中实施（基斯勒，1964 年，第 18 页）……没有人比弗兰克·盖里更能帮助他"澄清问题"，他的素描实际上与基斯勒的素描十分相似

些科学家已经取得的成就，即正如他所说的，"制造一种眼球高于中心线而另一种眼球低于中心线的突变果蝇"，或"右侧生病且左侧健康的果蝇。"[21] 当盖里在职业生涯中期搬到加利福尼亚州以摆脱现代主义时，各种材料就是他调色板上的颜料。此外，他最早在 1974 年开始的寻找自己建筑语言的项目，是罗恩·戴维斯（Ron Davis）"寂静"的工作室，那里曾被夸张地形容为"被过度放大以成为抽象雕塑碎片"的城市艺术家的工作室。[22] 盖里着实是 20 世纪末加利福尼亚州年轻建筑师中最具影响力的人物，这位来自东海岸的成熟建筑师，有自己的启示，向人们展示着艺术方式，却又始终将建筑视为一种自我服务的艺术。这并不奇怪，因为他最初是由埃斯特·麦科伊（Esther McCoy）发掘并呈现于大众的。埃斯特·麦科伊是《艺术和建筑》（*Art and Architecture*）杂志的代表，对于艺术他眼光敏锐，早些时候他也曾推捧过胡安·奥戈尔曼。

建筑评论家通常依靠建筑师提供的信息为建筑杂志写作，而杂志编辑则通常只能依靠建筑师提供的昂贵建筑摄影作品，因此他们必须小心翼翼地扮演他们的角色，就像绳索上的杂技演员一样。然而，一些评论家只爱直言不讳，从不含沙射影。

如果你仔细阅读这些评论的字里行间，就会发现普遍的共识是高度批判性的，只是用礼貌的方式陈述了出来。当然，许多建筑师，包括这方面很好的例子盖里，总是声称建筑要超越功能，且其本身就是一种通过形式及竭尽全力的人为操纵，力求打动并唤起所谓的"崇高"，并试图触及人类最高集体愿望、诉诸精神和情感的艺术品。显然艺术在这方面可谓是近水楼台，当然，包容主义的态度、毅力以及设计的职业使命感也会有所帮助。然而，仅仅提到屈米和盖里两个人的名字，他们之间的关系就更紧密了。单独就屈米和盖里而言，他们与艺术和艺术家的合作关系更为密切，也通过使用复杂的建筑技术和计算机生成的虚拟现实而深思熟虑了当时最高的审美潜力，这也使他们的努力至少在功能层面，是满足博物馆人的需求的。然而即便如此，他们也一直受到"自恋"或"自我"问题的困扰，最终目标始终是要通过"包装""粉饰"等无所不用其极的手段来达到媒体宣传的目的。他们的博物馆在很大程度上既存在问题，又令人生畏。有人对近期的这些项目进行了大量分析以证实上述观点。盖里古根海姆博物馆的艺术空间，是艺术建筑复杂性的巅峰之作，它有许多未解决的遗留问题，如艺术与建筑之间的合作、艺术的表达、项目的简化、当地社区的接受度、建筑成本、运营以及维护等。另一方面，诸如建筑作为一件艺术品的问题，好像它是一个"奇迹"，是一个人的一生中值得拜访的目的地，一个让"明星"艺术家想要展出他们作品的地方；由此看来，它似乎格外成功。这一切使毕尔巴鄂古根海姆博物馆与自恋的前辈被归为同类，笔者并不能接受菲利普·约翰逊对艺术轻蔑的看法："当建筑与艺术一样出色时，那就去他的艺术。"[23] 然而也不用对此感到惊讶，因为约翰逊一直从高度精英阶级的角度来看待建筑，他一直将博物馆视为一个"在那里遇到比单身酒

巴特·普林斯：鲍勃·沃尔特斯画廊（The Bob Walters Gallery）
一座在现有土培住宅上进行扩建的 21 世纪住宅，位于巴特·普林斯阿尔
伯克基知名的住宅建筑以西
（左上照片由笔者拍摄，其余照片均来自设计师本人）

上：加利福尼亚州威尼斯：典型的人造水渠和居住区，以及城镇临海区域的典型建筑
中图：弗兰克·盖里设计的内广场（Inner Plaza）和他的早期建筑作品
（照片由笔者拍摄）
下：美国对艺术 / 建筑的宣传和鉴赏起到关键性作用的人物：
（左）加利福尼亚州的评论家埃丝特·博恩 [Esther Born，即后来的埃斯特·麦科伊，这个名字比她
的本名更家喻户晓] 通过一系列关于 20 世纪墨西哥建筑的文章和对现代主义的推崇，以及一些墨
西哥建筑的现场照片和她对一些墨西哥建筑师（如胡安·奥戈尔曼，早期的路易斯·巴拉甘等）犀
利的批判和概述，她在 20 世纪 30 年代至 60 年代颇具影响力
（中）一位天主教僧侣：马里 - 阿利安·库蒂里耶（Marie-Alain Couturier）神父，他主张天主教建
筑也应当实施"现代主义"；在倡导现代艺术相对于天主教建筑而言应当是独立部分的方面，颇具
影响力。许多给予艺术家的委托，都是始于这位神父，当中包括乔治·布拉克、费尔南·莱热、雅克·里
普希茨、乔治·鲁奥 [Georege Rouault，如位于 Assy 和欧丹库尔（Audincourt）的礼拜堂]、亨利·马
蒂斯 [Henri Matisse，如位于旺斯（Vence）的礼拜堂]，以及勒·柯布西耶的朗香教堂
（右）约翰与多米尼克·德·梅尼夫妇，他们在库蒂里耶神父的启发下，成了顶尖的艺术与建筑出
资人，并成立了艺术界最大王国之一的 DIA 基金会（由他们的继承人创立）
（照片来源于周期出版物与杂志，UTA 建筑学图书馆——稀有书籍珍藏）

吧更好的人的地方。"[24] 就笔者个人对创造力的欣赏而言，还有其他在"建筑艺术"方面要比菲利普·约翰逊杰出得多的建筑师 - 艺术家，他们都对艺术和艺术家表现出极大的尊重和人类的同情心，而说到这，笔者若是不提及巴特·普林斯这位杰出的建筑师则着实不该。他不仅将我们共同好友罗伯特·沃尔特司（Robert Walters）的想法相互融合、分享，甚至还在他位于阿尔伯克基的住宅 / 工作室杰作旁，为他的作品建造了一间画廊。

巴特·普林斯：鲍勃·沃尔特斯画廊（The Bob Walters Gallery）
一座在现有土坯住宅上进行扩建的 21 世纪住宅，位于巴特·普林斯阿尔伯克基知名的住宅建筑以西
（左上照片由笔者拍摄，其余照片均来自设计师本人）

在 20 世纪和 21 世纪初，很少有人知道弗兰克·劳埃德·赖特和布鲁斯·高夫遗产后裔的这朵杰出的"花"。考虑到巴特·普林斯对艺术的支持和热爱，在我看来，他为鲍勃·沃尔特斯设计的画廊比许多著名的和全球宣传的画廊，如盖里在毕尔巴鄂的古根海姆博物馆，要优秀得多……

毕尔巴鄂的项目着实是一个颇具代表性的"标志"，也是那个时代最精炼潜力的例子，却也是一个覆盖着永久错误的雕塑面具；伟大人才通过对当时最高建筑技术的使用和操作，才使它成为可能。尽管如此，它仍然是一种"建筑基因工程"的产物，就像一只四肢从前额长出、头部从背部长出的变异动物，除了高耸的雕塑外观，基本无助于保护无数等候的游客免受毕尔巴鄂绵绵细雨的困扰。[25] 因此，遗憾的是，面向大众的艺术空间仍然更注重外表，更多的是由公共现实、杂志的光彩和明星目标（明星建筑师和明星艺术家的地盘）决定的产物，而非将它们作为从这两种艺术的内在、即基本愿望出发，相对于主题的意义和精神层面，经过精心制作和操纵以创造有希望触及神性的沉思人类体验来审视的艺术品。不过显然，这些成分可以在笔者个人非常了解并反复经历过的唯一一个博物馆中找到，那就是路易斯·康在沃思堡的金贝尔艺术博物馆（Kimbell Art Museum）。

弗兰克·盖里：毕尔巴鄂古根海姆博物馆，20 世纪末广受赞誉的"大师之作"
标志性的"艺术空间"，虽然充斥着艺术品，却对人们的需求而言并不怎么"友好"
（照片由笔者拍摄，1998 年 10 月）

位于沃斯堡的金贝尔艺术博物馆，建筑师：路易斯·康
（照片由笔者拍摄）

笔者在得克萨斯州生活和教学的二十三年时间里经常前往参观这栋建筑，这取代了笔者学生时期在雅典理工学院建筑系时，每月对帕提农神庙的拜访。金贝尔艺术博物馆拥有各个时期伟大建筑所具有的一切优点，人的尺度、比例、韵律，以及最高沉思和随机秩序的时空体验。身处这样的大师之作当中，一个人必然会

所获颇丰。

　　笔者对金贝尔艺术博物馆总是乐此不疲。当然还有其他几个同样成功的博物馆，其中的佼佼者，是伦敦国家美术馆（National Gallery）的塞恩斯伯里展览室侧翼（Sainsbury Wing），没有人能设计出比罗伯特·文丘里和丹尼斯·斯科特·布朗（Denis Scott Brown）更高度敏感和令人敬服的后现代主义建筑；此外还有加埃·奥伦蒂（Gae Aulenti）在巴黎的奥赛博物馆（Museum of Orsey/Musée d'Orsay），这是迄今为止最大的将历史建筑改造成博物馆结构的案例。

左：由罗伯特·文丘里 / 丹尼斯·斯科特·布朗位于伦敦的国家美术馆扩建
右：由加埃·奥伦蒂设计的奥赛博物馆，法国巴黎
（照片由笔者拍摄）

　　笔者一直以来都不能理解伦佐·皮亚诺（Renzo Piano）对休斯敦曼尼尔收藏馆（The Menil Collection）看起来总体积极的批判性评价，这栋建筑在笔者看来无论在规模、与周围环境的呼应，还是照明方面都很出色，只是原本平凡的内部空间遭受了巨大的碎片化。此外，笔者很欣赏皮亚诺在巴塞尔的贝耶勒基金会博物馆（Beyeler Foundation Museum），以及其他唤起赖特、密斯和康的回忆，却以截然不同的方式服务于艺术的实践，这是皮亚诺不曾遵循的美德，多年后我们会看到：即使是杰作的精髓（如金贝尔艺术博物馆），在某些方面后来也可能会被证明是失败的，当面对未来扩张的需求和适应性问题时，他们的成功就会如"飞去来器"一般。金贝尔艺术博物馆的扩张，是在它建成二十五年后进行的，事实证明，这与纽约古根海姆博物馆和惠特尼美术馆（Whitney Museum of American Art）的扩建一样充满困难且具有争议。令人啼笑皆非的是，这场斗争产生的是由罗马尔多·朱戈拉（Romaldo Giurgola）提出的扩大拱顶主题并在现有拱顶上建造更长更大[26]的平庸方案（令人惊讶的是，他是路易斯·康的合作者和 AIA 金牌得主），当然最终被回绝。同样不幸的是，伦佐·皮亚诺工作室在将近 20 年后实现的，如同路易斯·康场地平面镜像一般的扩建，也同样失当，即便康的作品完好无损，但扩建的部分与康原本的作品相比依旧如同"鸡肋"。[27]金贝尔艺术博物馆致力于高雅艺术、古典收藏，以及中小型体量的作品。它也可以被认为是服务于过去的博物馆。近几十年艺术对作品的时代精神、大尺度和高批判性内涵有别样的要求，昂贵、巨大且不相关的自恋式，以及过分自我式的作品都已不再受欢迎。在广袤的美国，尖端的艺术空间也必须是与众不同的，目的也远远不只是打动群众及满足他们的需要。它必须是能滋养和激励艺术家、匿名者和知名人士的。对此的研究来自私人企业、曼哈顿的小画廊、个体艺术家和直觉艺术推动者，如弗里德里希和菲利帕·德·梅尼（Friedrich and Philippa de Menil）的迪亚基金会（DIA Foundation），以及在这个国家挣扎求生的艺术家／建筑师、雕塑家成为的建筑师，还有建筑师成为的艺术家。

他们中许多人的贡献和详细的分析足以将我们带去另一本书。但是对于历史和进一步的研究，我们应当关注玛丽·布恩（Mary Boone）和宝拉·库珀（Paula Cooper）的画廊，以及拉里·加戈什安（Larry Gagosian）在洛杉矶的画廊／住宅，因为这些建筑都使它们的建筑师能够尝试古典主义、后现代主义和新现代主义这些在 20 世纪 70 年代后期及后来变得普遍的思想。此外我们还应该考虑到，迪亚基金会是一个引发了 20 世纪末期艺术和艺术空间大部分趋势的重要私人基金会。这些人以及他们所支持的艺术家，都是在越战时代最主要的内部艺术群体（博物馆馆长、博物馆策展人、艺术家和艺术史学家），他们对官方改建的艺术博物馆建筑感到厌恶[28]，憎恶推崇大师／明星建筑师"抽象派"和"形式主义"的社会，他们追求的是一种意义、政治和人性的美学。[29] 对他们来说，寻找年轻、渴望在自己的职业生涯中崭露头角的建筑师是很自然的，这些年轻建筑师拥有受控的"自我"，乐于分享或有准备在相同的意识形态下工作，具有高水准的设计水平，致力于人类和环境的价值，也会谦虚地倾听艺术家客户的需求。几位当时非常年轻的建筑师在这方面表现出色，如加利福尼亚州曾经是雕塑家的汤姆·格龙多纳、同样来自加利福尼亚州的弗兰克·伊斯雷尔、弗雷德里克·费希尔（Frederick Fisher）、迈克尔·罗通迪、接替罗通迪来自南加州建筑学院（Southern

纽约苏活区中典型的画廊：无家可归的流浪汉包裹着薄毯躺在卸货台上，距离画廊的入口处只有几英尺远

画廊标志紧挨人行道，画廊内部的空间暗示着"新与旧"的和谐共处——有机玻璃和新材料与 19 世纪的典型建筑特征相互呼应

[照片最左由笔者提供，右侧三张照片版权归属于博恩—莱文建筑师事务所（Bone/Levine Architects）DCA 画廊]

建筑师理查德·格鲁克曼，安迪·沃霍尔博物馆的内部空间，匹兹堡（Pittsburg）
（照片版权归属于理查德·格鲁克曼，安东尼亚德斯，1997 年，第 78–96 页）

CaliforniaInstitute of Architecture）的尼尔·德纳里（Neil Denari），以及从哥斯达黎加来到休斯敦的建筑师卡洛斯·日默内（Carlos Jimenez），不过其中最杰出的，在笔者看来，永远都是来自纽约的理查德·格鲁克曼。

格鲁克曼是雪城大学建筑学院（School of Architecture at Syracuse）的毕业生，他从威廉·斯卡伯勒（William Scarbrough）和已故的古典现代主义者维尔纳·塞利格曼 [Werner Selligman，得州游侠（Texas Rangers）] 那里学习到了他的设计和保守的秩序，他曾得到迪亚基金会的创始人海因里希·弗里德里希和菲利帕·德·梅尼的支持。他为他们建造了几栋建筑，并成为纽约市内前卫艺术世界中最受欢迎的建筑师。在笔者看来，格鲁克曼之所以出色，是因为他将艺术空间视为整体而进行设计，在满足了艺术家、画廊老板和参观者需求的同时，也没有失去对设计的掌控。

格鲁克曼在 20 世纪 90 年代末设计了 50 多家画廊和博物馆，其中一些是为 20 世纪最著名的艺术家设计的，比如匹兹堡的安迪·沃霍尔博物馆、圣菲的乔治娅·奥基夫博物馆和西班牙马拉加（Malaga，Spain）的巴勃罗·毕加索博物馆。在过去 25 年官方建筑巨星的故事中，作为局外人出现的格鲁克曼和所有其他"艺术空间精髓"的人的故事非常重要，必须尽快讲述。他们是艺术空间的超级明星。只有通过其项目的实际经验，才能欣赏和公平地评价他们的贡献，而不是通过捏造的新闻稿和媒体出版物。

建筑师理查德·格鲁克曼的办公室方案，他是 20 世纪末最重要的艺术空间创造者之一
（照片由设计师本人提供）

从整体的角度以及从目前被宣传为艺术建筑的顶峰（例如毕尔巴鄂的古根海姆，弗雷斯努等）来看，笔者认为，他们的作品是卓越且必不可少的，因此需要更为广泛的关注和详细的研究；在笔者之前的一些出版物中，在这个方向上已经作出了个人的贡献，并把重点放在了他们中几位（格龙多纳和格鲁克曼）的作品上，就像笔者之前对金贝尔的研究一样。[30]

本着上述精神，笔者想提请各位读者注意另外几位伟大艺术家，如最早一批全球化、来自希腊的斯皮罗斯·瓦西利乌（Spyros Vassiliou）和弗拉希斯·卡尼亚里（Vlasis Caniaris），来自纽约的沃尔特·德·马里亚、卡尔·安德烈，以及扬尼斯·库内利斯。最后一位，还是来自希腊，不过是通过意大利和纽约被人们所熟悉，他一直在提醒着我们对环境的不敏感，并且通过在世界各地举办的小型、微型展览，以及在苏荷区和世界各地博物馆中高度广告宣传的画廊的展出，触动着我们对环境的良知，让我们切身感受到自身对地球、动物和自然的残酷。

一间二层楼的画廊在主要交通路口被遮挡，距离地面两英尺处，堆满了沃尔特·德·马里亚带来的柔软的黑色泥土，就像藏在隐藏保险箱里的宝藏，几只椋鸟从猎鹰的威胁中获救并且在展览结束时将被释放，库奈里斯的一段充满节奏感的重金属梁提醒着我们，由于我们的坏习惯、不断扩张的水泥城市、政府全球范围内效率低下的环境政策，致使我们不小心失去了地球！由于地球毁灭的可怕困境，目前处于可预见的环境衰退的边缘，笔者想在结束前特别致敬并提请读者们注意两个特殊且非常重要的人物，保罗·索莱里（Paolo Soleri）和唐纳德·贾德（Donald Judd），一位伟大有远见的建筑师和一位伟大的艺术家。两位已故的艺术家都以积极的作品与与环境相关的态度在 20 世纪留下烙印。在笔者看来，尽管他们都秉持着相同的崇高目标，但却着实是对艺术和建筑施以酷刑的两个对立战略潮流的完美例证。

斯皮罗斯·瓦西利乌的三联画作品，描绘的是厄立特里亚（Eritria）海滩周末过后由野餐的人们遗弃的剩菜剩饭；瓦西利乌是 20 世纪中期少数最早开始描绘因人们的坏习惯和无知的行为而对环境造成破坏和污染的画家

[图片来自玛丽亚·安东尼亚德斯（Maria Antoniades）的收藏]

索莱里和贾德对 20 世纪后半叶随机出现的那些"艺术人"进行了概括和总结，以对"自由空间"（Space of Freedom）和创造力进行探索和研究。而这项探索的内在驱动力来自他们想要保护环境并拯救人类价值的更高追求、对现状的批判，以及想要在艺术斗争与艺术和建筑的政治当中生存下去的渴望。他们二人都选择向沙漠探寻，也都在学生和对他们有所了解或曾目睹过他们作品的人群当中颇具感染力。

如果换作其他任何人，已故的唐纳德·贾德可能会因为敢于称自己为建筑师而被得克萨斯州建筑审查委员会起诉。如果他生活在官僚主义国家，那他的建筑也会被认为是"非法的"。然而，他通过自己的艺术和生活教给建筑师，许多那些我们所感知并坚信是"美好"的事物。他无疑是在风格派和蒙德里安的影响下深化了现代主义，是艺术界和大中心繁荣的艺术市场阴谋的典型产物，是 20 世

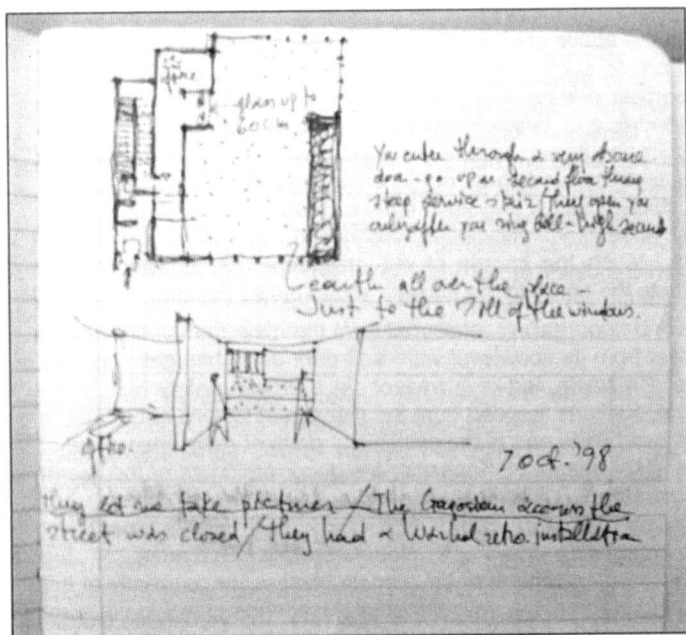

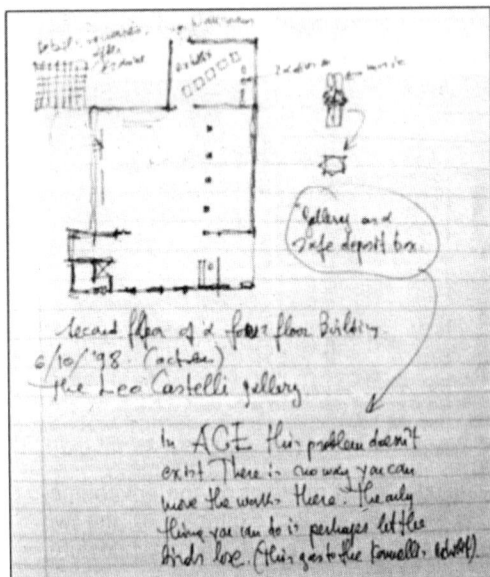

上图："你通过一个非常模棱两可的门进入，并通过一节非常陡峭的楼梯到达二层空间（只有在你按过门铃后才能进入）"

"从入口到窗台，到处都是土"

下图：利奥·卡斯泰利画廊"整个画廊可以作为一个存款保险箱"，底部箭头所指的注释内容关于卡斯泰利画廊与 ACE 画廊的比较："在 ACE 画廊中并没有类似的问题。而在这里搬动作品几乎完全不可能。而你能做的就是放任事情的发展（此处特指库内利斯的展览）"

草图由笔者于现场绘制平面图和相关注释皆出自于作者在 1998 年 10 月到访纽约画廊（New York Gallery）的第一印象

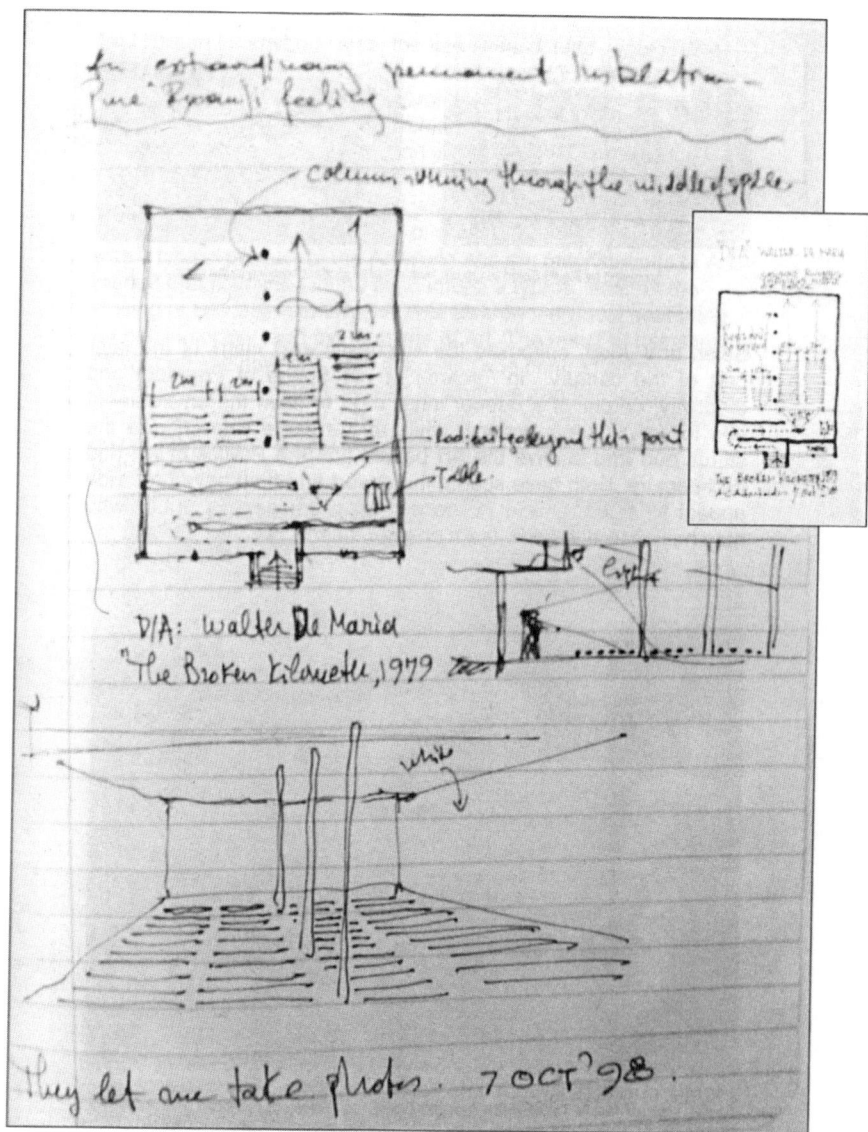

"卓越的永久性装潢——给人以一种如纯净感受的龙安寺（Ryoanji）"：
这里是陈列沃尔特·德·马里亚《折断千米》作品的迪亚基金会的房间，它给予笔者的感受和笔者
二十三年前到访日本京都龙安寺园林时所获得的惊叹感受相比，如出一辙……
（由笔者绘制于纽约画廊）

左：保罗·索莱里创建的"阿科桑蒂"；右：学生住所细节

[右侧照片由克里斯特·蔡·安德森（Crystal Cai Anderson）提供]

得克萨斯州马尔法鸟瞰图，照片中是由营房建筑改造而成的展览空间，设计师是唐纳德·贾德，该展览空间用来陈列他自己的收藏和艺术作品；在该图的右侧可以看到像机关枪一样的混凝土管，这为整个营房建筑略微弯曲的景致添加了一分失衡感

[照片来自弗洛里安·霍尔泽尔（Florian Holzherr）]

纪末的典型艺术家。同时，他也是一个在社会中寻找自我和崇高艺术的个体。由此可以见得，这种探索的结果是一种冲突和矛盾，最终导致了我们今天所看到的"艺术 - 环境 - 社区 - 综合"，以及我们的解释性命题，对此最好的阐述，凯瑟琳·科尔达里斯（Katherine Kordaris）的美丽照片或许是对此最好的阐述。

得克萨斯州马尔法的鸟瞰图
（由凯瑟琳·科尔达里斯拍摄）

贾德试图避开人群，却每年都会邀请 800 多名艺术界精英参加他 10 月的周末派对；他在一个会令人想起的古老军营里寻求和平与宁静，毫不避讳地沉浸于漫长的法庭之战，与迪亚基金会这个他实验的主要艺术赞助者和支持者一同，坚持极简主义，却也追求卓越和丰富的户外空间。他的艺术和生活是平凡与崇高的交相呼应。与克莱斯·奥尔登堡生活在城市的芸芸众生之间想象沙漠之不朽的作品不同，而贾德则寻求沙漠的自然纪念性，以便将这些平凡琐碎和被遗忘的东西转变成人类文明。在 20 世纪 70 年代后，他将大部分创作生涯投入到艺术家所居住过的最偏远地区之一。在距得克萨斯州埃尔帕索东南 200 英里、距墨西哥边境 60 英里，曾拍摄过电影《巨人》（*The Giant*）的荒凉沙漠小镇马尔法落脚。他是一名退伍军人，一直想成为一名建筑师，在朝鲜战争期间曾着手过军营建筑。[31] 他在马尔法的一个废弃的炮兵营地找到了自己的兵营。在几位助手的帮助下，耗尽心力，用了三年的时间，将其中的几座改造成工作坊和展览空间，并竭力为每个空间找到最合适的安排。他还买下了马尔法的银行和其他公共建筑，将他们的内部改造成了艺术品。每个结构都成了他或是他选择的少数朋友的作品的艺术画廊，而每一件家具，椅子、室内器具都是他或者他所欣赏艺术家的作品 [鲁道夫·申德勒（Rudolf Schindler）、赫里特·里特费尔德（Gerrit Rietveld）、密斯·凡·德·罗和阿尔瓦·阿尔托]。他自己的作品是纯粹抽象的非功能性的小盒子。他建筑物的内部则都是精心细致的手工翻修，使人想起蒙德里安工作室的内部精神和构图语言；而那些注定要成为承载他和他朋友 [丹·弗拉文（Dan Flavin）罗尼·奥尔恩（Roni Horn）] 作品的艺术画廊的室内空间，则给人以康定斯基《蓝色玫瑰》（*Blue Rose*）的崇高之感。他在距离马尔法大约五十英里的地方，为了摆脱逃避，如同为了重现大城市的繁华一般建造了自己的私人住宅：创造力和深度的冥想。贾德是一位即使在他大量的财富和土地的框架下（他拥有 45000 英亩的牧场），也能表现出极简主义的艺术家。他向我们展示了旧建筑物的保护和再利用，让我们重新回忆起了冲突与幸福，战争与生活……艺术与沙漠之王，英雄，与几年前拍摄于马法尔的电影《巨人》中所陈述的别无二致。

贾德，他的生活方式、着装和艺术，被众多参观过他的艺术青年和艺术导师所模仿，不仅创造了元越南、元嬉皮士一代的终极艺术空间的缩影，他还象征着那些年美国年轻人的"美国梦"，他们中的许多人将沙漠和偏远地区视为养家糊口和与自然平衡共存的最终目标。马尔法，通过成为截然不同的城市而对其他城市进行了批判。简而言之，这是一场付诸实际的社会学艺术实验，就像保罗·索莱里在亚利桑那州 800 英里外提倡和实施的阿科桑蒂实验如出一辙。

索莱里在意大利拥有正式建筑培训的长期背景，并曾在塔里埃森与弗兰克·劳埃德·赖特一起工作。他是一名建筑师、哲学家、作家、艺术家和动手建造师，在贾德实现他梦想之前，就早已为了他心目中的"阿科桑蒂"：神圣的拱门，他尊重环境、自给自足的建筑生态学，这城市的另一种方式努力奋斗了三十年之久。他更广泛地倡导一种与环境和环境过程，以及与生活和艺术和谐相处的生活方式。

"艺术"是一些关于阿科桑蒂的元素中的关键，也是索莱里的构想中的关键。然而，笔者认为有一件事阻碍了他的构想。那就是他无法摆脱自恋和建筑"自我"的提案，他没有办法给予自己的学生，也即阿科桑蒂的居民以表达自己的想法、将自己的设计印记融入自己的创作中的自由。最终，索莱里的自恋，如果你愿意的话或许可以理解为他从弗兰克·劳埃德·赖特纪律严明的生活中继承的"自恋"，也统治了沙漠。[32] 就笔者看来，贾德为我们提供了人类的替代方案。他通过保护从属和尊重自然和社区，为我们提供了一个环保态度的例子，同时又不失个人表达和艺术最高境界的目标。在沙漠中的一个城镇，它的外表让每个人都能交流和享受，建筑内部以最高的秩序和个人的表达，自由和人的纪律在时间、世代和多样性中达到和谐。

上：基安蒂庭院（Chinati Grounds）一隅，当中还有弗拉文的建筑作品
左下：贾德工作的北炮兵大楼　右下：贾德改变结构的竞技场
（照片由凯瑟琳·科尔达里斯提供）

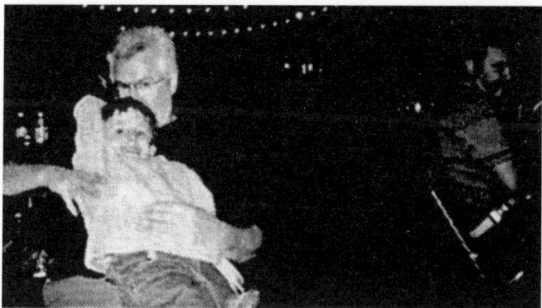

每年 10 月在马尔法举行的年度社区聚会的特色夜景，这是对贾德社区和可持续性的一个象征性的
视觉总结
马尔法——唐纳德贾德社区节日（公共广场和街道上的公民晚宴）由后来的艺术收藏家资助，因
为这些年来的一个机构是一个非常重要的例子，其中包括 21 世纪第一个十年 DESTE 基金会和社
区在希腊海德拉岛的聚会
（照片由凯瑟琳·科尔达里提供）

在亚利桑那州的尤马沙漠中进行
周末远足，亚利桑那州尤马
（照片由笔者拍摄）

"只有一天生命的艺术作品"
这件艺术品一定在这一天结束的
时候被捣毁，而第二天一早便又
会有意见全新的作品诞生，由此
便可以为这座城市注入生命——
为到访者带去欢愉，也为艺术家
带来生活的资源……
由不知名艺术家创作的"沙怪"
加利福尼亚州威尼斯
（照片由笔者拍摄）

蓬皮杜艺术中心（The Pompidou
Center），法国巴黎，1973 年
建筑师：伦佐·皮亚诺，理查
德·罗杰斯
20 世纪 70 年代象征着全球"艺术
空间"曙光的"城市设计"代表作
（照片由笔者拍摄）

马尔法和阿科桑蒂都是艺术空间；然而，哪一个更与"艺术空间"相关，即更适合于艺术家的自我，而哪一个又合适于其他人，合适于拯救人类的灵魂呢？环境中的艺术修辞，或是通过建筑师的嘴唇和实践来实现的可持续发展，就像早期关于"功能"的建筑修辞一样具有欺骗性。索莱里或许也曾提倡艺术，但提倡的只是他自己的艺术。另一方面，在笔者看来，贾德的事迹更具意义和价值。因为他已经成功地保护、恢复并实现了"功能"，建立了一个关于他与朋友的艺术、艺术家，以及他所欣赏的建筑师（阿尔托、密斯、里特费尔德、申德勒等）的创造力和艺术表达的网络。同时，他也鼓励学生以自己的方式和媒介自由地表达自己，传播他的教导，并将艺术推向未来。唐纳德·贾德在某种程度上成功地实现了库尔贝的宣言，该宣言呼吁保存过去，揭示现在的秩序，并最终通过教育和传播来改变未来。对于"可持续性"，我们还能要求什么呢？库尔贝和贾德，两位最早支持"可持续性"的艺术家。所有这一切都表明，是艺术空间作为一种理念，以及艺术对建筑的持续贡献，最终产生了在其中生态和自由人是尤为重要的艺术与建筑的终极融合。事实上，这是"包容主义"建筑师一直以来的终极目标，这些通过对人类和自然的关切与悉心呵护，而达到成熟、经验、智慧以及一种创造性的遗忘的建筑师，所有的事物在艺术中携手并转化，而艺术空间则成为生活与灵魂的居所。当这一切发生时，便不再会有艺术与建筑的冲突，因为在每一个创意个体的内在追求中，这种对立早已消逝，而这拥有创意的个体可以是这个星球上的任何一个人。或许，那些在自己的住所或工作室，以及那些在这已经转化了的"艺术空间"当中的艺术家们，他们的精神演化着，将这普世的梦想逐步实现。

参考文献及注释：

1. 塞特（Gasset），1968 年，第 12–13 页。

2. 有关安迪·沃霍尔（Andy Warhol）的房屋和个人房地产交易的详细说明和完整描述，见科拉切洛（Colacello），1990 年。

3. 见朔尔斯克（Schorske），1981 年，第 158 页。

4. 即波特·帕尔默（Potter Palmer），J. P. 摩根（J. P. Morgan）、H. O. 哈夫迈耶（H. O. Havemeyer）、J. H. 赫希洪（J. H. Hirshhorn）、T. 加尔克里斯（T. Gelcrease）等，见沙里宁（Saarinen），1958 年。

5. 关于此的全部内容，见戴维森·勒韦（Davidson Lowe），1983 年，第 146–153 页；另见沙里宁，1958 年，第 198 页。

6. 现代手稿和艺术品收藏家约翰·奎恩是军械库展的组织者之一 [亚瑟·B. 戴维斯（Arthur B. Davies）总统和他的主要合作者沃尔特·库恩（Walt Kuhn）]，他随后购买了许多现代欧洲大师的展出作品并倡导立体主义。他将大部分藏品遗赠给了艺术家的原籍国。见沙里宁，1958 年，第 233 页。关于军械库表演，见夏皮罗（Shapiro），1982 年，第 135–177 页。

7. 请不要与现代艺术博物馆（MoMa）混淆，现代艺术博物馆于 1929 年，由利利·P. 布利斯（Lillie P. Bliss）与科尔内留斯·J. 沙利文（Cornelius J. Sullivan），在约翰·D. 洛克菲勒关乎约翰·D. 洛克菲勒（John D. Rockefeller）的协助下创立，随后作为一个受人资助的组织运行。凯瑟琳·德赖尔（Katherine Dreier）因大萧条对她"匿名社会"（SociétéAnonyme）的影响而感到沮丧，以及现代艺术博物馆的诞生，可以以她辞职的声明最好地概括："他们在抄袭我们。"更多关于此主题的内容，见沙里宁，1958 年，第 244–247 页；及帕斯（Paz），1978 年，第 190 页。

8. 即马塞尔·杜尚，他即是凯瑟琳·德赖尔的精神导师，同时也是佩吉·古根海姆值得信赖的顾问，在他的帮助下，佩吉·古根海姆创立了她的第一家画廊"青年古根海姆画廊"（Guggenheim Jeune），和纽约"本世纪艺术"（the Art of this Century）画廊。见沙里宁，1958 年，第 329 页；及帕斯，1978 年，第 181–211 页。

9. 最生动形象的记述由奈菲与怀特·史密斯提供，1989 年，第 431–451 页。

10. 即奈菲与怀特·史密斯，1989 年，第 519、521 页。

11. 1973 年我与理查德·谢尔（Richard Scherr）和沃尔夫冈·斯塔布勒（WolfgangStubler）一同访问斯坦利·马什（Stanly Marsh）的个人证词，就在史密森（Smithson）的飞机事故之后不久。关于阿马洛洛坡道（Amarillo Ramp），见贝克特（Beckett），1973 年，第 16–21 页。

12.（VassilisGoulandris）是一位著名的船东和艺术品收藏家，曾与（Stavros Niarchos）竞争，以 297000 美元的价格（见沙里宁，1958 年，第 377 页）竞标高更的《带苹果的静物》（Still–Life with Apples），在他的家乡安德罗斯岛建造了三座博物馆，其中两座是现代艺术馆，同时，他的遗孀埃利萨（Elisa）曾委托贝聿铭（I. M. Pei）设计一座现代艺术博物馆，将其作为礼物送给雅典，并规定收藏她的藏品。该提议成为政治权宜之计的牺牲品，到 1998 年夏天，当该提议最终被文化部长接受时，细节尚未最终确定。

13. 更多相关内容及收藏家信息，见沙里宁，1958 年，第 326–343 页，及全文。

14. 见奈菲与怀特·史密斯，1989 年；及利勒，1990 年。

15. 见《建筑学》（Architecture）1997 年 12 月号中的采访。

16. 在这方面臭名昭著的是塞萨洛尼基（Thessaloniki）作为欧洲文化之都的案例；事例见默齐奥蒂·约塔（MyrtsiotiYota），1998 年，第 10 页。

17.《建筑学》1997 年 12 月号，第 56–57 页。

18. 施瓦茨曼（Schwartzman），1997 年，该作品推荐了 600 座新建博物馆。另见希林（Shearing），1982 年。

19. 相关问题最早的文献记述，件基斯勒，《社会中的艺术》（Art in Society），1964 年，第 54 页。关于这一重要话题后来的记述文献，见费希尔（Fisher），P/A，5'/90，第 84 页；P/A，10'/91，第 156 页。

20. 对上述内容进行的批判性评估，见布拉克（古根海姆）、坎蒂（Canty，贝聿铭 - 华盛顿）、坎贝尔，1984 年亚特兰大拉斯托夫（Rastorfer）；1986 年弗吉尼亚州；施瓦茨曼，1998 年毕尔巴鄂等。

21. 伯克利（Berkeley），1981 年，第 221 页。

22. 见《先进建筑》（Progressive Architecture），第 3/80 期，第 71 页。

23. 施瓦茨曼，1998 年，第 56 页；别茨基（Betsky）、1994 年博塔（Botta）等。

24. 迪安（Dean），1986 年，第 28 页。

25. 见伯克利，引文同前。

26. 关于这一提案的一张照片，见《先进建筑》，第 3/90 期，第 23 页。

27. 关于笔者对于伦佐·匹亚诺（Renzo Piano）工作室的完整批判陈述，见《建筑实录》（Architecture Record）电子版。

28. 示例见戴维斯，1977 年，第 108 页。

29. 这些主题的主要发言人和作家是道格拉斯·戴维斯（Douglas Davis），见戴维斯，同上。

30. 见安东尼亚德斯，1992 年（2）、1998 年，及 1976 年。

31. 关于贾德（Judd）生活的事实和马尔法，见斯泰因，1993 年。

32. 尽管索莱里的巨型"考古学"机器的"自恋表现主义"中存在反民主因素，但如果没有对汽车、石油、化学品和杂乱无章发展的轻率的依赖，地球的环境和整体生态平衡将比现在好得多。如果政府以投资航空母舰相同的活力投资于索莱里的"生态学"——这与一些生态学的提议非常相似，在某种意义上是"漂浮"的生态学——那么地球现在会好得多，并且所谓的"温室效应"也不会对地球的未来和可预见的气温上升构成威胁。

18

艺术空间：
艺术和艺术家对建筑学的贡献

"艺术空间"——美行与罪恶、善良与邪恶之间的
艺术与鲜活的浪漫……

艺术家：海德拉岛的孩童与市民……
在海德拉岛一间"再利用"的屠宰场旁的一块石头上的艺术品。
德斯泰基金会（Deste Foundation）参与的艺术空间活动，出自客座艺术家
乌尔斯·菲舍尔（Urs Fischer），2013 年夏
（照片由笔者拍摄）

第18章 "艺术空间"——美行与罪恶、善良与邪恶之间的艺术与鲜活的浪漫……

"……不得不承认大部分人都成不了生活的艺术家，并非势利，而是事实。如果民主坚持继续贬低所有精神造币，那么这一天可能会到来，届时任何人都可能渴望称自己为诗人、音乐家或雕塑家。但是，这并不会把他变成一个这样的人。没有理由期望任何人在生活中都能成为真正的艺术家，就像没有理由期望每个人都能成为语言、声音或色彩方面的艺术家一样。虽说我们可能都不能渴望成为任何类型的伟大艺术家，然而对于任何艺术而言，只要我们关心，将其作为业余爱好却必然还是有快乐的空间的；而我们自身的快乐与对其他事物的兴趣，在我们尝试以任何艺术形式去努力表达我们自己的本心时，都会得到提升。而其他的艺术只是"包罗万象的艺术"的一部分，即生活的工具，我们不能拒绝成为这门艺术的业余爱好者，除非承认作为文明人的失败。如果这一切复杂微妙的，或是可以被承认作负担的我们称之为"文明"的事物只是用来达到自动刺激和反应的复杂开关板，那么我们倒不如毁了它。它存在的唯一理由，或许是未来增加我们选择的自由，使我们和野人或者奴隶相比有更多在众多物种中成为一个独立个体的机会……"

引自詹姆斯·特拉斯洛·亚当斯（James Truslow Adams）的杰出文章，"生活的艺术"（"the Art of Living"），《思想与态度》（*Opinions and Attitudes*）再版，责编斯图尔德·摩根（Steward Morgan），托马斯·纳尔逊父子出版社（Thomas Nelson and Sons），纽约，1939年，第315-316页。

让笔者开门见山吧；笔者完全同意以上所有，而且笔者甚至怀疑很多人都不会同意亚当斯的观点。笔者坦言，即使是在多年努力的研究、工作、出版，以及尝试将笔者在艺术和艺术家工作室中所看到的事物中找到并理解的一切都竭尽全力地以总结性和全面且尽量毫无遗漏的方式、而非概括性的方式，将笔者在"个人生活的艺术"和艺术维度、曾走过的艺术和建筑之路中所经历并感受到的全然呈现给读者之后，依旧受到上面这段话的深刻影响。

我们经历了战争和苦难与人类的挣扎，而艺术家和建筑师与其他人，即所有有潜力的小艺术家，从幼儿园一直到已经走向"死亡"的人们一样，也是人类的一部分。人们会收藏、保护艺术品，挽救在水深火热中的艺术珍品。我们对这些高尚的行为都有所了解，即那些伟大的、无法以货币价值衡量的正规艺术品，经常是一直被保藏在难以想象的地方很多年！

艺术变得与各种善恶同义，而这是自帕提农神庙以及伯里克利（Perikles）和菲迪亚斯（Phedias）的作品诞生起就普遍认同的一个历史事实。艺术，伟大的艺术成了一个与房地产、巨大财富、合法与不合法相关的商品、令人吃惊的洗钱工具。披上了看似纯洁的取悦和给予幸福的邪恶面纱，尽可能地让我们当中的每一个潜在的艺术家感到愉悦，让我们继续前进，带来微笑和公平，也为另外一些人带去了痛苦；它将一些人送进了监狱或是疗养院，为一些人提供了工作，而当出现在历史某个时期的起始或标志点时，则又成为文明转折的标志……艺术已经成为一种爱的浪漫和生活方式，而这一切发生的地方，便是笔者一直以来所理解的"艺术空间"。那是空间和文明的氛围，无形的、存在于善恶、生死之间的终极美学辩证法！

在世纪之交之前的几年，笔者已经完成了这本书在当前章节之前的部分。也正如你们所看到的，对于阿科桑蒂和马尔法，笔者已经非常接近说出已在上面全面整理过的内容。1997年时，笔者已经完成了这本书的希腊语，也就是笔者母语的翻译工作，并在1997年到2000年之间，来来回回在英语版及希腊语版之间进行内容的修正。并最终决定在2000年完成这整件事，因为已经到了新的世纪。然而在笔者心中，仍有许多事情无法确定……时光飞逝，笔者却还没有结束与出版社的"斗争"，希望在图书出版后能有进一步的对话。英国和美国的出版社都非常明确地表示："如果这本书出版，那整个20世纪的建筑历史将需要改写。难道有谁听说过是先有还是后有的建筑师？……你把一切都搞颠倒了……"而希腊的出版社则有别的原因，那就是"太贵了""你需要先与政府部门联系"。一位真正阅读并喜欢它的人，是希腊在这个主题上的顶级出版商，在他向笔者保证他不会从其他人那里听取任何意见后，笔者便把手稿留给了他，并向他提到了笔者认为靠谱的两个人的名字，作为他在相关主题上的主要学术顾问。这位出版社在阅读了这部作品后告诉我说，他喜欢这部作品，甚至十分喜爱它，只是在五年内没有办法出版它，因为他正致力于制作一部拥有非凡摄影委托，以及一批艺术家-作家、学术顾问和学术委员会成员为参与者的，关于希腊艺术家的不朽作品。这使笔者的出版工作停滞不前。然而这实际上让笔者感到高兴，因为这说明笔者仍然可以自己秘密地生活，在自己脑海中思考，由此便可能会发现更多，并得到一个真正的结论。毕竟，这可能本来不是一个建筑师和艺术家谁先谁后的问题……毕竟，无论是建筑师还是艺术家，都是为他人工作的，难道不是吗？岁月流逝，笔者经历了也学会了很多，而这次是在笔者的家乡希腊，事情也逐渐变得格外明朗！艺术和建筑并不仅仅是我们所学和一直在学校与学术中所实践的"艺术"和"建筑"那样，也不仅仅是莫迪利亚尼、马蒂斯和勒·柯布西耶的艺术与建筑那样！

古兰德里博物馆（Goulandri Museum）的扩建仅与最初由斯塔莫斯·帕帕扎基设计的小博物馆隔街相望，在本文撰写时，安德罗斯岛的现实、基础和众多继承者都在创造中。大希腊基金会（the Foundation of Broader Greece/Idryma Mizonos Ellinismou）的几栋建筑、"加齐"（Gazi）艺术中心以及比雷埃夫斯大街（Piraeus Avenue）上的贝纳基博物馆（Benaki Museum）皆是如此。而与此同时，国家现代艺术博物馆（the National Museum of Modern Art）却仍在塔基斯·泽内托斯（Takis Zenetos）设计的 FIX 啤酒厂大楼（the FIX Beer Factory Building）如"被屠宰的尸体般"的空间中布置它的展览。这里多年来一直被作为"艺术空间的圣救者"，用作临时展览的接收，有时作为更永久作品，即，即将落成的希腊当代艺术最后的博物馆之家的刺激因素。这"博物馆之家"，是一位能干的艺术史学家兼策展人多年奋斗的产物，她毕生致力于这个项目。

自从笔者进行研究以来，即自从在得克萨斯州的 UTA 教授艺术空间理论课程，也即自 1996 年完成手稿以来，国外和希腊都建造了几个重要的博物馆艺术空间：他们中的佼佼者——理查德·迈耶在洛杉矶建造的盖蒂艺术中心（The Getty Center）、赫尔佐格与德梅隆事务所在伦敦建造的泰特美术馆（the Tate Moderne）、赫尔辛基的史蒂芬·霍尔博物馆，以及由安藤忠雄在沃思堡建造的现代艺术博物馆。笔者跟踪了他们全部的创作过程，也研究、拜访了他们，与安藤和他的助手通信，也与理查德·迈耶通信，并在朋友的帮助下，参观了许多笔者以前从未亲身前往过的博物馆，而后在希腊杂志《建筑 + 技术》[Architecture+Technology，第二期，铁丝艺术（Wiredart）版]上发表了很多相关文章。笔者对博物馆建筑作品评估和评论的重要理论基础，来自笔者对全世界艺术空间、艺术家工作室的调查研究，以及笔者在得克萨斯州教授设计课的学生们的项目和研究。笔者曾多次为学生留下了博物馆和艺术空间项目的设计作业。

雅典比雷埃夫斯大街上由库尔库拉斯 / 科基努（Kourkoulas/Kokkinou）设计的贝纳基博物馆，虽然在很大程度上深受 20 世纪末美国发生的艺术空间和具体现实的影响，特别是理查德·格鲁克曼[1]，但在笔者看来毫无疑问的是，直到目前的写作为止，它依然是希腊曾经创造的最重要的艺术空间。尽管存在"政治""内心主义""家庭有关"的罪恶，但它的基础设施的实现和运行，以及在"文化"和空间上都是值得称道的，尽管我必须坚定地批判……理查德·格鲁克曼的父权主义！

不幸的是，"加齐"艺术园区被围墙、污染和交通所包围，而且除了许多艺术家和建筑师居住在周边地区之外，似乎还没有成为城市不可分割的一部分；它是一个艺术招待和艺术教育的空间，它的存在和运作需要大量的公共关系和广告作为日常支持。而对大众而言相对不为人知的"绿色建筑"和由变形建筑师事务所（Anamorphosis Architects）设计的蜿蜒的柯尔顿（Corten，一种腐蚀性钢材）墙，一个"草图"式的大院，这是希腊唯一一个尝试新想法的，一种"临时"、灵感

雅典比雷埃夫斯大街上的贝纳基博物馆
（照片由笔者拍摄）

雅典"加齐"艺术中心
（照片由笔者拍摄）

来自希腊景观地质先例的项目。这一开创性的复杂建筑群绝对可以成为艺术作品的基础，其地理位置偏僻，且公众难以进入。

**大希腊主义基金会（Greater Hellenism Foundation）内部的建筑和墙体
由希腊变形建筑师事务所设计**
（照片由笔者拍摄）

除了上述项的三个目之外，在各个方面都非常积极且更广泛的关于艺术 - 建筑相互关系的问题，在美国已经通过私人倡议得到了很好的解决，但在希腊，却受到了文化和方式部的官僚程序以及混合利益的"小动作"的阻碍。而且显然，"气候"对于新的与实验性的设计以及超出已知范围的任何事物都并不友好，而对于民族英雄诗人和一些关注现状的时尚官僚的名字则都会被保护和延续下去。

2004 年的奥运会本应是所有这一切的中场休息，而可惜的是，它却在多年后促成这个国家的经济危机；艺术和建筑师创造了新的奇迹，季米特里斯·帕帕约安努（Dimitris Papaioannou）和圣地亚哥·卡拉特拉瓦（Santiago Calatrava）的完美联手，奥运会开幕式······新颖却有决定性的负面影响······始于乔恩·亚当斯·捷得在洛杉矶奥运会，以牺牲全体人口、电视上的参与者以及现实生活中人们的生活为代价，带来的国家印象的成倍增长的最恶劣的"艺术空间"······危机······用于真正艺术的资金浪费了在艺术、建筑、变装、洗钱、私下交易、落后的排名、入狱的某人······包括"哈萨皮克"（hassapico）等其他数不胜数的艺术空间活动······一切都是大承包商面包上的蜂蜜，是为工业家和其他强者提供额外投资的"大型事件"，为的只是获得更多的"艺术品"以增加他们的收藏、建立基金会，并最终使他们自己看起来像圣人罢了······

海上艺术空间是非凡的游艇设计，酋长开启威风凛凛的航行，两侧是敞开的大门，周围的小船好像是大鲸鱼生出的小鱼一样跟在周围，小海豚带着妻子，在守护下散步于港口，享受着美食与日落······艺术空间的小船作为卡斯托里亚（Kastoria）皮草背面的图案，由伟大艺术家在令人难以置信的委托下，为爱琴海上的船只或迪拜购物中心的地毯以及大型水族馆设计；博泰罗（Bottero）的设计随处可见，从戈登（作者在得克萨斯州教学时的学生，可见作品《通往建筑真理之路》——编者注）在得克萨斯上学时工作室的草图中，到迪拜购物中心的广场，再到阿布扎比的喷泉……

全球艺术空间：
上："奥运冠军"，2004 年奥运会开幕式上 94 岁老人的拼贴
中："游艇的交付"，注意游艇的侧面开口，里面有小的船只
下："维纳斯和尼里季斯斥责怪物"来自当地画廊展览的青铜人物，用拳头参观杰夫·昆斯的一幅游艇 – 海上帆船绘画
（照片由笔者提供）

　　房地产和艺术将所有部分都收集到联盟，阿拉伯的石油美元（Arab Petrodollar）、伦敦、纽约、得克萨斯州联盟。为了来自从沙特阿拉伯到伦敦黄金之旅的、通过在瑞士的停留而获得的资金流，即使有一半的钱款在最终的目的地伦敦，这是为英格兰银行颁发女王年度奖以及前帝国金库中的最大年度黄金储备提供担保所准备的……还有安迪·沃霍尔的那些肖像，去训练丈夫热爱、投资艺术这项逆境多年最安全最有希望的投资……上帝保佑死者，也感谢上帝对青少年的爱……岁月流逝，为遗产欢欣鼓舞……艺术品收藏，惊人的财富，和人民的危机……关于政府对收税员的想法，教皇们都一清二楚；毕加索、贾科梅蒂斯、雅典的博物馆、艺术史学家，也都对那些让别人去做的肮脏工作一清二楚……艺术空间……为无业者与年轻艺术家带去工作，也给他们带去毒品与恶习；给予他们假期，把他们都带到那里，并到处修建画廊、到处购买许多房产；到处也都是安全摄像头与密切的网络，监视着一切，无论你在哪里，任何地方都一样……

　　艺术家，靠着经纪人及公关网络达到臭名昭著，但谁又能说他们无处展示自己的才华呢？谁又说艺术只是电视和市场媒体所控制的各种提供给人们事物、光鲜的杂志、为客户提供的昂贵银行版本，以及包装非常昂贵的圣诞礼物小玩意的模仿？……21世纪已经到来，艺术空间可以无处不在……正如披头士（Beattles）所告诉我们的，你所需要的是爱（All You Need Is Love），面对所做每一件事都怀着美好自然和充满艺术的发自内心的微笑……甚至仅仅因为一杯咖啡……

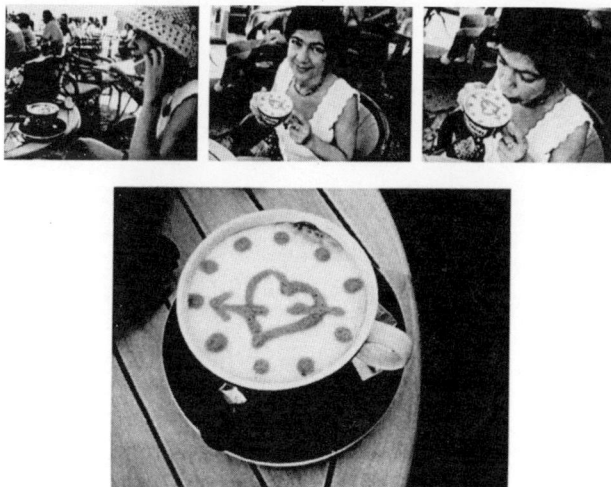

丽特萨（Litsa）为安德烈亚制作的咖啡
（照片由笔者拍摄，2007年，海德拉岛）

21 世纪的前十五年

　　笔者就像过去常做的那样，再次诉诸了晦涩难懂的"杂音"……过去已经过去，历史也是，它也将永远如此，不再改变……但是所有的一切，以及创造性健忘的时期为我们提供了前往未来的奢侈，如果我们有幸存下来并因此能够评估我们所居住的路边的整个部分，更早地对其进行本应早就该进行的研究和早期预测，无论你是艺术家还是什么，都去看看我们做了什么、我们的学生做了什么，以及这一切如何适应现在，以及未来可能会如何发展……所以，这一部分最终的内容，是本研究早期阶段的附录，早期预测的断言，以及未来发展的指南针……

　　来看一下笔者总结的"A·R·T"的首字母缩略词：

Act 行动	Ascension 上升	Atelier 画室
Representing 表现	Requiring 要求	Requestioning 征用
Time 时间	Talent 天赋	Theory 理论

Apocalypse 启示	Act 行动	Admirably 美好地
Reconstructing 重建	Reclaiming 开垦	Revolutionizing 革命化
Theogony 神谱	Taboo 禁忌	Taxis 分类法

Architects 建筑师	Agent 代理商	Antidote 解药	Art 艺术
Resourceful 资源丰富	Renewing 再生	Relieving 救助	Result（of）结果
Therapy 治疗	Testimony 证明	Tension 张力	Telephony 电话制造

　　上面所讲的这些是（Are）真的（Really True）吗？

　　艺术，与存在相关！！！无论是个人，还是集体……

　　而"艺术空间"是这一切的体现，一个包含一切的"光环"……一个"包容主义"的普适性舞台，一个"我""自我"和"集体"的摇篮……至于就经济、商业、流行圈的想法而言，21 世纪的艺术空间似乎像是将他们聚集在同一个巨大三个伟大字母（ART，即艺术）雨伞庇护下的媒介……

　　互联网几乎完全融入了人们的生活。那些因年龄或其他权宜之计而被新技术的到来所抹去的艺术家、建筑师，以及各界艺术人士，从行动中消失，有些人留下的宝藏只有少数人和他们的一些学生知道，而大多数人留下的财富却被遗忘，或只有少部分有被后代偶然复活所并找回的命运！互联网毫不留情地介入了我们的日常生活。建筑师的绘图桌和丁字尺，已被可以绘制组合任意图形的电脑软件所代替。无论好坏，建筑设计已经被万"恶"之源的"建筑展览"彻底改变。曾

经的摄影与三维模型，被电脑生成"照片级"（photorealistic）的渲染所替代，孰真孰伪即使是专家也难以分辨。

我们俨然已经来到了一个新"学院派"（New Beaux Arts）的时代。逼真的虚拟感甚至可以引诱甚或欺骗即使是最阴险的批评家，更不用说那些抱有敬畏之心的外行人。如今画布已经被电脑、电子书所取代，手指也替代了笔刷而存在。现在的科学家、数学家、概率专家、商界人士、瑜伽学员、绿色和生活方式的推动者都可以自称艺术家，他们当中的图形艺术家，是最接近20世纪艺术家的一群人，他们表现出色，一直以来都以计算机动态辅助产品设计。艺术家们工作的地点从咖啡馆到游泳池，从酒吧到圣莫尼卡的大街，遍布加利福尼亚州，再到阿联酋、中东、中国、东南亚及欧美各地。他们中的大多数都在美术学校接受过专门从事计算机时代领域的培训，并在大学和社区学院教学，考过"平面设计"与媒体技术课程，并最终成为CAD专家，总是在思考要如何通过电脑屏幕、笔记本电脑、手机甚至是iPhone来沟通他们的最终产品……！

那普通人又是如何呢？普通人是被动的参与者，他们几乎从来没有在平板上进行过素描，仅是用拇指上下左右摆弄着，被他们手机上浮现的"视觉奇迹"所迷惑着、引诱着……不管男孩女孩，甚至连自助餐厅里刚会走路的小孩都是这样沉浸在屏幕的娱乐中，而不是在附近户外欢乐地奔跑。

伴随着所有这些全球的恶行，到处都是敌对情绪，从"恐怖主义"到破坏环境、森林大火，土地开发者和商人只为了投机行事，时尚界的新格鲁（gurus，即大师）和愚蠢的追随者、国家的破坏者、经济危机的根源，到处都是战争、低落的情绪、忧郁和反问……那些能看见树木的人，也只是将它们作为艺术家在墙上哀叹的哭泣，还有那些不得不忍受所谓拯救经济的全球货币公式和经济计划的人……商业、房地产周而复始地运转着，就像在学校和规划中所反复宣传的那样……

左：阿拉伯塔酒店（Burj-al Arab），一座位于迪拜的像帆船一样的酒店，由约翰·伍德设计
右：一座巨大的博泰罗种马雕像，位于阿拉伯塔酒店迪拜购物广场，出自高登·吉尔（Gordon Gill）的设计草图
（照片由笔者提供）

基于这些原因，建筑规则放低了要求，特别是在美国本土之外。新技术、电脑和年轻建筑师的崛起，使得一些老建筑大师被市场强行取代，而在这些年轻的建筑师中，还有许多人还没有在他们擅长的领域里拔得头彩，这些人以团队的名

义，利用CAD（计算机辅助）、真实感这种在十年前是无法想象的技术进行创作，这不仅是一种视觉奇迹，也是为艺术空间的发展带来了惊喜，甚至能够使那些没有想象力的人信服……

这一时期的一些最伟大的人才在世界各地，在全球范围内，释放了他们的艺术天赋和"互联网"能量……所有这一切，创造了奇迹，甚至在预算充裕的地方实现了项目，当然偶尔也在荒谬的情况下实现了项目，这些项目与它们的建造地点毫无关联，是当地文化和文明的破坏者。坏事偶尔会发生在最腐败的政治腐败中，因为所有事物都混杂在"创造力与发展的等式"中。然而，即使是"最坏"的也不是问题，因为计算机的集中控制、传媒，以及公关技术，可以让最具破坏性的想法和最丑陋的建筑（有些甚至距离伟大的世界纪念碑建筑不远，比如帕提农神庙附近），很快就会通过新的心理技术和公关，特别是广告公关和品牌宣传活动的轰炸来调节、改变人们的审美偏好进而被人们接受。媒体和新闻界在这一切中变得至关重要，以进步和独特性的名义，让公众接受几乎无处不在的文化暴行……运动战略家与数十名普通和专业的新闻工作者一起，他们得到委托，通过"初步"撰写文章的过程，有时是相当理论性和"介绍性"的名称和想法、"明星"和"拟议建筑应该服务的政策"等。"艺术"变得更加宽泛，而影响建筑师的艺术家，也不再只是过去的画家或雕塑家，还有"品牌推广者""广告商""视频制作人"……许多这些步骤，也可以由开始专门研究这一切的建筑师进行。

安蒂戈妮·卡瓦塔的街头壁画《树木》（*Trees*），位于雅典卫城的一座艺术画廊附近
（照片由笔者拍摄）

然而，随着上面这些事情的发生，我们也迎来了一个非常重要的环境变化："可持续性"。这是能源危机的后遗症，且与"如何与即将消逝的自然一同设计"相关，要绝对地关注能源、推广对能源敏感的新材料，创造所谓的"绿色建筑"。

也许你会问，这就是新的关注点？还是说不过是以自然、气候和材料为主题的旧设计，只是换了个新名字罢了？政客和投资者不过是喜欢新名字而已。这一切都很好混淆、调节，帮助往他们的口袋里赚钱和"拿走"钱，用于远程"金库"和加加杜安（gargaduan）雕塑……！而老派的"敏感艺术家"只能哀叹……在距离"伟大的"玻璃博物馆仅 50 码（1 码约为 0.9144 米）的小巷墙壁上画上黑色被火毁坏的树木，树冠的位置就是餐厅，不拘一格地表达了想要将这栋玻璃建筑推倒的愿望！这真是令人难以置信的设计与文化丑闻！其他艺术家，大多数都不为人所知，他们用强有力的涂鸦作品，哀叹着互联网时代的恶毒战争……！

由"变形建筑师事务所"设计的希腊文化主题公园（The Culture Park of the Hellenic Cosmos）——以及当中的"白雪剧场"（Snow Thyoueater），由爱尔兰裔艺术家伊娃·罗斯柴尔德（Eva Rothchild）和凯米与罗瓦涅米联合设计，2004 年 2 月至 3 月

　　世界各地的人们也正努力通过关于极端事件的对话参与到这次发展中来。他们是一群有着良好职业道德职业操守，拥有最高水准的建筑艺术家，忍着干旱，冒着严冬，在世界的各个角落奋斗。他们中的一些是：日本著名建筑师坂茂（Shingeru Ban）、非洲建筑师迪埃贝多·弗朗西斯·凯雷（Diébédo Francis Kéré）、哈桑·塔里克（Hasan Tariq），在这里仅举几位。他们每一位，都试图调和艺术和当代技术，并将它们作为对当地的回应，努力保持各自国家的特性。还有什么比在北极圈的凯米（Kemi）和罗瓦涅米（Rovaniemi）用水冰冻的形式建造的建筑更真实的呢？这是艺术家与建筑师合作的成果，他们是：小野洋子（Yoko Ono）与矶崎新、基基·史密斯（Kiki Smith）与莱比乌斯·伍兹（Lebbeus Woods）、雷切尔·怀特里德（Rachel Whiteread）与尤哈尼·帕拉斯马（Juhani Pallasmaa），以及变形建筑师事务所（ANAMORPHOSIS Architects）与爱尔兰艺术家伊娃·罗思柴尔德（Eva Rothschild）。所有的这些都发生在 21 世纪初的 2004 年，也是雅典奥运会的这一年。而鉴于笔者了解一些在希腊发生的此类事件，所以决定以希腊的这些事件为收尾。除了在过去三十年中具有"全球/本地"调和思想的变形建筑师事务所"团队之外，我非常尊重以希腊海德拉岛为夏季基地的两个独立艺术团体的工作。我认为他们迄今为止的努力和合作活动，将成为未来几年有意义的艺术空间的前途无量的开端……

再次使用：2001 年 7 月 22 日日出；海德拉废弃的屠宰场
（照片由作者拍摄）

是的，没错，我们都听说过各种恶行……但是，与此并存的，还有诸多善行！再利用与回收的好主意！很多被遗弃的老建筑都被调动起来回收利用并被赋予了新用途。如今，从地产的角度，老建筑也成了香饽饽，很招人喜欢。它们当中的许多被改造成画廊，有些是永久的，有些是暂时的。不过，这是好事吗？也许好坏都有。好的方面是这样做能确保那些离近市中心的地方仍能为城市发展作出贡献，例如塔楼和摩天大楼。当时机成熟，政党和城市的密集程度也会再一次改变。我们都清楚，这一切都是开发者面包上的蜂蜜，"再利用"与"开放空间"，尤其是那些远超人类尺度的公园，皆是此类。现在的绿色，难道都是为了给未来的摩天大楼留更多的空间吗！可持续、再利用、高未来收益，甚至艺术空间本身，都是其中的一部分，都是这场"游戏"的一部分！令人难以置信的丑陋已经出现在高楼大厦和各种"不必要"的任何类型的私人空间，各种奇形怪状高低错落，随处可见。艺术区，包括画廊和修建中的小博物馆，还有大部分城市地区的艺术空间，都是在为未来的高层建筑腾地方。"能源危机"的"深谷"和海湾渔村，如今成了全球化的迪拜。21 世纪头十年，全球外围艺术区风潮大盛。废弃的仓库、废弃的工厂、古老的学校一直到废弃的屠宰场，如今都成为用于艺术活动与展览的艺术空间……这简直是在以美好和善良的名义行驶着坏与恶行！好与坏的辩证法是服务于美和善，不能绝对地去评判这样做是对还是错，这也是在为未来艺术发展呐喊。最先见证这一切的是艺术家、收藏家、艺术品投资者、艺术品经销商和画廊所有者的主要赞助人，以及他们支持的艺术家，而不是建筑师。而即使在这里，建筑师也紧随其后。在美国和欧洲，几乎任何地方都在谈论将灯光建筑区的建筑改造成艺术空间建筑。美国的案例是家喻户晓的，没有比苏活区的画廊和纽约市格林威治村的周边地区更好的案例了。而据笔者所知，希腊的海德拉岛是除美国之外最好的一例，因此笔者想用几句话和一些带有视觉论证的个人审美评论来结束本书……卡皮达斯（Pauline Karpidas）画廊赶走的扎基斯·约安努（Dakis

上："罪恶号"，杰夫昆斯画艺术收藏家扎基斯·约安努的游艇
中：教室，每年都回收到安东尼季斯的展览室
下：塞浦路斯的树和时间－媒体－服务的"条件"论点
（照片由笔者提供）

季米特里奥·安东尼季斯在萨丘里安小学演出。非凡的室内设计，在当地工匠逻辑（木质化事物和整合空间的所有元素），以及光和每年相反的不期而遇，陌生的和从未见过或想过的，在每个不同的层次中："艺术""生活方式和行为原型"，社会挑战和发人深省，伴随着下面所述的论据，事物的相对性，相机的力量和描绘的点……在图中令人不安的电柱左边，向下几步，再向下两步。这是一个相同的原则：雅典卫城博物馆的"檐篷"建成的五年之后，最终被推广机构所接受，我们现在拥有了一个完整的作为一间餐厅的"博物馆－艺术空间"。毫无疑问，在笔者的脑海中，"屠宰场"和"罪恶"正在前进，发人深省和社区团结。艺术空间在其最"不受欢迎"中体现出最好的状态，即使是通过天真和丑陋的卡达维里什（Cadaverish）。

（请求你允许笔者为转移注意力找借口，但笔者认为上述情况是必要的。照片由笔者拍摄）

Ioannou)的小船，还有季米特里斯·安东尼季斯[2]（Dimitris Antonitsis）在海德拉岛废弃的小学中展出的作品，是笔者认为名列前茅的。阿芙萝黛蒂追逐"罪恶"的拼贴画，是在笔者第一次看到海德拉岛上约安努的小船时，第一次绝对否定的反应之后完成的。笔者已经习惯了接受它，也许是被船的零星访问限制了，"好吧，真见鬼，它只在这里待了几天，而且是为了好的原因"我对自己说道。我甚至因为它把艺术空间明智地带到了这个地方而有点喜欢它……而关于对这距离港口只有 5 分钟步行距离的曾经废弃如今却被再利用的屠宰场的接纳，笔者也曾绞尽脑汁地尝试找到某种可以说服自己的解释。所有这一切，包括同样被回收再利用的富丽堂皇的波利娜·卡皮达斯住宅，即坚固且历史悠久的前布杜里（Boudouris）住宅，都是艺术空间，也是其业主 - 推广者生活艺术的重要有形证据。这三者（游艇、小学校，以及卡皮达斯画廊和卡皮达斯 / 布杜里再利用的住宅），是伟大的艺术空间光环的统一，笔者每天在自己的人生选择中，在这个生命阶段、在自己的艺术 - 建筑空间、在爱恨交织、美丽与竞争中，在历史的这个角落，发现自己只是这个困难世界的微小粒子……从腐朽到创新，从伟大到渺小，从坚守到……所有的这一切，与笔者所选择的生活一同，构成了属于笔者自己的艺术空间……1969 年，笔者在遥远的伦敦，展示了自己的梦想和"视觉希望"中可能会发生的事情，并表达了对"部分艺术"（part art）的想法，并在这个地方与莱奥波尔多·马勒（Leopoldo Mahler）和帕夫利娜·拉里（Pavlina Lazari）一同对它们进行了讨论。如今我们已经发展到了音乐与舞蹈、世界政治、爱情和建筑等交织的时代，真实永久性、循环再利用性的概念和互联网都已经在这个时代变成了现实……以上种种，以及这本书里所记录的点点滴滴，一同构成了可以代表笔者的"艺术空间"，是生命的光环以及通过绝对的包容性和社区表达之后的"审美传递"，所有的一切都发生在这 21 世纪的前十五年里。

上：游客"骑驴"在海德拉的屠宰场。

下：乌尔斯·菲舍尔的佛像雕塑，客座艺术家，指导了 2013 年在海德拉废弃屠宰场的"部分艺术"活动
（照片由笔者拍摄）

"部分艺术":参与艺术(或"部分艺术")的概念是作者在 1969 年伦敦大学学院的论文中提出的。于 2013 年在海德拉被遗弃的屠宰场成为现实。在 DESTE 基金会赞助的乌尔斯·菲舍尔的活动中,期间主要展品是岛上青年人在炎热的天气中创造并摧毁的作品
(参与的当地学生和公民"艺术家"不详。照片由笔者拍摄,希腊海德拉岛)

参考文献及注释：

1.1998 年笔者在希腊时曾展示过他的作品，同时也写了很长一篇文章进行描述，于《建筑的世界》
（*The World of Buildings*）杂志．
2.见安东尼亚德斯，2005 年。

1980

ARCHITECTURE AND ALLIED DESIGN

ΑΝΤΩΝΗ Κ. ΑΝΤΩΝΙΑΔΗ
Ο ΦΩΤΑΓΩΓΟΣ
Η ΑΡΧΙΤΕΚΤΟΝΙΚΗ ΤΟΥ ΑΓΧΟΥΣ

ΠΟΙΗΤΙΚΗ ΤΗΣ ΑΡΧΙΤΕΚΤΟΝΙΚΗΣ

1990

Anthony C. Antoniades
on the way to architruth

2012

1982, initially in Greek, circulates also in English, Korean, Polish, Persian and Modern Chinese translations)

1985 (The "Poetics of Architecture"

1979 The first critical presentation of Contemporary Greek Architecture.

1986

ΑΝΤΩΝΗ Κ. ΑΝΤΩΝΙΑΔΗ
ΣΥΓΧΡΟΝΗ ΕΛΛΗΝΙΚΗ ΑΡΧΙΤΕΚΤΟΝΙΚΗ

EPIC SPACE

建筑诗学

1983

Ελληνες Αρχιτεκτονες της ΔΙΑΣΠΟΡΑΣ

2014

1992

Translation of Lectures by Viollet-le-Duc pertaining to Greece, and "ARCHILOGOS", Antoniades' latest theoretical treatise on Architectural Design, also in English as "Architecture of Merit" (not published)

ARCHITECTURE AND ALLIED DESIGN

1992

2002

ΠΕΡΙΕΚΤΙΚΗ ΑΡΧΙΤΕΚΤΟΝΙΚΗ

2014

建筑・环境디자인의 원리의 전개
Architecture and Allied Design

Scale and Measure in Democracy: An architectural approach" in Greek including one chpater in English "Remembering Goran Schild(1917-2009). The whole book is dedicated to Goran Schild,

2011

a life-long friend and mentor of the author.... This seminal book using "inclusivist Architecture" as a metaphor to Democracy, was published by Eleftheros Typos -Athens Valtetsiou 53 tel: 380-2040

1983

建筑诗学
——诗意栖居

2006

笔者的个人参考书目；笔者的英文、希腊文作品，以及被译为中文、韩文、日文、波兰文等的作品。笔者在本书中提及的个人作品此处皆有体现

Κατω περιμενωματα

Dialogues with Doriotis

Στα Παγκάκια του Αχιλλέα

2006

2007

2008

2008

Καλλικατζαρινά

FRANK LLOYD WRIGHT

Antropos •Choros 1985   NR-1990. John Wiley 1993 up to the present, also in Korean, Persian(two volumes), and Modern Chinese)

The Publishers of ACΑΑ in Greece have been Antropos •Choros and

Eleftheros Typos (Free-Press) Valtetsiou 53, Athens •Greece zip: 106 81

与作者的通信，以及"知名人士"对作者的评价

亲爱的中文版编辑：

对于这第三卷的"新玩意儿"我有一个想法，我附上了个人认为非常适合这本书的陈述，相信这将对这本书非常有益。所有这些陈述的发件人都是建筑专业的"优质"知名建筑师，他们的作品都很出色，也都是我多年来的好友。他们所有人都知道我从事的工作，无论是建筑学相关还是教学/学术相关。在我回到希腊后的密集写作期间，我只是与他们当中的三个人保持着更密切联系。我还没有收到曾向在约旦的梅莎·巴泰奈（Meisa Batayneh）提及的"两三行"评价，她可能在某地参加会议，或者上帝知道她可能会在哪里享受周末。她的父亲是约旦驻中国大使，她自己出生在台北，由蒋介石夫人亲自施洗（梅莎是她的名字美玲的昵称）。我们相识在得克萨斯州读书时，那时她叫梅莎·萨阿德（Meisa Saad），但不知道美玲从哪里来。我是最近她去希腊时才知道的，我们在雅典的斯库布里餐厅共进午餐，当时她是阿加卡恩奖的评审团成员。无论如何，这是为了支持我上面的建议，您可以积极考虑。如果您问我此时最知名的名字，尤其是在美国知识渊博的学生中，是巴特·普林斯（他是布鲁斯·高夫心爱的学生），我认为他是路易斯·沙利文血统中的第四顺位继承人，弗兰克·劳埃德·赖特和现在的巴特·普林斯（我写过的文章，甚至在我的一些书中提及他们）。

保重！

安东尼·C. 安东尼亚德斯

2020 年 11 月 24 日

下面的内容是他们的陈述，来自他们在过去几天发送给我的电子邮件，而有些则是几年前发送的。文字部分和他们写的完全一样，都保存在我的 ACA 档案中（名为"与知名人士的通信"）

人们常说时间和距离带来后知后觉。

也许这就是为什么对时事进行客观评论如此困难的原因。

1. 约翰·福蒂亚季斯（John Fotiadis），建筑师，2020 年 11 月 20 日

　　安东尼·安东尼亚德斯本身就是一位令人敬畏的建筑师，他不仅对我们社会中塑造 21 世纪初现代建筑的力量进行了细致的探索和批判，而且还分析了由此产生的建筑。他敏锐的洞察力、广博的知识和透彻的研究相结合，为读者带来了一段引人入胜的智力之旅。作为他分析的对象之一，我可以说安东尼亚德斯先生的技能超越了单纯的纪录文档学家，并几乎于圣人。

2. 帕梅拉·杰尔姆（Pamela Jerome），美国建筑师学会会员，2020 年 11 月 22 日

　　遇见安东尼·C. 安东尼亚德斯教授是 1976 年，我在希腊雅典国立技术大学建筑学学习的第三年。我总是认为他的批判评价很有建设性，并把他当作导师和密友。他优秀的建筑作品，以及他的教学和理论事业，都得到了广泛的赞赏和尊重。我们保持着密切的联系，至今他仍然是我的灵感来源。

3. 梅萨·巴泰奈，建筑师，MAISAM 建筑事务所所有者，约旦，2020 年 11 月 24 日

　　"……当我进入得克萨斯大学时，跟随我的哥哥在那里学习，我选择了室内建筑的课程。当我还是一年级的时候，安东尼·安东尼亚德斯这位著名的建筑师，同时也是大学教授，他注意到我的作品，并告诉我应该调换专业，因为我有建筑师的天赋。那是一个重要的里程碑。另一次是在我 20 岁时参加了一场在美国举行的由著名建筑理论家和景观设计师查尔斯·詹克斯担任评委的全国大赛并最终赢得了比赛。难以置信，这让我很震惊。"

4. 萨拉·阿尔－穆特拉克（Sarah Al-Mutlaq），沙特阿拉伯，达曼大学（Damman University）建筑理论与历史硕士生，写给安东尼关于《建筑真理》（*Architruth*）的文章，2012 年 6 月 2 日

　　"……我真的很喜欢你的书和你网站上的文章，它启发了我很多关于论文的想法，它将是我的主要参考文献之一。你的作品触动了灵魂，就好像它本身就是一种诗歌一样。"

5. 理查德·迈耶，2008 年 10 月 8 日在 ACA 上为他在盖蒂中心写的一篇发表在《建筑的世界》杂志上的文章撰稿

　　"……我想感谢你的文章，也想让你知道我非常感谢你的评论。

　　真诚的理查德·迈耶"

6.塔索·凯撒勒，建筑师。在收到英文版《艺术空间》和作者关于非竞赛建筑"约翰·安东尼安德"成员书后给作者的来信，2015 年 11 月 26 日

安东尼，你多产的作品让我惊讶，我期待阅读第一卷和第二卷。对于安东尼亚德斯，我只在一次参观他作品的小展览和一次难忘的午餐时见过，与他的一些对话仍然徘徊在耳边，我记得他非常尊重希腊本土艺术，我喜欢他，再次感谢您的书和您的善言。

7.巴特·普林斯，建筑师，2020 年 11 月 22 日

"建筑师、教育家、学者安东尼·安东尼亚德斯毕生致力于弗兰克·劳埃德·赖特在 1916 年 1 月 24 日的《建筑实录》文章"建筑事业"（"In the Cause of Architecture"）中所提到的东西。

真正意义上的建筑不是一门生意，而是一门类似于宗教的艺术，安东尼亚德斯先生通过多年的旅行和体验世界各地的伟大作品一生都在实践、理解和研究。他对建筑的热爱体现在他与学生的合作、他与著名建筑师的众多友谊以及他丰富的著作中。"

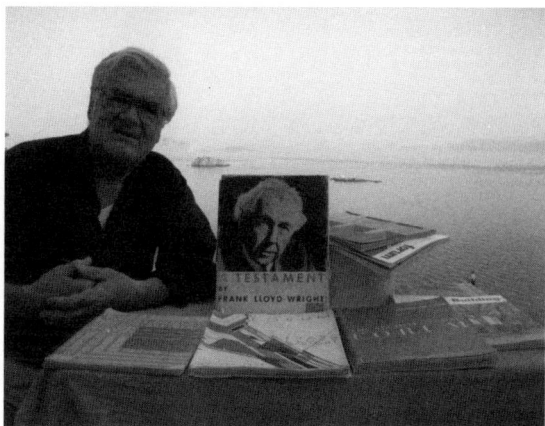

安东尼·C.安东尼亚德斯，三脚架拍摄，2010年夏季，希腊海德拉岛

2020年11月20日巴特·普林斯的信给了我些想法包括这张照片，我花了很长时间才找到JPGE格式。他记得我关于赖特的所有书籍以及我们多年来进行的所有讨论，这对我很重要，也给我留下了深刻的印象。

至于有关著名的希腊裔美国建筑师约翰·安东尼亚德斯关于塔索·凯撒勒这位著名希腊、美国建筑师的内容（见2015年11月26日以上的注释），让我澄清一下。编辑先生，我没有任何家庭关系。但我很自豪能在海德拉岛的露台上附上一张我的自画像，以及我个人收藏的一些稀有期刊，以及我1966年在纽约买的赖特的作品。

作品声明

1. 所有为本书提供许可和可视资料的人和组织，都已在艺术空间（上卷）开篇进行了致谢。

2. 所有许可原件，均保存在笔者的"ACA 档案"（ACA Archieves，作者的个人档案库）中，名为"三个研究盒子"（Three Research Boxes）的档案中。当中除了本书所使用的资料外，还收藏了超过上百张笔者旅行中、所拜访的世界各地的艺术空间、工作室、画廊、基金会、艺术活动、艺术展出时所拍摄的照片。

3. 除本书所使用的笔者在现场绘制的素描、速写等作品，可以在笔者"ACA 档案素"的素描簿、记录性绘画，以及"8mm 电影和视频"中找到。

4. 乔治娅·奥基夫手写信件的照片备份，以及戴维·霍克尼（David Hockney）、卡迪希曼（Kadishman）、兹维·黑克尔（Zvi Hecker）、理查德·格鲁克曼（Richard Gluckman）、查尔斯·格瓦思梅（charlesGwathmey）、巴特·普林斯（Bart Prince）给笔者的手写信件，亦见作者的个人档案库。

5. 简·艾布拉姆斯（Jane Abrams）、兹维·黑克尔以及卡迪希曼的原始图纸，见笔者名为"艺术空间"的档案库。

6. 来自纽约档案馆、后现代博物馆馆长和画廊所有者的信件和视频，皆已在图片注释和致谢中适当提及。

7. 本书所使用的一些 Thumbnails 网站上的艺术家的可视文件，目的仅仅是"供参考"，绝不意味着传达作品的优点，也绝不意味着对作品进行评论。它们的使用仅仅是为了方便读者从各个艺术家和基金会那里获得质量更好、更多的信息，以及弥补现有内容存在的些许历史遗漏问题。任何可能认为其版权受到侵犯的人都可以直接与笔者联系，因为得到使用它们的"研究和历史的许可"是笔者的责任，而不是出版商的责任。

8. 从笔者个人珍本收藏中使用的可视材料，都已经过适当许可授权，所有这些都已"版权过期"，即可以使用。本书中的所有材料，包括作者的原创作品、艺术作品、建筑草图、现场手绘草图以及所呈现的想法，均为作者的知识产权，除非另有说明，否则版权归 © 安东尼·C. 安东尼亚德斯所有。

安东尼·C.安东尼亚德斯，希腊建筑师、规划师，曾在美国从事建筑和规划方面教学和实践工作近32年。他是AIA（美国建筑师学会）和AICP（美国注册规划师学会）的成员，并曾在伦敦大学、新墨西哥大学，以及位于圣路易斯的华盛顿大学任教，也是得克萨斯大学阿灵顿分校的建筑学终身教授。他的很多著作及文章都被翻译成了多国语言（希腊语、英语、西班牙语、意大利语、韩语、印度语、波斯语、波兰语以及中文）。主要著作有：《建筑诗学与设计理论》《史诗空间——探寻西方建筑的根源》以及《建筑学及相关学科》。其中，中国建筑工业出版社首先将《建筑学及相关学科》翻译成中文并在中国出版，中国建筑工业出版社是中华人民共和国建筑领域中最具权威的出版社。安东尼亚德斯在美国的主要出版商是John Wiley and Sons Inc.，Van Nostrand Reinhold Co. and Kendall/Hunt Co.。目前本书的英文版是由希腊的自由出版社（Free Press）出版社负责出版，自由出版社位于希腊的Valtetsiou大街53号。自从安东尼亚德斯回到希腊后，他的全部作品都由该出版社负责出版。作者近期编著的新书都以希腊语为主，最近的几部作品分别名为《等待》(Katoperimenomata)、《光明之泉》(Photagogos)和《从弗兰克·劳埃德·赖特到超资本社会主义下的环境设计》(From Frank Lloyd Wright to Meta-Capitalsocialistic environmental Design)，以独特的视角探讨关于"毕业生的建筑与环境设计课程"的问题，其中也包含了作者提出的关于建筑设计方法与理论的"南北轴线"的问题，很多相关的内容都有别于传统的建筑理论及其评论观点。书中所包含的内容完全不同于那些早已被西方业内人士所熟知的建筑案例，主要以非发达国家中一些广为人知的案例为主，且这些作品给这些国家的经济和环境层面，都带来了巨大的负面影响，如希腊，就经受了一场本可以避免的金融危机。

作者的个人网站上也详细地登载了相关内容，以方便世界各地的建筑师和建筑学专业的学生了解。安东尼亚德斯曾在新墨西哥州、得克萨斯州和希腊设计并完成了一系列的建筑作品。

以此书献给四海的兄弟，致我们的合作与世界和平。
致敬无论何地人们的文化真实性。